JN235555

応用植物科学
栽培実習マニュアル

監　修

大阪府立大学 教授　　大阪府立大学 教授　　大阪府立大学 教授
森　源治郎・堀内　昭作・山口　裕文

東　京
株式会社
養 賢 堂 発 行

編集委員・執筆者一覧

【編集委員（○印　編集委員長）】

大門　弘幸	大阪府立大学大学院農学生命科学研究科	作物機能制御学研究室
山口　裕文	同　　上	生態保全学研究室
堀内　昭昨	同　　上	果樹生態生理学研究室
尾形　凡生	同　　上	同　　　上
阿部　一博	同　　上	植物生産管理学研究室
土井　元章	同　　上	観賞園芸学研究室
○森　源治郎	同　　上	植物繁殖学研究室
小田　雅行	同　　上	同　　　上

【執筆者】

森川　利信	大阪府立大学大学院農学生命科学研究科	植物機能開発学研究室
簗瀬　雅則	同　　上	同　　　上
大門　弘幸	同　　上	作物機能制御学研究室
大江　真道	同　　上	同　　　上
大木　理	同　　上	植物病学研究室
東條　元昭	同　　上	同　　　上
広渡　俊哉	同　　上	応用昆虫学研究室
平井　規央	同　　上	同　　　上
山口　裕文	同　　上	生態保全学研究室
尾形　凡生	同　　上	果樹生態生理学研究室
塩崎　修志	同　　上	同　　　上
上田　悦範	同　　上	青果品質保全学研究室
今堀　義洋	同　　上	同　　　上
阿部　一博	同　　上	植物生産管理学研究室
平井　宏昭	同　　上	同　　　上
和田　光生	同　　上	同　　　上
古川　一	同　　上	野菜システム生産学研究室
土井　元章	同　　上	観賞園芸学研究室
稲本　勝彦	同　　上	同　　　上
森　源治郎	同　　上	植物繁殖学研究室
小田　雅行	同　　上	同　　　上
草刈　眞一	大阪府立農林技術センター環境部	病虫室
田中　寛	同　　上	同　　　上
下村　孝	京都府立大学人間環境学部	ランドスケープデザイン研究室
望岡　亮介	香川大学農学部	附属農場

はじめに

　近年，わが国の農業技術は著しい発展を遂げ，高度化とともに多様化しつつある．このような状況のなかで，農学部を置く全国の大学において農学実習の高度化の必要性と重要性が認識されつつも，大学全体の組織の再編が進むなかで専任の農場教員が減少し，その実施方法に苦慮している現状にある．実習内容の高度化をはかり，実習を効率よく行って教育効果を高めるためには，充実した実習資料の準備が不可欠となっている．

　大阪府立大学農学部では，この4月に大学院の重点化・部局化が実施されたのを機に，新しい実習のあり方を目指し，応用植物科学科の実習担当教員がこれまで独自に作成したきた資料を基礎にして，新時代にふさわしい項目も加えた「応用植物科学・栽培実習マニュアル」をまとめ，別に編集中の「応用植物科学実験」と姉妹編として同時に出版する運びとなった．両書を補完的に使用して頂くことによって，より効果を発揮できるように考慮したものである．

　本書は，栽培実習を中心に，これにポストハーベストや農産物の加工も加え，10章51項目の多岐にわたっているが，1項目は原則として2頁の見開きとし，これを1回の実習時間の説明で完結できるように配慮して編集した．

　本書が，将来農学を志す全国の大学学生諸氏に広く利用され，高度な農業技術を理解するうえでの手助けになることを願っている．また，農業大学校，農業専門学校および農業高等学校などの方々にも有効に活用されることを期待したい．

　本書の執筆は，各専門分野に精通し，実際に実習教育の指導に当たっている応用植物科学科のスタッフ21名に加え，学外4名の専門家にも担当して頂いたが，多人数の分担執筆であるため，未だ表現の形式や相互の関連性に欠ける点もある．今後，読者の皆様のご叱正をえて，改めることができれば幸いである．

　おわりに，本書の出版に当たっては，養賢堂社長　及川　清氏および佐々木清三氏をはじめとする編集部の方々に一方ならぬ御尽力を頂いた．厚く御礼申し上げたい．

2000年4月

編集委員長　森　源治郎

目　　次

第1章　繁殖と育苗 …………………………1
1.1 園芸作物の直播き栽培のための播種法と育苗 …………………2
1. 播種法 …………………2
2. 種子の予措と催芽処理 …………………2
3. 覆土，被覆，かん水 …………………3

1.2 園芸作物の移植栽培のための播種法と育苗 …………………4
1. 鉢あるいは育苗箱への播種と育苗 …………………4
2. セルトレイへの播種と育苗 …………………4

1.3 水稲の播種と育苗 …………………6
1. 播　種 …………………6
2. 育　苗 …………………7

1.4 挿し木繁殖 …………………8
1. 挿し木の適期 …………………8
2. 挿し床の準備 …………………8
3. 挿し穂の採取と調整 …………………8
4. 挿し方 …………………9
5. 挿し木後の環境 …………………9

1.5 接ぎ木繁殖 …………………10
1. 接ぎ木法 …………………10
2. 養生・順化法 …………………11

1.6 取り木繁殖 …………………12
1. 取り木の種類と方法 …………………12
2. 取り木時期 …………………13

1.7 球根・いも類の繁殖 …………………14
1. 自然分球による繁殖 …………………14
2. ユリ・アマリリスのりん片挿し …………………14
3. ヒアシンスの人工繁殖 …………………15
4. 球根・いも類の貯蔵 …………………15

1.8 組織培養による繁殖 …………………16
1. 生長点培養 …………………16
2. 多芽体の誘導 …………………16
3. 不定胚の利用 …………………16

第2章　土つくりと施肥法 …………………19
2.1 土壌診断 …………………20
1. 土壌の三相分布 …………………20
2. pHの測定 …………………20
3. ECの測定 …………………20
4. 全窒素および無機態窒素の含有率 …………………21
5. センチュウの生息密度 …………………21

2.2 露地栽培のための土つくり …………………22
1. 有機物の施用 …………………22
2. 耕起，深耕 …………………23
3. pHの適正化 …………………23
4. 輪　作 …………………23

2.3 鉢栽培のための土つくり …………………24
1. 培養土を作る際に使われる素材 …………………24
2. 培養土の作り方 …………………24
3. 基肥の混入と土壌酸度（pH）の調整 …………………25

2.4 堆肥つくり …………………26

2.5 連作障害の回避 …………………28
1. 輪　作 …………………28
2. ほ場の衛生管理 …………………28
3. 土壌消毒 …………………28

2.6 施肥設計 …………………30
1. 水　稲 …………………30
2. 露地野菜 …………………30
3. 施設栽培 …………………31
4. 鉢　物 …………………31
5. 養液栽培 …………………31
6. 施肥量の決定 …………………31

2.7 基肥と追肥の特徴ならびに施肥法 …………………32
1. 普通栽培での施肥法 …………………32
2. マルチ栽培での施肥法 …………………33

2.8 葉面施肥法 …………………34
1. 葉面施肥が有効なとき …………………34
2. 葉面からの吸収 …………………34
3. 葉面施肥の実際 …………………34

第3章　養液栽培 …………………35
3.1 養液栽培の種類と装置の組立て …………………36
1. 養液栽培の方式 …………………36
2. 装置の組立て …………………37

3.2 養液栽培のための播種・育苗法 …………………40
1. ウレタン育苗 …………………40
2. ロックウール育苗 …………………41

3.3 培養液の調製法と管理 …………………42
1. 培養液の調製 …………………42

2. 培養液調製上の注意 ･････････････････ 43
　　3. 培養液の管理 ･････････････････････････ 43

第4章　栽培管理 ･･････････････････････････ 45
4.1 耕うん・整地・うね立て ････････････ 46
　　1. 畑作物の種類とうねの形状 ･･･････････ 46
　　2. 耕うん作業機による耕うんとうね立て ･･ 48
　　3. 水田の整地と代かき ･････････････････ 50
4.2 定　　植 ････････････････････････････ 52
　　1. 露地およびベッド栽培 ･･･････････････ 52
　　2. 鉢栽培 ･････････････････････････････ 53
　　3. 水稲苗の移植と活着 ･････････････････ 54
4.3 かん水 ･･････････････････････････････ 56
　　1. 手かん水 ･･･････････････････････････ 56
　　2. パイプまたはチューブかん水 ･････････ 57
　　3. 底面かん水 ･････････････････････････ 58
　　4. 水稲の水管理 ･･･････････････････････ 60
4.4 中耕・培土・除草 ･･････････････････ 62
　　1. 中耕・培土の効果と実際 ･････････････ 62
　　2. 除　草 ･････････････････････････････ 63
4.5 マルチング ････････････････････････ 64
　　1. マルチングの効果 ･･･････････････････ 64
　　2. マルチングの方法 ･･･････････････････ 65
4.6 支柱と誘引 ････････････････････････ 66
　　1. 支柱用資材の種類 ･･･････････････････ 66
　　2. 支柱の組立て ･･･････････････････････ 67
　　3. 誘引方法 ･･･････････････････････････ 67
4.7 仕立て方と整枝・せん定 ････････････ 68
　　1. 果樹の仕立て方と整枝・せん定 ･･･････ 68
　　2. 野菜の仕立て方と整枝・せん定 ･･･････ 73
　　3. 観賞植物の仕立て方と整枝・せん定 ･･･ 74
4.8 人工受粉 ･･････････････････････････ 76
　　1. 人工受粉の方法 ･････････････････････ 76
　　2. 人工授粉の適期 ･････････････････････ 76
　　3. 人工授粉の留意点 ･･･････････････････ 77
　　4. 花粉希釈剤と受器 ･･･････････････････ 77
4.9 結実管理 ･･････････････････････････ 78
　　1. 果樹の結実管理 ･････････････････････ 78
　　2. 野菜の結実管理 ･････････････････････ 80
　　3. 単為結果 ･･･････････････････････････ 82
4.10 矮化処理 ････････････････････････････ 84
　　1. 薬剤処理による矮化 ･････････････････ 84
　　2. 物理的処理による矮化 ･･･････････････ 85
4.11 開花調節 ････････････････････････････ 86

　　1. 光による開花調節 ･･･････････････････ 86
　　2. 温度による開花調節 ･････････････････ 87
4.12 果実の成熟と着色促進 ････････････････ 90
　　1. 果実の成熟促進 ･････････････････････ 90
　　2. カキの樹上脱渋 ･････････････････････ 91

第5章　病害虫と雑草の防除 ･･････････････ 93
5.1 病害虫の発生予察 ･･････････････････ 94
　　1. 病害虫の発生予察 ･･･････････････････ 94
5.2 農薬散布による防除法 ･･････････････ 98
　　1. 病害虫の診断 ･･･････････････････････ 98
　　2. 病害虫の種類と農薬の選び方 ･････････ 100
　　3. 農薬の調合 ･････････････････････････ 102
5.3 防除機械の種類と利用 ･･････････････ 104
　　1. 噴霧機 ･････････････････････････････ 104
　　2. 散粉機・散粒機 ･････････････････････ 104
　　3. その他 ･････････････････････････････ 105
5.4 雑草の防除 ････････････････････････ 106
　　1. 雑草の種類と除草剤の選び方 ･････････ 106
　　2. 畑雑草の防除法 ･････････････････････ 106
　　3. 水田雑草の防除法（本田の除草） ･･･････ 107

第6章　ハウスの組立てと環境制御 ･････ 109
6.1 ハウスの組立て ････････････････････ 110
　　1. トンネルの組立て ･･･････････････････ 110
　　2. ハウスの組立て ･････････････････････ 110
　　3. 被覆資材の特徴と選び方 ･････････････ 112
6.2 ハウス内の環境制御法 ･･････････････ 114
　　1. 環境制御のための計測方法 ･･･････････ 114
　　2. 換　気 ･････････････････････････････ 114
　　3. 温　度 ･････････････････････････････ 115
　　4. 光 ･････････････････････････････････ 115
　　5. 湿　度 ･････････････････････････････ 116
　　6. CO_2 ･････････････････････････････ 117

第7章　収穫・ポストハーベスト ･･･････ 119
7.1 果　樹 ･･････････････････････････････ 120
　　1. 収　穫 ･････････････････････････････ 120
　　2. 選　果 ･････････････････････････････ 121
　　3. 貯　蔵 ･････････････････････････････ 121
　　4. 荷造りと輸送 ･･･････････････････････ 123
7.2 野　菜 ･･････････････････････････････ 126
　　1. 収　穫 ･････････････････････････････ 126
　　2. 選　別 ･････････････････････････････ 127

3. 荷作り……………………………… 127
　　4. 予冷と出荷…………………………… 129
　7.3 観賞植物……………………………… 130
　　1. 切り花の収穫と流通技術…………… 130
　　2. 水あげと品質保持剤処理…………… 131
　7.4 水　稲……………………………… 134
　　1. 収穫適期……………………………… 134
　　2. 収穫方法……………………………… 134

第8章　農産物加工……………………………… 139
　8.1 シロップ漬け………………………… 140
　　加工の原理……………………………… 140
　　シロップ濃度の決定…………………… 141
　8.2 ジャム類……………………………… 142
　　加工の原理……………………………… 142
　8.3 漬　　物……………………………… 144
　　加工の原理……………………………… 144
　8.4 小麦の加工…………………………… 146
　　加工の原理……………………………… 146
　8.5 発酵食品……………………………… 148
　　加工の原理……………………………… 148
　8.6 カキの脱渋…………………………… 150
　　脱渋の原理……………………………… 150

第9章　ガーデニング…………………… 153
　9.1 庭園の設計と施工…………………… 154
　　1. 庭園の種類と用途…………………… 154
　　2. 庭園の計画…………………………… 154

　　3. 庭園の設計…………………………… 154
　　4. 庭園の施工…………………………… 155
　9.2 花壇の設計と施工…………………… 156
　　1. 花壇の種類と適地…………………… 156
　　2. 花壇の設計…………………………… 156
　　3. 施　工………………………………… 157

第10章　採種法………………………… 159
　10.1 遺伝資源の収集と保存……………… 160
　　1. 遺伝資源の導入と探索……………… 160
　　2. 遺伝資源の国際保全………………… 160
　　3. 植物変異の探索……………………… 160
　　4. 遺伝資源収集の場所………………… 160
　　5. 収集法と収集サイズ………………… 160
　　6. 生育地における収集の実際………… 161
　　7. 収集品の検疫と搬入………………… 161
　　8. 遺伝資源の有効保存………………… 161
　10.2 採種と種子保存……………………… 162
　　1. 採　種………………………………… 162
　　2. 種子の保存…………………………… 163

付　　録………………………………… 165
　付録1. 農薬（除草剤を含む）一覧……… 166
　付録2. 肥料など一覧…………………… 169
　付録3. 植物生長調節剤一覧…………… 172

索　　引………………………………… 174

第1章　繁殖と育苗

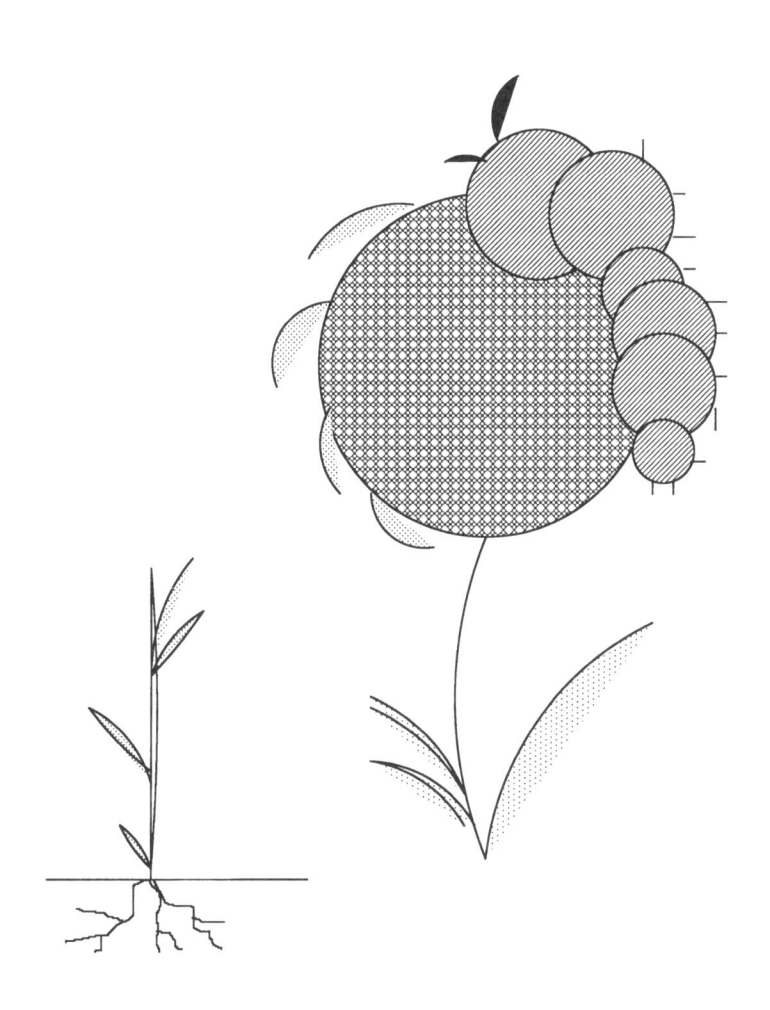

1.1 園芸作物の直播き栽培のための播種法と育苗

ダイコン，ニンジン，ゴボウなどのように直根性で移植すると品質が著しく低下する作物，あるいは比較的栽培期間が短く，労力や本圃の利用効率やコストなどを考慮すると移植栽培するメリットのない作物では，畑に種子を直接播く直播き（direct sowing）栽培が行われる．

1．播種法

播種法には図1.1に示すような三つの方法がある．どの播種法をとるかは，作物の種類に応じた栽植密度や播種後の栽培管理の仕方によって使い分ける．うねとうねの間の距離をうね間，作条と作条の間の距離を条間，同一作条内の株と株の間の距離を株間といい，これらの距離と一カ所（もしくは単位面積当たり）に播く種子数により栽植密度を調節する．

1）散播（broadcast seeding）

ばら播きともいい，栽植密度が高くてもよく，栽培期間が短い作物（ホウレンソウ，シュンギク，コカブ，芽ものなど）の栽培に用いる．栽培途中での間引きは困難であるので，間引きをしなくてもいいように播種量を調整し，ムラができないように栽培床全体に種子をばら播く．

2）条播（drill seeding）

すじ播きともいう．比較的栽植密度が高くてもよい作物（ホウレンソウ，シュンギク，カブ，ニンジンなど）の栽培に用いる．うね上に浅い溝を作り，種子をすじ状に播く．このすじを作条という．一つのうね上の作条の数により一条播き，二条播きなどと呼ぶ．散播と異なり，間引き，除草，追肥などの栽培管理がし易いために，生育期間が比較的長い作物にも適する．作物に応じて条間や種子数を調節して播く．

3）点播（hill seeding）

つぼ播きともいう．広い株間を必要とする比較的大型で栽培期間の長い作物（マメ類，スイートコーン，ダイコン，ハクサイなど）の栽培に用いる．作物の種類に応じた株間をとって浅い穴をあけ，一カ所に数粒ずつ播く．

4）その他

播種作業の省力化のために各種の播種器が市販されている．播種機（図1.2）を使用する場合には，種子を粘土質のもので被覆して直径3〜5 mmの球形に加工したコート種子（coated seed）を利用することが多い．コート種子を利用すると，不定形や微少な種子（レタス，ハクサイなど）でも簡易に1粒ずつ播種することが可能である．また，ダイコンやネギでは種子を一定間隔に水溶性のPVAフィルム（ホルセロン）あるいはバクテリア分解性不織布（メッシュロン）で被覆してひも状にしたシードテープ（seed tape）（図1.3）を利用する方法もある．

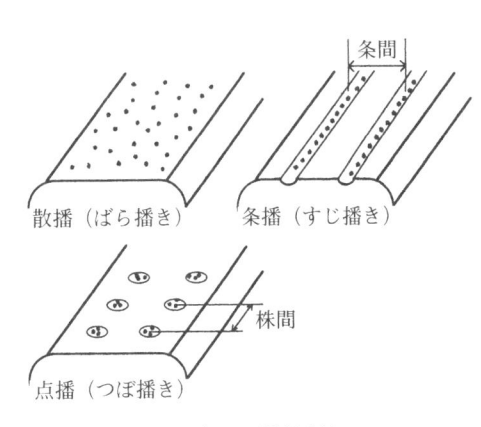

図1.1 播種方法

図1.2 播種機

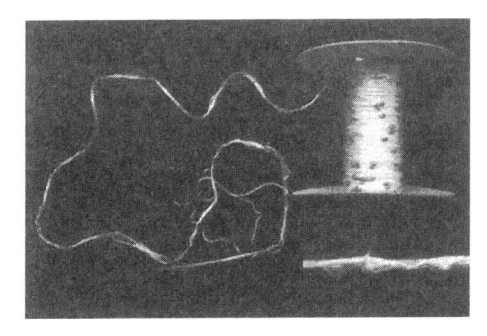

図1.3 シードテープ

2．種子の予措と催芽処理

種子の発芽には，温度，水，酸素，光の条件が揃う必要がある．代表的野菜の発芽適温および光に対する反応を表1.1に示す．直播きでは発芽に最適な条件を整えることが難し

表 1.1 野菜種子の発芽特性（廣瀬, 1990に加筆）

作物名	最低温度 (℃)	最適温度 (℃)	最高温度 (℃)	光反応
キュウリ	16〜19	25〜35	35〜40	暗
スイカ	16〜20	30	35〜40	暗
カボチャ	15	30	35〜40	暗
メロン	15〜16	28〜30	42	暗
トマト	15	25〜30	35	暗
ナス	15	25〜35	40	暗
ピーマン	15	25〜32	35	暗
インゲンマメ	15	20〜30	35	
エンドウ	0〜4	18〜20	33	
ソラマメ	0〜4	15〜25	33	
スイートコーン	8〜11	30〜33	40	
ハクサイ	4	18〜22	35	明
キャベツ	2〜3	20〜25	35	明
ハナヤサイ	2〜3	15〜25	35	明
タマネギ	4	15〜25	33	暗
ネギ	4	15〜25	33	暗
レタス	0〜4	15〜20	30	明
シュンギク	0〜4	15〜20	30	明
セルリー	0〜4	15〜20	30	明
ミツバ	0〜4	15〜20	28	明
ホウレンソウ	4	15〜22	35	
シソ	0〜4	15〜20	28	明
ダイコン	4	15〜30	35	暗
カブ	4〜8	15〜20	30	明
ゴボウ	10	20〜25	35	明
ニンジン	4	15〜30	33	明

明：明発芽種子, 暗：暗発芽種子

いことから，発芽率を高め，短期間に均一に発芽させるために催芽処理（hastening of germination, forcing of sprouting）を行うことがある．種子を水に浸漬して吸水させた後，乾燥しないように濡らしたタオルやガーゼに包むか，湿らせたろ紙もしくはガーゼを敷いたシャーレかビーカーに入れてふたをし，好適な条件下で催芽させた後に播種する方法である．例えば，高温下での発芽が困難なホウレンソウ，レタスなどは，冷水に浸漬後，冷暗所で発芽させる．催芽種子を用いる場合には，芽が伸び過ぎないように，また，播種時に芽を傷めないように注意する．

3. 覆土，被覆，かん水

1）覆 土

播種後の覆土は種子の大きさや発芽勢により異なるが，一般に種子の厚さの1〜3倍にする．ただ，好光性種子（明発芽種子）を播種する場合には，覆土を薄くする．覆土用の土は有機質を多く含む膨軟な土が望ましいので，うねの土が粘土質で硬くしまりやすい場合には，覆土用の土を別に準備する．散播の場合には，覆土せずにレーキなどで土と種子を軽く撹拌して覆土の代わりとすることもできる．

2）被 覆

播種後の土壌の乾燥，降雨による土壌の流亡や硬化，種子の散乱などを防ぐため，発芽まで寒冷紗やわらで被覆すると効果的である．ただし，発芽後は徒長しないように速やかに除去する必要がある．

3）かん水

播種後は十分にかん水し，発芽まで土壌が乾燥しないようにこまめにかん水を行う．特に，催芽種子を播種した場合には，乾燥に十分注意する．ただし，降雨後のかん水は水分過多になるのでひかえる．

〔和田光生〕

1.2 園芸作物の移植栽培のための播種法と育苗

　草花を中心とする微細な種子や貴重な種子は，好適条件下で播種して集中管理し，発芽率を高めるとともに，育苗時のロスを少なくするようにする．また，このようにして育苗を行うことによって栽培期間を短縮し，施設の有効利用をはかることができる．従来，播種床に鉢あるいは育苗箱を用いる場合，手で播種していたため，播種，育苗管理，移植に多くの労力を要していたが，最近ではセルトレイに機械で播種し，セル成型苗として育て，機械で移植する技術が確立しつつある．

1. 鉢あるいは育苗箱への播種と育苗

　種子の発芽には，水と同時に酸素を必要とすることから，播種用土は特に保水性と排水性に優れたものを選ぶ．最近，この条件を満たした播種用土が市販されているのでこれを用いてもよい．鉢あるいは育苗箱に播種用土を深さの九分通りまで入れて，表面を平らにならし，余分な水が鉢底から出るまで十分かん水する．その際，水圧を調節して表面の用土が移動しないように注意する．播種法には，散播，条播，点播などがあるが，この方法は植物の種類あるいは育苗法によって変える．普通，播種時の覆土は種子の高さの2，3倍程度を標準とする．播種後，頭上かん水すると種子が移動するので，発芽が始まるまではかん水しなくてもよいように新聞紙などで覆って乾燥を防ぐようにする．プリムラなどの微細種子や好光性（明発芽）種子を播く場合には，播種後覆土せずに鉢あるいは育苗箱の上をガラス板で覆って乾燥を防ぐとともに，かん水は底面給水の方法で行う（図1.4）．用土は細かいふるいを通した細粒のものを用い，好光性種子では散光があたる場所に，嫌光性（暗発芽）種子では暗所で発芽させる．両者とも発芽が始まるとガラス板を取り除くとともに，暗所においていたものも光条件下に移し，徒長しないようにする．そして，本葉1～2枚時に平箱などを用い，株間2～3cm間隔に広げて第1回目の移植を行う．また，苗が3～4枚時になるとポリポットに1株ずつ植え付けて第2回目の移植を行う（図1.5）．

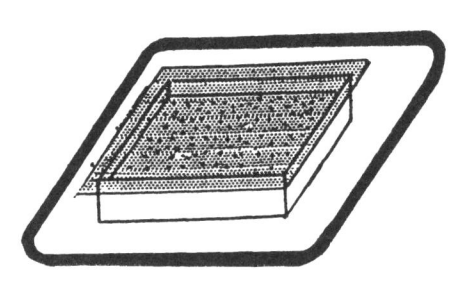

図1.4　小さい種子は覆土せず，鉢の上にガラス板を載せて覆い，鉢底に受け皿をおいて底面吸水する．

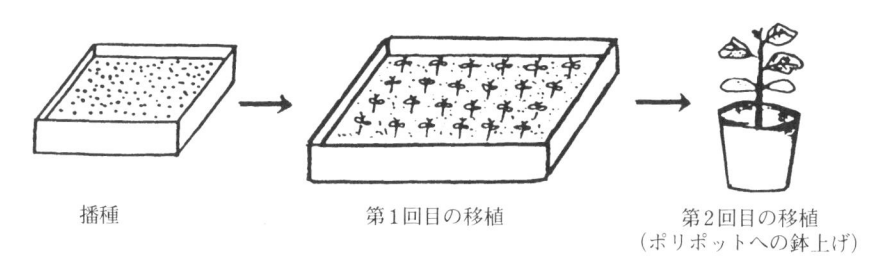

　　　播種　　　　　　第1回目の移植　　　　　第2回目の移植
　　　　　　　　　　　　　　　　　　　　　　　（ポリポットへの鉢上げ）

図1.5　播種と育苗

2. セルトレイへの播種と育苗

　培養土は水苔または山苔のピートモス，バーミキュライトを基本としたものが市販されている．また，トレイにはプラスチック製と発砲スチロール製とがあり，横幅が50～56cm，縦幅が28～30cm，トレイ当たりのセルの数が128～648のものがあるので，これらの中から播種機あるいは栽培植物の種類に適応したものを選ぶ．播種機には半自動真空播種機（バキュームシーダー），自動播種機（オートマチックシーダー），自動真空播種機（ドラムシーダー）がある．システム化されたセル成型苗育苗施設の一例を図1.6に示す．

　播種したトレイは発芽を揃えるために，それぞれの植物の種類に応じた温度と適度の水分を保った発芽室に移し，幼根が発生するまで置く．この段階までの光条件は弱光下でよいがその後は自然光の当た

るハウス内に移し，発芽時の徒長を防ぐ．また，充実した苗を育てるためにはハウスの気温は発芽の適温よりやや低めに維持するとともに，培養土が常に湿潤状態にならないようにかん水を調節する．移植の適期は葉がトレイを覆い，各苗が根鉢を形成し，引っ張っただけで苗を傷つけずにトレイから抜くことができる段階である．

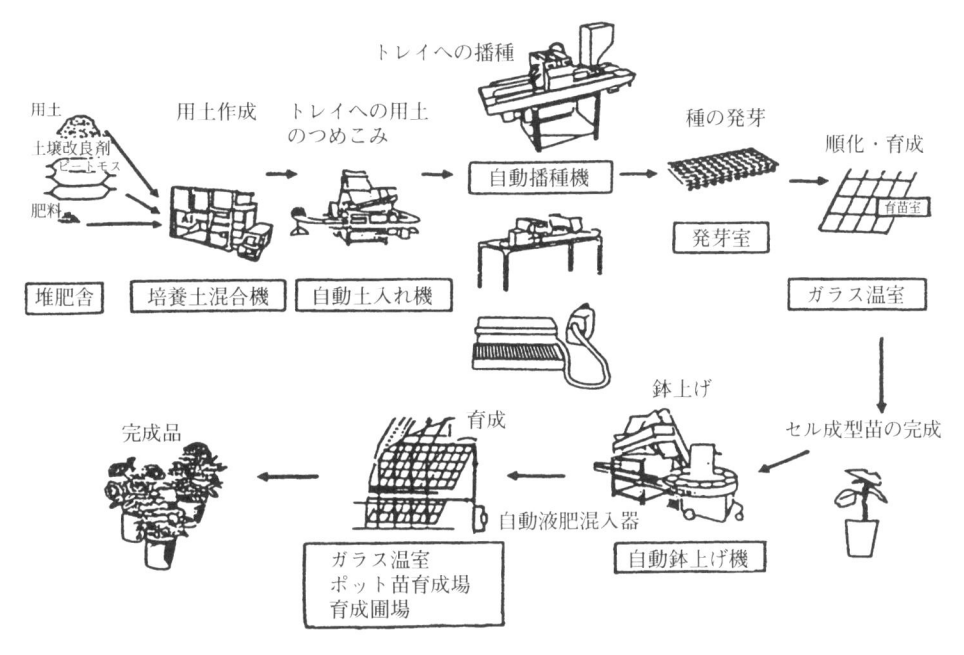

図1.6 セル成型苗生産施設の概要（大江，1992）

（森　源治郎）

種子の特徴と寿命

発芽の好適条件　種子の発芽には，水分，温度，酸素の三条件が満たされる必要がある．多くの種類の種子は播種すると用土中の水分を吸水して種皮が破れやすくなるが，オクラ，カンナ，スイトピー，ユウガオなどの硬実種子（hard seed, stone seed）では刃物・ヤスリで種皮に傷を付けて吸水しやすくするか，種子を60℃程度の温湯に浸漬し，吸水を促してから播種する．発芽の初期には水分とともに大量の酸素を必要とするため，覆土が厚すぎたり，水が多すぎたりすると，酸素欠乏になって発芽率が低下する．種子の発芽適温は，原産地の気候と密接に関係し，熱帯あるいは亜熱帯原産のものは高く，温帯原産のものは低い．したがって，種子の発芽率を高めるためには催芽温度を適温付近に維持することが重要である．

このような水分，温度，酸素の三条件の他に光が発芽に関与する種類がある．ベゴニア，プリムラ・マラコイデス，レタスのように光条件下で発芽が促進される種子を光好性（明発芽）種子といい，播種時に覆土をしない．一方，ケイトウ，ヒナゲシ，ニゲラのように暗黒条件下で発芽が促進される種子を嫌光性（暗発芽）種子という．

種子の休眠打破法　発芽の好適条件下でも，種子が休眠状態にあり，発芽しないことがある．バラ，リンゴなどバラ科の植物では秋に果実を収穫すると同時に擦りつぶし，果肉を洗い流して種子だけにし，湿った細かい砂の中に埋めて1〜5℃の低温下で2〜3カ月貯蔵すると休眠が破れる．これを層積法あるいは低温湿層処理という．

種子の貯蔵法　種子の寿命は含水量と貯蔵温度によって左右され，含水量が5〜14％の範囲では種子含水量が1％増加するごとに，また，貯蔵温度が0〜50℃の範囲では5℃上がるごとに1/2に減少する．したがって，種子の貯蔵は，できるだけ乾燥・低温下で貯蔵するのが望ましい．ただ，ネリネ，リコリス，ツバキ，ビワなどのように例外的に乾燥を極端に嫌う種子があり，これらは取り播きにする．

（森　源治郎）

1.3 水稲の播種と育苗

水稲作では一般に移植栽培が行われており，従来の手植えのための苗代から田植機のための箱育苗へと変化している．水稲苗は移植時の葉齢により，稚苗，中苗，成苗に分け，機械植えでは主として稚苗と中苗が使われる（図1.7，表1.2）．葉齢は苗の生長の程度を葉数によって表す指標である．田植機用の苗は，生育がよくそろっていること，苗立ちが均一であること，根がよくからんで適当な強さの苗マットが形成されていることが大切である．

表1.2 稚苗・中苗の目安

苗の種類	葉齢	育苗期間（日）	播種量（g）芽出し籾/箱	育苗箱数 箱/10a
稚 苗	3.2	20〜22	180〜200	15〜20
中 苗	4.0〜6.0	30〜40	100〜150	25〜35

表1.3 種籾の種類と塩水選の比重

種籾の種類	比重	食塩（kg）	硫安（kg）
うるち	1.13	4.8	5.1
も ち	1.10	3.8	4.1

（水18 l 当たり）

図1.7 稚苗と中苗

1. 播 種

種籾は採種ほ産のものを購入するかあるいは自家採種により準備する．自家採種を毎年繰り返していると品種の退化が起こるため，3〜4年に1回程度の割合で採種ほ産のものを導入する．

1) 選 種

籾は内えい・外えい（籾殻）と玄米からなる．また，玄米は胚と胚乳とからなる．種籾の良否は発芽後の生育，収量，品質に影響するので，発芽能力が高く，病気や虫害のない籾を選ぶ．選別の方法は，まず唐箕などで風選後，枝梗やのぎなどを除去し，塩水選を行う．塩水選では食塩水や硫酸アンモニウム（硫安）溶液を用いる（表1.3）．比重は比重計を用いると正確に求められるが，一般には新鮮な鶏卵の浮き具合で判定する（図1.8）．沈んだ種籾はネットなどに集め，よく水洗して塩分を除く．

2) 種籾の予措

選種後，消毒・浸種・催芽などの予措を行う（図1.9）．種籾はいもち病，ごま葉枯れ病やばか苗病などに汚染されている可能性があるので，殺菌剤（オキソリニック酸・プロクロラズ）による消毒を行う．消毒は24時間浸漬し，この間に薬液が種籾全体に行きわたるよう2〜3回撹拌する．次に，24時間の陰干しにより薬剤を定着させた後，発芽促進と発芽をそろえるため，10〜18℃程度の水温で浸種することが望ましい．浸種中の水の交換は最初の2日間は行わず，その後流水または水を毎日交換しながら胚が籾殻

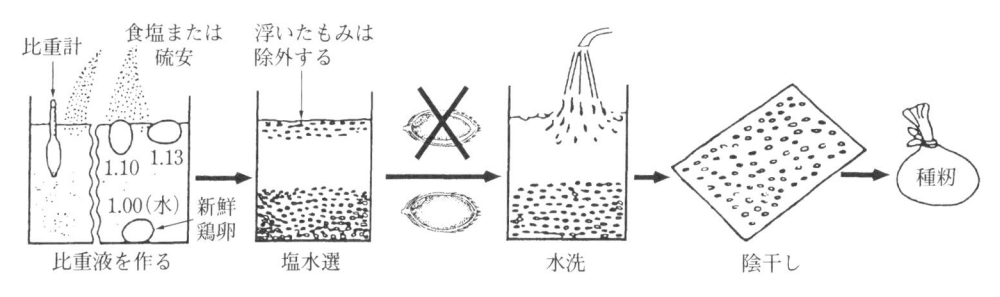

図1.8 塩水選の方法

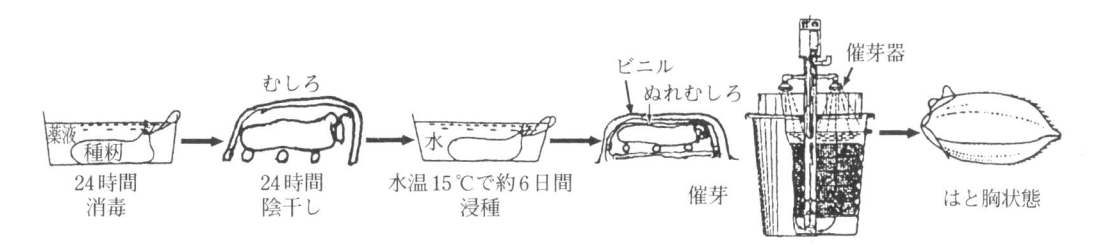

図1.9 種籾の予措

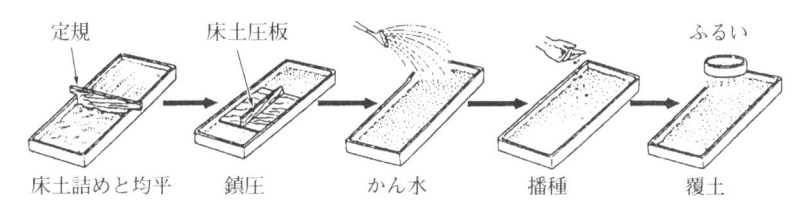

図1.10 播種法

を通して白く見えるまで行う．浸種の日数は積算温度（平均水温×日数）で100℃を目安とし，水温10℃で10日，15℃で6日程度である．その後，種籾は32℃に設定した催芽器に入れるか暖かい場所に置いてビニルで覆って催芽させる．胚の部分から鞘葉と種子根がわずかに出て，はと胸状態になると播種する．

3) 育苗箱と床土の準備

育苗箱は病害予防のため薬剤で消毒し，風乾する．育苗箱に詰める土を床土といい，水田土，畑土，山土などを利用する．採取した土は握って固まらない程度に乾燥させた後，砕土して5〜6mmのふるいにかける．土壌pHによっては硫酸か硫黄華を使ってpH5の弱酸性に調整する．また，苗立枯れ病やむれ苗などを予防するため，床土にメタスルホカルプ剤を混ぜることもある．肥料は窒素・リン酸・カリを成分量でいずれも育苗箱当たり1〜2gを用いる．床土の所要量は育苗箱当たり約5l（床土4：覆土1）である．床土にはpHや肥料の調製をした市販の人工培土やロックウールなどの成型培地も利用できる．

4) 播種

まず，育苗箱の底に新聞紙などを敷いてから，調整を終えた床土を厚さ20〜25mm程度になるように入れ，定規を用いて平らにし，かん水を十分行った後，稚苗，中苗に対応した量の催芽籾を手または播種機で均一に播種する．最後に，全ての籾が隠れる程度に覆土する（図1.10）．

2. 育苗

播種した育苗箱は30〜32℃の育苗器内で2日間，またはハウスなどを利用して育苗箱を10段程度に積み上げて出芽を促す（図1.11）．鞘葉が0.5〜1.0cmになったときに育苗箱を広げて緑化を促す．この際，籾の持ち上がり現象が認められれば，かん水後再覆土する．緑化は育苗箱を20〜25℃に保ったハウスあるいはトンネル内に並べ，遮光して約2日間育てる．緑化後，温度が昼温25℃以上，夜温10℃以下にならないよう注意して硬化を行う．田植え前には，ほ場での生育を順調に進めるため，自然環境に慣らす．この間のかん水は午前中に1回と床土が乾くようであれば午後にも少なめに行う．なお，播種後直ちに育苗箱を並べ，以降硬化終了まで箱を動かさない省力法もある．寒冷地ではハウスやトンネル内，暖地では露地でも可能である．この場合，外気温に応じて，種々の材質，厚さのフィルムや寒冷紗などの被覆資材が用いられる．

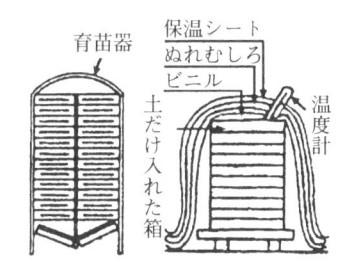

図1.11 出芽法

（平井宏昭）

1.4 挿し木繁殖

挿し木繁殖は，茎，葉，根などの一部を母株から切り離して挿し床に挿し，不定根あるいは不定芽を形成させ，独立した個体を得る栄養繁殖法で，挿し木に用いる植物体の部分によって葉挿し（leaf cutting），葉芽挿し（leaf – bud cutting），茎挿し（stem cutting），根挿し（root cutting）に類別される（図1.12，表1.4）．

1. 挿し木の適期

挿し木の適期は植物の種類によって異なり，観葉植物では4～8月，落葉広葉樹の休眠枝挿しでは11～1月，緑枝挿しでは6～7月，常緑広葉樹では6～8月，針葉樹では11～3月である．しかし，この時期は挿し床の環境条件によって多少変わることもある．

2. 挿し床の準備

挿し穂の数が少ない場合には，素焼きの浅鉢やプラスチック製の育苗箱などを用いてもよいが，大量に挿し木繁殖する場合には専用ベッドを設ける．挿し木の用土としては通気性と排水性に富み，清潔で肥料を含まない砂，赤土，バーミキュライト，パーライト，鹿沼土などが適する．また，ロックウールやオアシスなども利用できる．まず，準備した用土を挿し床に入れ，表面を平らにならした後，挿し床の底から流れ出る程度に十分かん水する．

3. 挿し穂の採取と調整

挿し穂はある程度大きいほど同化能力および貯蔵物質量が大であり，発根に好都合である．しかし，挿し穂の基部組織の木化が進んでいたり，葉面積が大きいと蒸散量が多くなり，発根に悪影響をもたらす．したがって，調整の仕方は樹種，挿し木の方法あるいは時期によって変える必要がある．挿し穂の大きさは，休眠枝挿しでは10～20 cm，緑枝挿しでは8～12 cm，草本類では4～8 cmが標準である．挿し穂を母樹から採取するときは，まず，これよりも大きめの枝を鋏で切り取り，30分程水揚げした後に調整を行う．調整には切り出しナイフあるいはカットナイフなどの鋭利な刃物を用い，穂木の長さが一定に

| 休眠枝挿し | 管挿し 緑枝挿し | 天挿し 半熟枝挿し | 葉芽挿し | 葉挿し | 根挿し |

図1.12 挿し木の種類

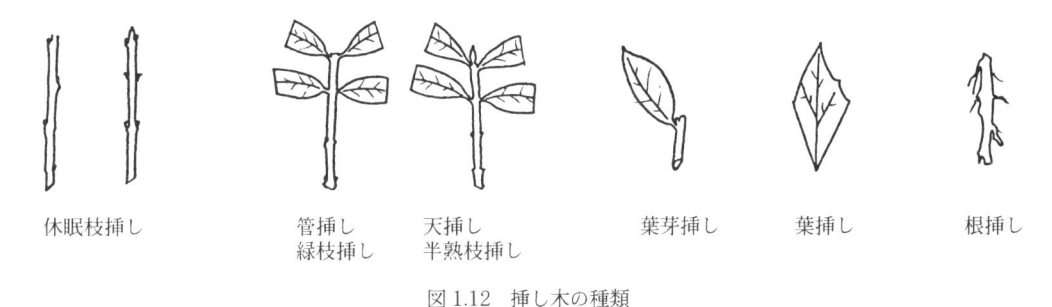

表1.4 挿し木の種類と適応植物

挿し木の種類	適 応 植 物
茎挿し	アジサイ，イチジク，ウメ，コデマリ，サルスベリ，サンゴジュ，ジンチョウゲ，スギ，ツツジ，ツバキ，ブドウ，モクレン，ヤナギ，ユキヤナギ，レンギョウなどの木本類 カーネーション，キク，ゼラニウム，ポインセチア，マーガレットなどの草本類
葉芽挿し	ペペロミア，インドゴムノキ，ツバキ
葉挿し	アキメネス，カランコエ，グロキシニア，セントポーリア，サンスベリア，ペペロミア，ムシトリスミレ，レックスベゴニア
根挿し	エリスリナ，カキ，トケイソウ，ナシ，ノウゼンカズラ，フジ，ボケ，ライラック

なるように基部を切り揃える．その際，組織の固い木本類では斜め切りか返切りにする．また，茎が柔らかい草本類では水平に切断する．緑枝挿しの場合，ツツジのように葉の小さな種類では挿し床に埋まる部分の葉を取り除く程度でよいが，サンゴジュやツバキのように大きな葉をつける種類では吸水と蒸散のバランスを保つために先端部の2～3枚だけを残し，さらに葉身部を切りつめる．このようにして調整した挿し穂は，再度1～2時間水揚げした後に挿し床に挿す．発根の困難な種類では，オーキシン（IBAあるいはNAA）の5～30 ppm（mg/l）の水溶液を用いて水揚げする．また，1000～2000 mg/lの高濃度のオーキシン溶液に数秒間浸したり，オーキシンの入ったタルク（タルク1gにIBAあるいはNAA1～5 mg）を挿し穂の基部切り口に塗布して挿し木してもよい．なお，このオーキシンの入ったタルクは発根促進剤として市販されており，園芸店で入手することができる．

4．挿し方

挿し木する際，挿し穂を直接挿し床に突き刺すと切り口を傷め，活着率を低下させるので，あらかじめ挿し穂より一回り太い棒（案内棒）を使って一定の深さの穴を等間隔にあけてから挿し穂を挿す．その際，片手に挿し穂を持ち，深さを一定に保ちながら，もう一方の手で挿し穂の周りから土を寄せるようにして押さえ，最後に挿し床の表面を平らにならしておく．挿し穂の挿す深さは植物の種類によって異なるが，挿し穂が安定すれば，浅い方がよい．挿し終わったら，挿し穂が倒れないように注意して十分かん水する．

5．挿し木後の環境

挿し穂の蒸散は，特に挿し木直後に大きいことから，挿し木後1～2週間の水管理が大切である．空中湿度を高く，均一に維持するために挿し床をポリエチレンフイルムなどで覆う（密閉挿し）か，あるいは人工的に挿し床に細霧を定期的に噴霧するミスト下（ミスト繁殖法）（図1.13）で管理する．また，発根の適温は多くの種類において20～25℃付近にあるので，挿し床には電熱ケーブルを埋設しておき，冬期に加温する．一方，夏は寒冷紗などで遮光して涼しくする．光は光合成やオーキシンなどの発根促進物質の生成と関係し，発根に促進的に働くので，遮光の程度は60％程度にとどめる．

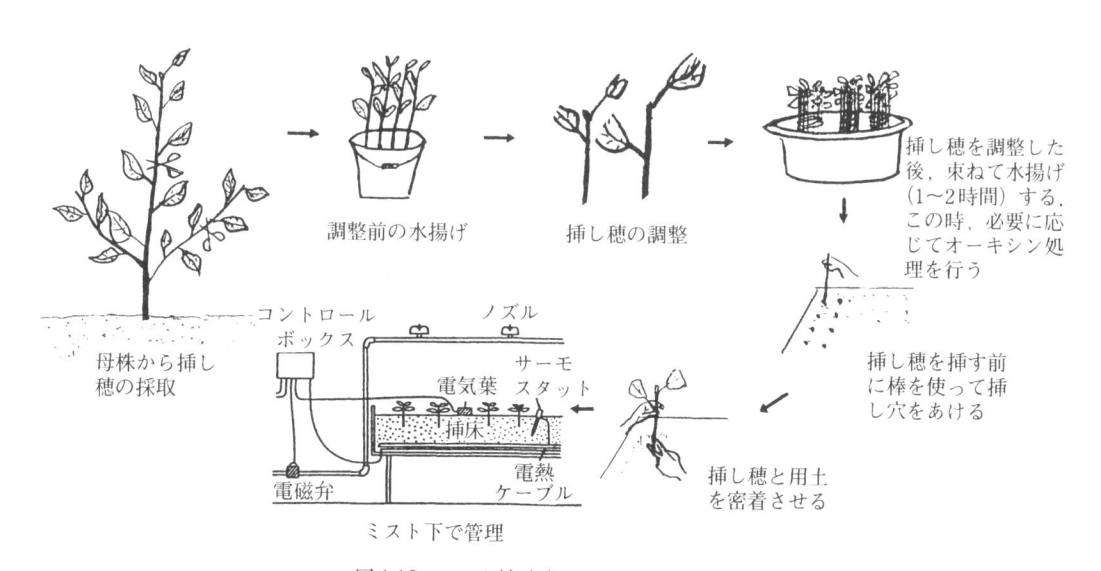

図1.13　ミスト繁殖法による緑枝挿しの手順

（森　源治郎）

1.5 接ぎ木繁殖

接ぎ木（grafting）は，異なる属，種または品種の穂木（scion）と台木（rootstock）を接合させ，新しい個体を形成するものである．果樹や花木では，枝変わりなど遺伝的に固定されていない品種が多いので，それらを栄養繁殖するための方法として古くから行われている．特に，挿し木繁殖が困難な場合や結実までの年数を短縮したい場合の手段として有効である．一方，果菜類では，土壌伝染性の病虫害の対策として不可欠の技術となっている．このほか接ぎ木は，わい化，耐寒・乾性，樹勢維持，品質向上や品種更新などを目的として行われる（表1.5）．

表1.5 代表的な接ぎ木組み合わせと接ぎ木で付与される形質

種類	穂木	台木	目的とする特性
果樹	カンキツ	カラタチ,ナツミカン,サワーオレンジ,ユズなど	耐寒性,すそ腐れ病・ミカンネセンチュウ抵抗性,わい化など
	リンゴ	マルバカイドウ,ミツバカイドウ,共台など	リンゴワタムシ・根頭がんしゅ病抵抗性,わい化など
	ブドウ	各種フィロキセラ抵抗性台	フィロキセラ抵抗性,耐寒性,耐乾性など
花き	バラ	ノイバラ	切り花数増加
	ボタン	シャクヤク	自根が出るまでの代用根
野菜	スイカ	ユウガオ,トウガン,カボチャ,共台	蔓割病抵抗性,耐乾性,低温伸長性,草勢維持など
	キュウリ	カボチャ	蔓割病抵抗性,低温伸長性,ブルームレス化,草勢強化など
	トマト	共台	青枯病・萎凋病・褐色根腐病抵抗性,低温伸長性など
	ナス	トルバム,ヒラナス,共台	青枯病・半枯病・ネコブセンチュウ抵抗性,低温伸長性など

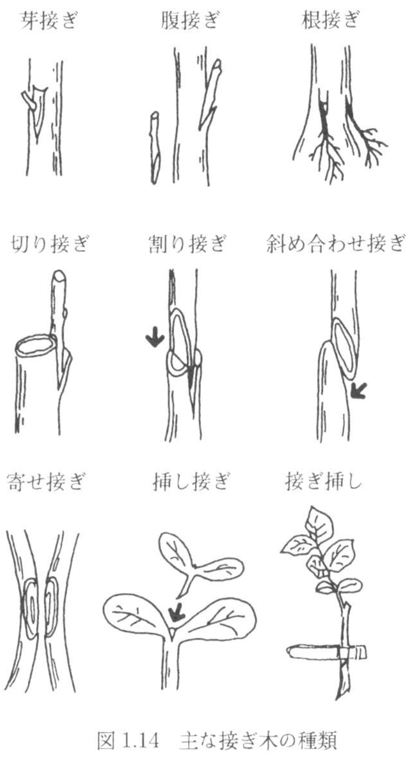

図1.14 主な接ぎ木の種類

1. 接ぎ木法

接ぎ木法は，穂木として用いる器官（芽接ぎ，枝接ぎなど），台木上の接ぎ木の位置（高接ぎ，腹接ぎ，根接ぎなど），穂木と台木の合わせ方（切り接ぎ，割り接ぎ，合わせ接ぎ，寄せ接ぎ，挿し接ぎ，接ぎ挿しなど），接ぎ木の場所（居接ぎ，揚げ接ぎ）などによって呼び方が異なり，その種類は30を越える（図1.14）．

1）割り接ぎ（cleft grafting）

割接ぎは，台木を切断・割り込んだところへ，下部をくさび形に削った穂木を差し込んで，接ぎ木用テープやクリップでとめる．果樹，花き，野菜ともによく使われる接ぎ木法である．

2）寄せ接ぎ（Approach grafting）

穂木と台木の茎の側面を削って形成層を出し，両切断面を寄せ合わせる接ぎ木法である．穂木にも根があるので，養水分の供給が順調で活着率の高い，最も安全な接ぎ木法である．呼接ぎは，茎または胚軸の直径の2/3程度を台木では切り下げ，穂木では切り上げて，切り口を互いに絡ませる．

3）斜め合わせ接ぎ（splice grafting）

側面に切れ込みのある弾性チューブを用いて斜めに切断した穂木と台木を固定する接ぎ木法である．本法は，ナス科野菜のセル苗に適用され，育苗センターなどで普及している．作業速度は，従来の2～3倍である．活着率を高くするためには，接合部の茎径を揃えるとともに，切断角度を小さくして接合面積を大きくする（図1.15）．

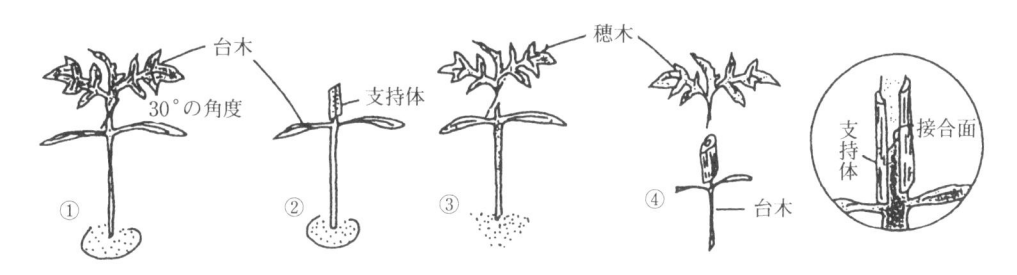

①台木を子葉上で斜めに切断し，②そこに側面に切れ目の入った支持体をかぶせ，③子葉上または胚軸で斜めに切った穂木を，④切断面を合わせるように挿し込む．

図1.15　斜め合せ接ぎの手順（板木，1992）

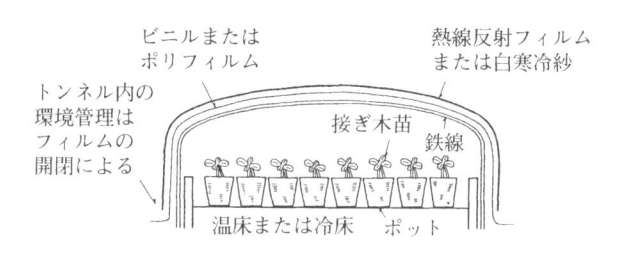

図1.16　接ぎ木苗の養生・順化用トンネル（伊藤，1986）

2. 養生・順化法

養生（healing）は，切断面の傷を癒やすこと，順化（acclimatization, acclimation）は，その後環境条件を次第に自然環境に近づけて適応させることを意味する．

接ぎ木直後は，トンネル（図1.16）内を適温より3〜5℃高い温度（一般的には28〜30℃）に保ってカルスの発達と維管束の分化を促すとともに，空気湿度を95％RH以上に保って穂木が萎れないように管理する．一般的には，暗黒よりも3〜5 klx程度の光条件下の方が活着が早い．

養生中は，接合面を一瞬でも乾かさないことが重要である．このため，接ぎ木した植物およびビニルフィルムで覆ったトンネル内面に水を噴霧するとともに，トンネルを熱線反射フィルムや寒冷紗で遮光する．ミスト室があれば，萎れにくいので，弱い遮光にとどめて光合成を促進する．透過光線中の熱線によりトンネル内の温度が上昇すると，湿度が大きく低下するので，トンネル内の温度変化をできるだけ小さく保つように心がける．

順化の初期は，朝夕の弱光時に寒冷紗を除去して光合成を促進したり，ビニルフィルムのサイドを持ち上げて湿度を低く保ち，日が経過するにつれて，その時間をしだいに日中にまで拡大する．また，高い活着率を得るためには，天気に応じて寒冷紗の枚数を加減するなど，注意深い観察に基づく適切な管理が要求される．

一般に，草本では養生に3〜5日，順化に3〜5日を必要とする．一方，木本の養生・順化期間は，1カ月以上の長期間を要する．

（小田雅行）

1.6 取り木繁殖

取り木繁殖は，花木や庭木を植え付けた状態で枝に種々の処理をして不定根を出させ，親株から切り離して独立させる方法である．この方法は発根までに時間がかかるうえ，繁殖効率も悪いが，2～3年生の大きな枝からでも確実に発根させることができる．

1. 取り木の種類と方法

1) 盛土法 (mound layering)

まず，親株の茎を地際近くで切断して多くの新梢を発生させた後，この新梢の基部に盛土をし，発根後に切り離して苗を得る (図1.17)．

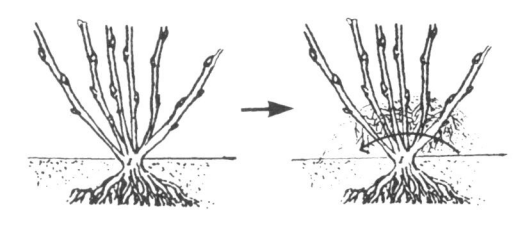

図1.17 盛土法

2) 伏せ木法 (bowed‐branch layering)

親株の長い枝をわん曲させて枝先から15～30 cmのところを土の中に埋め，発根後に分離して苗を得る（普通法）．この変型に枝先を地中に曲げて伏せ込む先取り法，長い枝を水平に地面に伏せて全体に盛り土しておき，枝の各芽から新梢を出させて分離する撞木取り法および長い枝を波状に伏せ，土中に埋めた部分か

普通法

先取り法

波状取り法

撞木取り法

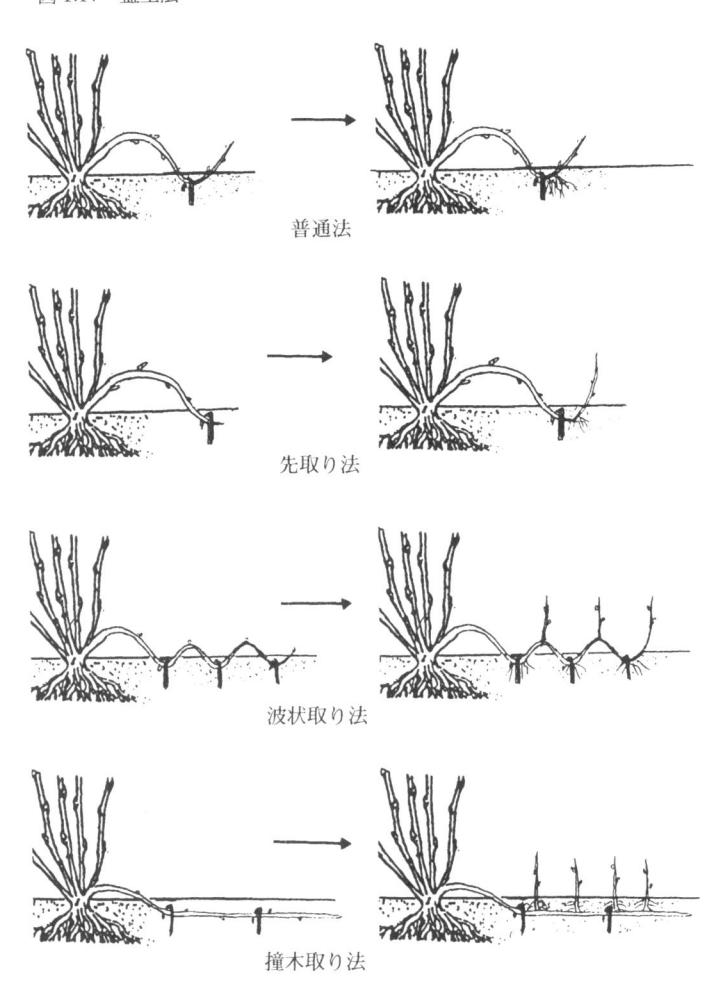

図1.18 伏せ木法

表1.6 取り木繁殖に適した主な庭木・花木の種類

方法		庭木・花木の種類
盛土法		ボケ，ユキヤナギ，コデマリ，ツツジ，ヤマブキ，ニワウメなど
伏せ木法	普通法	イチイ，キャラ，ハイビャクシン，モクセイ，ヤマブキなど
	先取り法	オオバイ，ウンナンソケイ，レンギョウ，ツルバラなど
	撞木取り法	アジサイ，オウバイ，キイチゴ，ヤナギ，ツルニチニチソウ，クレマチス，フドウなど
	波状取り法	多くのつる性植物
高取り法		クロトン，インドゴムノキ，ドラセナ，ザクロ，ムクゲ，モミジ，ツツジ，サザンカ，ツバキ，アオキ，ブドウなど

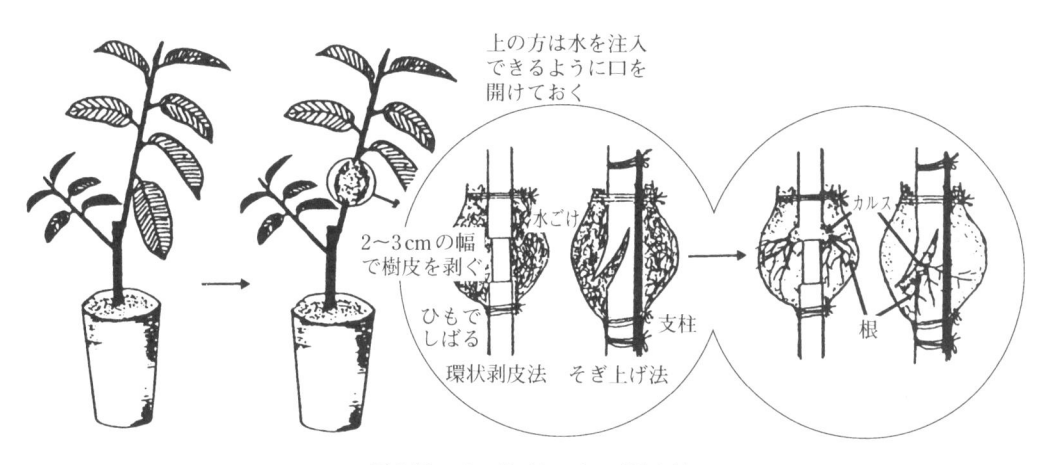

図1.19 インドゴムノキの高取り法

ら発根させ，空中のえき芽から新梢を出させる波状取り法などがある（図1.18）．

3）高取り法（air layering）

高いところにある親株の枝に環状はく皮，あるいはそぎ上げなどの処理を施し，切り口に湿ったミズゴケなどをあて，さらにビニルなどで包み，ビニルの内側に発根を確認してから切り離す（図1.19）．

なお，伏せ木法および盛土法においても，土の中に埋まる箇所を環状はく皮，あるいは傷を付け，さらに，挿し木の場合と同様にオーキシン（NAAまたはIBA）処理を施すと発根が促進される．

2. 取り木時期

落葉性の種類では晩秋から早春にかけて，常緑性の種類では3月上旬に取り木を行い，それぞれ1年後の同時期までおいた後，十分発根しているのを確認して親株から切り離し，鉢などに植え付ける．しかし，インドゴムノキなどの熱帯原産の種類では，20〜30℃の温度が維持されていると取り木時期および発根後の切離し時期は特に選ばない．

（森　源治郎）

1.7 球根・いも類の繁殖

　葉，茎，根など，植物の器官の一部が特別に肥大し，その組織内に大量の養分を貯え，球状あるいは塊状になったものを，一般に花き分野では球根，野菜や作物分野ではいもと呼んでいる．球根あるいはいもを形成する植物の多くは，自然分球によって繁殖が可能であるが，分球能力が低いアマリリス，ヒヤシンスや，分球をほとんどしない球根ベゴニア，シクラメンなどでは，営利的には人工的な分球促進処理あるいは実生による繁殖が行われている（表1.7）．

表1.7　おもな球根・いも類の形態的分類と実用的繁殖法

植物名	分　類		実用的繁殖法	備　考
アマリリス	りん茎	（有皮）	自然分球，りん片挿し	
スイセン	りん茎	（有皮）	自然分球，りん片挿し	
チューリップ	りん茎	（有皮）	自然分球	
ヒヤシンス	りん茎	（有皮）	スクーピング，ノッチング	
ダッチアイリス	りん茎	（有皮）	自然分球	
ユリ類	りん茎	（無皮）	自然分球，りん片挿し	木子形成
グラジオラス	球茎		自然分球	木子形成
クロッカス	球茎		自然分球	
フリージア	球茎		自然分球	木子形成
アネモネ	塊茎		自然分球，実生	
シクラメン	塊茎		実生	
ジャガイモ	塊茎		塊茎分割	
サトイモ	塊茎		自然分球	
球根ベゴニア	塊茎		実生	
サツマイモ	塊根		茎挿し	塊根から発生したつるを利用
ダリア	塊根		自然分球，実生	
ラナンキュラス	塊根		自然分球，実生	

1. 自然分球による繁殖

　多くの球根あるいはいも類には休眠する時期があり，分球による繁殖は通常この時期に行う．地上部が枯れた後に掘上げを行い，表面を乾燥させた後に分球する．分球の際，容易に手で分けることができないものについては，鋭利な刃物を用いて分割するが，その際，糸状菌，細菌，ウイルスなど病原体を媒介しないように消毒を行ったものを用いる．ダリア，ラナンキュラスなど，塊根類の一部には，定芽をつけて分割しないと，発芽しないものがある．分球が済んだものは，ベノミルなどの殺菌剤を粉衣して消毒を行う．

2. ユリ・アマリリスのりん片挿し

　ユリ類は，りん茎の自然分球や，一部の種では木子（むかご）による繁殖も行えるが，りん片挿しにより大量繁殖が可能である．9～10月にりん茎の中層部の充実したりん片を1枚ずつ分け，川砂やパーライトなど排水のよい培地に基部3分の2が埋まるように挿す．施設内で乾燥に注意して管理すると，1カ月程度で切り口に1～2個の小りん茎を形成するので，これを翌年畑に植え出して数年養成する．

　アマリリスのりん茎は自然分球の割合が低いため，営利的にはりん片挿しで増殖する．秋口に大球を掘上げ，根と葉を切除した後に鋭利な刃物で底盤部まで達するように切り込み，小さな切片に分ける．この際，個々の切片に2～3枚のりん片が底盤とともに付着するように注意する（ツインスケール法）．この切片をユリと同様に培地に挿して管理すると，2カ月程度で小りん茎が発生する（図1.20）．

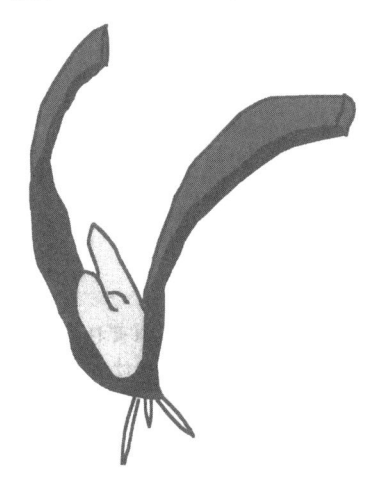

図1.20　アマリリスのりん片挿し（ツインスケール法）における子球形成の様相．

3. ヒアシンスの人工繁殖

ヒアシンスのりん茎はきわめて分球しにくい．このため，ヒアシンスの営利的繁殖には，りん茎を人工的に傷つけることによって不定的にりん茎を発生させる方法をとる．7～8月の高温期に大球の底部から十文字型に2本，高さの3分の1程度刃物で切り込みを入れる（ノッチング法，図1.21左）．または，りん茎の発根部を刃が弓状に曲がった特殊な刃物で高さの4分の1程度えぐり取る（スクーピング法，図1.21右）．これらを砂を入れた容器に切り口を上に向けて並べ，通風のよい半日陰に置くと切断面に子球が多数形成される．これをそのまま11月に畑に植え込み，翌年に掘り上げて分球し，さらに数年養成する．

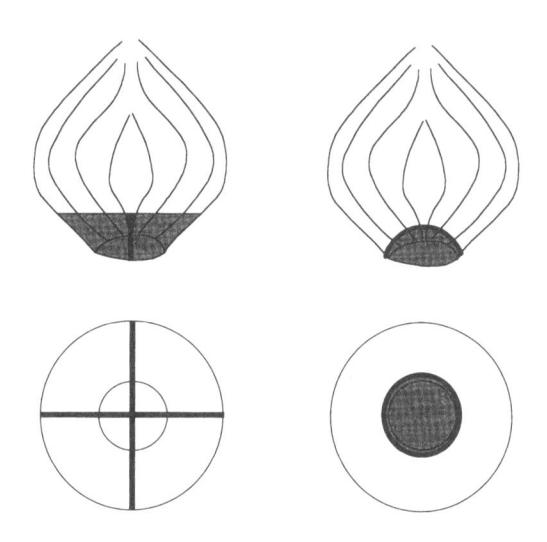

図1.21 ヒアシンスのノッチング法（左）とスクーピング法（右）の切り込み方（藤井，1968より改変）．灰色部分は切り込みの部分，黒線は切り込みの位置を示す．

4. 球根・いも類の貯蔵

球根・いも類の多くは，菌類や細菌類による害を避けるため，乾燥状態で植付けまで貯蔵するが，過度の乾燥が害となるものでは，軽く湿ったピートモスやおがくず中に貯蔵したり（例：ユリ），軽く乾燥させた後にワックス処理を行ったり（例：ダリア）する．一般的に貯蔵中は極度な低温や高温への遭遇を避ける．特に熱帯性のダリア，カンナ，サトイモ，サツマイモなどは低温に弱いので注意する．逆にユリなどでは，抑制栽培を目的として氷点下（－2℃）で長期貯蔵される．また，貯蔵中に積極的に低温あるいは高温処理を行い，植付け後の開花を促進させる場合もある．

（稲本勝彦）

1.8 組織培養による繁殖

　植物はその体を構成する一つ一つの細胞がいずれも個体に再生することができる分化全能性という特徴をもっている．このことを利用して，優良な形質をもった品種や系統を迅速にかつ大量に増殖するために，組織培養が利用される場合がある．組織培養を利用した増殖法には，摘出する植物の部位や増殖過程などの違いからさまざまな様式がある．サツマイモやカーネーションのウイルスフリー苗の作出に用いられる生長点培養，フキやベゴニアにおける苗条原基や多芽体の培養，ランにおけるプロトコーム様体の培養などがその一例としてあげられる．植物のある部分から組織培養によって増やされた複数の個体は，培養の過程で変異が起こらなければ遺伝的には同一の集団であり，組織培養による繁殖も株分けや挿し木などと同じ栄養繁殖の一種ということができる．最近では，これらの組織培養苗をセル苗の生産システムに利用する試みもあり，さらなる培養技術の向上が望まれる．

1. 生長点培養

　植物の茎頂分裂組織（生長点）は，細胞分裂の活性が非常に高く，この部分を摘出して無機塩，ビタミン，炭素源としての糖を含む培地（表1.8）に必要に応じて植物生長調節物質を添加して置床すると比較的容易に元の植物体に再生させることができる．さらに培地条件によっては茎頂から多くの不定芽が形成され，一つの茎頂から大量の幼植物体を得ることができる．また，ウイルスに冒された個体でも，茎頂分裂組織近傍ではウイルス濃度が低く，この部分から再生した個体はウイルスフリーになる場合が多く，栄養繁殖性作物のウイルスフリー苗の供給に重要な役割を担っている．

　表面殺菌した材料からクリーンベンチ内で実体顕微鏡を用いて茎頂を摘出し，培地に置床して培養する．新しい葉が出現したら必要に応じて発根培地に移植する．得られた幼植物体は，徐々に試験管外の環境にならすようにして順化する．

2. 多芽体の誘導

　茎頂組織だけでなく葉，茎，花弁，根などのさまざまな器官や組織からも不定芽の形成を通じて個体を再生させることができる．不定芽の誘導には，植物の種類，摘出する部位，培地の条件などが影響するので，それぞれの植物で再生させるための条件を十分に検討しておかなければならない．

　エラチオールベゴニアを例にした組織培養による増殖過程を図1.22に示した．摘出した葉身や花弁を70％エタノール溶液に5分間，活性塩素濃度1％の次亜塩素酸ナトリウム溶液に10分間浸漬して表面殺菌した後に適当な大きさに細断して外植片とする．これらを無機塩濃度を1/2に減じたムラシゲ＆スクーグ培地（表1.8）に植物生長調節物質としてオーキシンであるNAAを0.1 mg/lとサイトカイニンであるBAを1.0 mg/l添加した培地に置床する．不定芽が誘導されたら，さらに増殖させるために液体培地で培養することもある．得られた幼植物体は生長点培養の場合と同様に順化してから鉢上げする．

表1.8　ムラシゲ＆スクーグの培地組成
（Murashige & Skoog, 1962）

組成	(mg/l)	組成	(mg/l)
NH_4NO_3	1,650	KI	0.83
KNO_3	1,900	$Na_2MoO_4 \cdot 2H_2O$	0.25
KH_2PO_4	170	$CuSO_4 \cdot 5H_2O$	0.025
$CaCl_2 \cdot 2H_2O$	440	$CoCl_2 \cdot 6H_2O$	0.025
$MgSO_4 \cdot 7H_2O$	370	ミオイノシトール	100
$FeSO_4 \cdot 7H_2O$	27.8	ニコチン酸	0.5
Na_2-EDTA	37.3	塩酸ピリドキシン	0.5
H_3BO_3	6.2	塩酸チアミン	0.1
$MnSO_4 \cdot 4H_2O$	22.3	グリシン	2
$ZnSO_4 \cdot 4H_2O$	8.6	しょ糖	30g/l

3. 不定胚の利用

　植物の組織からの個体再生には，上述の茎頂組織や不定芽を経由したものの他に不定胚（体細胞胚）を経由したものがある．葉や花弁などの体細胞由来の組織，そこから誘導したカルスや懸濁培養細胞をNAAや2,4-Dのようなオーキシン類を添加した培地に置床すると茎頂分裂組織と根端分裂組織のいずれをも有する種子（受精胚）に近い構造をもつものが形成され，これを不定胚という．イネ，セロリ，ニンジンなどではこの不定胚をアルギン酸カルシウムゲルなどでカプセル化した人工種子が作出されている．

（大門弘幸）

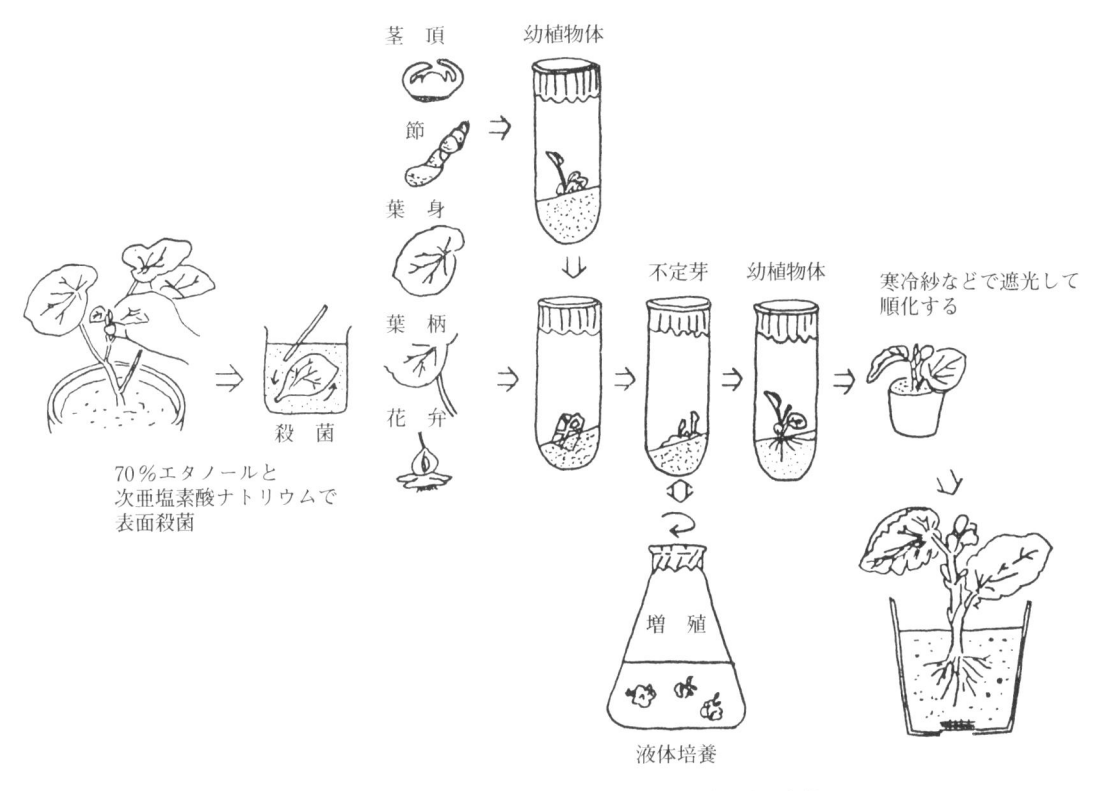

図1.22 エラチオールベゴニアの組織培養を用いた繁殖方法（大門, 1989）

ウイルス病を防ぐ

　作物の繁殖や育苗を行う場合に，特に注意しなければならないのはウイルス感染を予防することである．ウイルス病は菌類病や細菌病とは違って一度発病してしまったら薬剤などによる治療は不可能である．

　種子伝染するウイルスはあまり多くないので，普通，種子繁殖の幼苗は健全と考えてよい．しかし，マメ類，レタス，トマト，キュウリ，スイカなどでは保毒種子からウイルス病が発病することがあるので注意する．また，栄養繁殖作物は，ほとんどの個体が複数のウイルスに感染している．したがって，特に栄養繁殖作物については，繁殖，育苗の段階で生育過程をよく観察し，モザイクや縮葉，黄化，わい化，奇形などのウイルス病徴が観察された個体は，できるだけ早く除去する必要がある．ある個体が他の個体と比べて生育が遅れたり，葉の色が悪くなったりするのも，ウイルス感染によることが多い．購入苗や接木用の台木がウイルスに汚染されている場合もある．

　ある作物個体がウイルスに感染しているかどうかを簡単に検定する方法は，残念ながらない．ウイルス病を正確に診断するためには，汁液を検定植物にこすりつけて発病をみる汁液接種検定，アブラムシなどの媒介昆虫に吸汁させて検定植物での発病をみる虫媒接種検定のほか，精製ウイルスをウサギやマウスに注射して作製した抗体を利用する血清診断法，ウイルス核酸の一部に相補的な核酸断片を使ってハイブリダイゼーションさせる核酸雑種法などが行われる．

　育苗期間や定植後のウイルス感染の回避も重要である．透明有滴ポリマルチやシルバーストライプ入り黒ポリマルチは有翅アブラムシ類などの飛来忌避効果をもつので，ウイルス病の発生を軽減することができる．トンネルやハウスなどにより外界と隔離して行う栽培は，媒介昆虫によるウイルス感染を防ぐ効果が大きい．ハウス内などでの媒介昆虫の防除も必要である．また，ハウス栽培のトマトやウリ類，ランなどでは，芽かきや収穫等の栽培作業による汁液の接触でウイルス感染が拡大することもある．

　このほか，トマトなどでは，育苗段階で毒性がほとんどないウイルスを接種しておき，それによって毒性が強いウイルスの感染を回避する，弱毒ウイルスと呼ばれる技術も行われている．栄養繁殖性の野菜や花では茎頂培養や熱処理によるウイルスフリー化が行われているが，それらの苗でもウイルスが完全には除去されていなかったり，増殖段階で再び感染を受けたりして，ウイルスを保毒しているものもあるので注意する．ウイルスに対する抵抗性品種はトランスジェニックによるものも含めて多くの開発研究があるが，実用化されているものはトマトなどわずかしかない．なお，ほ場周辺の雑草がウイルスの伝染になることも多いので，ほ場衛生にも注意が必要である．

〈大木　理〉

セル成型苗の育苗（小田雅行原図）

ミスト繁殖（森　源治郎原図）

－第1章　参考図書－

千葉浩三．1980．図集・作物栽培の基礎知識．農山漁村文化協会．東京．
藤井利重．1968．園芸植物の栄養繁殖．誠文堂新光社．東京．
古川仁朗．1988．図解バイテクマニュアル　花・野菜・果樹の組織培養．誠文堂新光社．東京．
古川仁朗．1992．増補/図解　組織培養入門　花・野菜・果樹の増殖と無病苗育成．誠文堂新光社．東京．
星川清親．1987．イラスト・みんなの農業教室③水稲の育苗．家の光協会．東京．
今西英雄他．1997．園芸種苗生産学．朝倉書店．東京．
伊東　正他．1990．蔬菜園芸学．川島書店．東京．
西　貞夫監．1988．野菜園芸ハンドブック．養賢堂．東京．
農耕と園芸編集部編．1992．野菜栽培技術データ集．誠文堂新光社．東京．
農山漁村文化協会編．1976．農業技術体系作物編2イネ・基本技術①．農山漁村文化協会．東京．
白木己歳．1999．果菜類のセル苗を使いこなす．農山漁村文化協会．東京．
鈴木芳夫他．1993．新蔬菜園芸学．朝倉書店．東京．
東京近郊そ菜技術研究会編．1992．野菜の成型苗利用と生産システム．誠文堂新光社．東京．

第2章　土つくりと施肥法

2.1 土壌診断

作物の栽培に先立ち，用いる土壌の物理性，化学性，生物性の様相を明らかにしておくことは，高品質な収穫物を安定して得るためだけでなく，土壌環境を保全するためにも重要な技術の一つである．土壌の諸特性を明らかにすることを土壌診断という．土壌の三相分布や土壌硬度のような物理性，pH，EC，土壌養分のような化学性，微生物相やセンチュウ密度のような生物性などについて把握しておくことは，適切な肥培管理をするために役立つ．土壌診断は，作付け前歴や肥培管理の実態調査に始まり，実際のほ場における作物の生育状況の調査，さらに採取土壌の分析といったより詳細な調査へと進む．ここでは，土壌診断の基礎となる三相分布，pH（水素イオン濃度），EC（電気伝導度：electrical conductivity），全窒素および無機態窒素の測定，センチュウ密度の調査について理解し，水田土壌，畑土壌，施設栽培土壌，果樹園土壌，鉢物土壌などについて調査する．

1. 土壌の三相分布

土壌中には空気と水と土壌粒子が存在し，これらを土壌の三相という．それぞれの容積割合を気相率（空気），液相率（水），固相率（土壌粒子）といい，さまざまな土壌の物理性に影響する．一般に，採土管（高さ5 cm，容積100 mlの円筒容器）をハンマーなどで打ち込んで採取した土壌について，実容積計で固相と水相の容積を測定して気相容積を算出し，次いで土壌を105℃で乾燥させて液相率を算出する．両者を100から引いた値を固相率とする．一例として地下水位の異なる水田土壌における三相分布を図2.1に示した．

2. pHの測定

個々の作物は，その生育にとって至適な土壌pHの範囲をもっており，作物の作付け前にその値を知り，矯正することは重要な栽培技術の一つである．わが国の土壌は，酸性土壌が多いが，近年の石灰資材の多投入などにより土壌によってはアルカリ性に傾いてきているものも見られる．測定は以下の手順で行う．採取した生土あるいは風乾土約10 gをビーカーに入れ，蒸留水25 mlを加えてガラス棒で十分に撹拌しながら約1時間放置する．振とう器がある場合には，中蓋付きのポリ瓶に秤量した土と蒸留水を入れ，約30分間振とうする．この土壌懸濁液にpHメーターの電極を浸し，値が安定したらその値を記録する．なお，蒸留水のかわりに1NのKCl溶液を用いて測定しても良い（蒸留水抽出の場合にはpH（H_2O），KCl抽出の場合にはpH（KCl）と表示する）．KCl溶液を用いて測定すると土壌に吸着している酸性物質も抽出されるので，一般にその値は蒸留水抽出よりも低くなる．したがって，pH（H_2O）とpH（KCl）との値の差もそれぞれの土壌の性質を示す一つの指標となる．

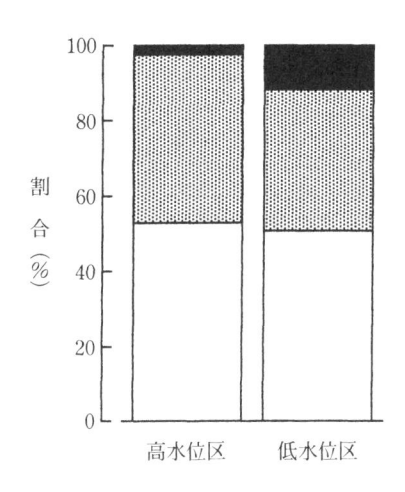

図2.1 異なる地下水位条件下の水田土壌における作土層の三相分布（大段・大門，1998）

3. ECの測定

ECは土壌中の塩類濃度を示す指標の一つであり，その値が高いほど肥料などの塩類濃度が高い土壌と診断できる．単位はdSm^{-1}（デシジーメンス）であらわす．この方法は，水に塩類が多く溶けている方が電気が通りやすくなることを利用した測定方法であり，適切な施肥管理にとって重要な診断項目の一つである．近年，化学肥料の多投入によりハウス土壌などではきわめて高いEC値が報告される場合がある．測定は，土壌約10 gに蒸留水50 mlを加えてよく撹拌し，1時間程度放置した後にECメーターの電極を

土壌懸濁液に浸して行う．pHの測定に用いた土壌の蒸留水懸濁液を用いても良い．前述のpH電極も同様であるが，EC電極は，土壌懸濁液に浸した後，蒸留水を入れた洗浄瓶を用いて十分に洗浄する．最近，平面電極を用いた携帯に便利な小型のECメーターならびにpHメーターが市販されており，現地ほ場での迅速な測定に便利である．

4. 全窒素および無機態窒素の含有率

窒素は作物の生育や収量を制御する重要な成分の一つである．欠乏すると葉色がうすくなり，生長量が低下して収量や品質が著しく悪くなる．一方，過剰になると茎葉の生長が旺盛になり，葉色は濃くなるが，過繁茂になり受光態勢が悪くなると同時に組織が軟弱化して病虫害にかかりやすくなる．したがって，土壌中の窒素に関する診断は肥培管理上きわめて重要である．土壌中の窒素の存在形態はさまざまであるが，大きく分けて有機態窒素と硝酸態ならびにアンモニア態の無機態窒素に分けられる．植物に吸収される窒素は無機態窒素であり，有機態窒素は微生物によって分解されて無機態窒素となる．一般に，全窒素（ケルダール窒素）および無機態窒素（硝酸態＋アンモニア態）を分析することで土壌窒素の診断とする．全窒素は，風乾細土を硫酸酸性下で加熱分解して生じた硫酸アンモニウムを蒸留して得たアンモニアをほう酸で捕集後，硫酸で逆滴定して測定する．無機態窒素は，風乾細土に塩化カリウム溶液を添加して十分に振とう後，上澄みろ過液を検液として，微量拡散法または発色法で測定する．

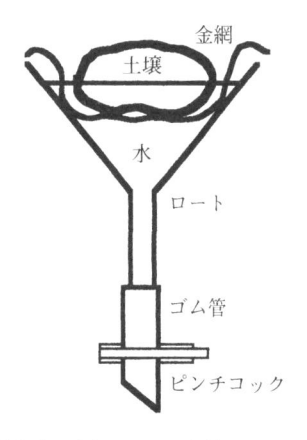

図2.2 ベルマンロート法によるセンチュウの検出

5. センチュウの生息密度

土壌中には非常に多くの種類のセンチュウが生息しているが，作物の生育不良を引き起こす有害センチュウは作付け前に防除しなくてはならない．センチュウは土壌中に生息するので薬剤散布による防除が困難である場合が多い．最近では，センチュウの生息密度を低減する効果をもつ対抗植物（マリーゴールドやクロタラリアなど）の作付けも試みられている．センチュウ密度の調査は，先端をピンチコックで止めたロートに水を満たし，そこに採取した土壌または植物の根を紙で包んで置き，24時間後にロートの足内にたまったセンチュウ数を数えるベルマンロート法（図2.2）で検出するのが一般的である．

（大門弘幸）

キタネコブセンチュウによるラッカセイの被害
（大門弘幸原図）

2.2 露地栽培のための土つくり

よい土とは，1)適度な保水性，排水性，通気性をもっており，2)保肥力が高く，肥料分が適度に蓄えられていて，3) pHが適正で，4)有害な病害虫がおらず，有益な微生物に富む土であるとされている．以下に土つくりのための主な方法を説明する．

1．有機物の施用

土壌への有機物の施用は，土壌の団粒化（単粒構造から団粒構造にすること，図2.3），保水力の増大，CEC（cation exchange capacity，陽イオン交換容量）の増大，酸性化の抑制，微量要素の補給，土壌微生物の活性化など，土壌の改善に非常に効果が高い．

1）堆厩肥の施用

稲わら，生草，作物残さなどを堆積腐熟させたものを堆肥，家畜の糞尿を堆積腐熟させたものを厩肥と呼ぶ．毎年，10a当たり1〜2t程度の堆厩肥を施用することが望ましい．堆肥のつくり方については別項（第2章4項）参照．

2）緑肥植物の利用

作物を栽培しない時期に緑肥植物を栽培すると有機物の施用になる．ソルゴー，トウモロコシ，エンバク，ライムギなどのイネ科植物は繊維質を多く含むので土壌の物理性の改善に効果が高く，また，吸肥力が高いので，土壌中に蓄積した余剰の肥料分を取り除くためのクリーニングクロップとしても利用される．レッドクローバ，レンゲなどのマメ科植物はその根に根粒菌が共生して，空中の窒素を固定する．また，水田裏作として栽培されるレンゲやネグサレセンチュウの密度抑制効果があるとされるマリーゴールドなどは，景観植物としても注目されている．なお，利用に際しては，緑肥用の品種を使用する．ここでは，レンゲおよびソルゴーの栽培法について説明する．

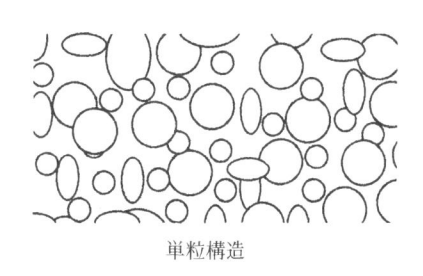

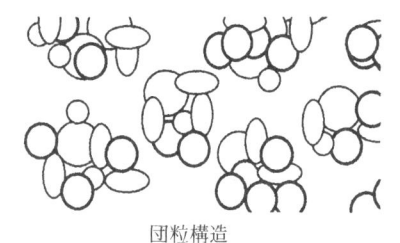

図2.3 土壌構造の模式図（単粒構造／団粒構造）

(1) レンゲ

① 準備：関西以西での栽培に適する．気温の低下が早い地域では，稲刈り前の立毛時に落水して播種するが，排水が悪いと極端な発芽不良となるため，比較的温暖な地域では，稲刈り後に播種した方がよい．稲刈り後，10cm程度の深さに耕うんする．

② 播種：播種量は2.5〜3.5kg/10aが適当である．むらがないように散播する．また，根粒の着生が少ないところでは，播種時に根粒菌を種子に紛衣して播種した方が効果が高い．1〜2cm程度覆土されるように，土壌を浅く撹拌した方がよい．

③ すき込み：肥料分として窒素を期待するときは，満開直前にすき込み，繊維質を期待するときは，開花後枯れ込んでからすき込む方がよい．

(2) ソルゴー

① 準備：10cm程度の深さに耕うんする．特にうねを立てる必要はないが，排水不良が心配な場合は低いうねを立てるか，畑のところどころに浅い排水溝を掘っておく．

② 播種：播種量は5〜6kg/10aが適当である．可能であれば，1〜2cm程度の深さの条を切り，条播するのがよいが，散播でもかまわない．覆土は必ず必要で，2〜3cm程度覆土する．散播の場合は，レーキなどで土壌と混和する．旺盛に生育させたい場合には，N，P，Kとも10a当たり5〜10kg施用した方がよいが，通常は無肥料でよい．

③ すき込み：枯れ込むとすき込みにくく，また，その後の作物栽培中に緑肥植物が発芽してくるので，出穂直後にすき込む．その際，前作の残存肥料がない場合には，窒素飢餓の防止と腐熟促進のために10a当たり20kg程度の石灰窒素を散布してからすき込む．

2. 耕起，深耕

土壌を耕うんすることは，土壌を膨軟にし，適度な耕うんは団粒化に役立つ．しかし，通常の耕うんでは，耕土が非常に浅い層に限られ，地力の低下が起こりやすい．そこで，深耕ロータリやプラウ，トレンチャなどで深耕することが必要となる（第4章1項参照）．

3. pHの適正化

わが国のように降水量の多い場所では，土壌のpHは酸性に傾きやすい．酸性土壌は根に害を及ぼすだけでなく，有毒なアルミニウムイオンを溶脱し，リンの不溶化（リン酸の固定），カルシウムの欠乏，有害微生物の繁殖などを引き起こす（図2.4）．酸性土壌を中和するために，石灰の散布が行われる．消石灰，炭酸石灰（炭カル），マグネシウムを含んだ苦土石灰などが一般に使用される．酸性土壌ではカルシウムとともにマグネシウムが不足していることが多いので，苦土石灰の利用が適している．通常は，酸性に弱い作物（表2.1）を栽培するときに，栽培の1カ月程度前に10 a当たり100〜200 kgを施用する．石灰の散布時に，肥料や堆肥との同時施用はさけなければならない．

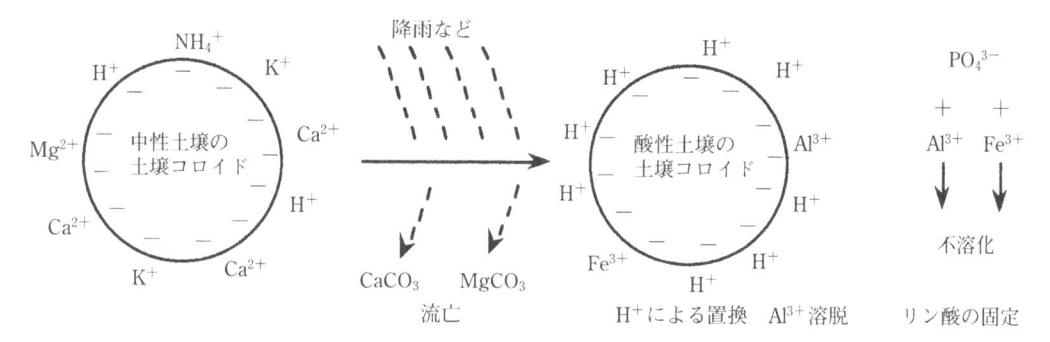

図2.4 土壌コロイドによるカチオンの吸着と酸性化土壌の模式図

表2.1 酸性に強い作物と弱い作物

酸性に強い	ジャガイモ，スイカ，カンキツ類
酸性にやや強い	サツマイモ，サトイモ，ニンジン，キュウリ，ナス，ダイコン，リンゴ
酸性にやや弱い	エンドウ，キャベツ，セルリ，トマト，レタス，メロン，バラ，キク
酸性に弱い	ホウレンソウ，ビート，タマネギ，ゴボウ，ネギ，アスパラガス

4. 輪　作

同一作物あるいは同じ科の作物を連作すると団粒の崩壊，耕土層の限定，土壌病虫害の発生，特定微量要素の欠乏，アレロパシー現象などの障害が発生する（連作障害，第2章5項参照）．こうした地力低下を防ぐためには輪作が必要である．

〔和田光生〕

2.3 鉢栽培のための土つくり

鉢栽培では，根系が制限されることから，培養土は，1）かん水した水が速やかに浸透し，植物に利用される水（毛管水）の保水能力が高く，一方，余分な水（自由水）の排水が良好であり，物理性に優れていること，2）土壌 pH が栽培植物にとって適正であり，養分の吸着能力（塩基置換容量）が高く，化学性に優れていること，3）作業時および流通過程における取扱い易さから軽量であること，4）安価で均質なものが大量に入手できること，5）病害虫や雑草の種子を含まないこと，などの条件を満たしていることが重要である．普通，これらの条件は，単一の素材では得がたく，複数の素材を配合することによって満たされる．このため，鉢栽培用の培養土は配合土（soil mixture）とも呼ばれる．

1. 培養土を作る際に使われる素材

主な素材の種類とその特徴を表2.2に示した．

パーライト，腐葉土，ピートモス，もみ殻燻炭などは土壌3相（固相，液相，気相）のうち気相の割合が大きく，土壌の物理性を改善するのに有用な素材である．また，腐葉土およびピートモスは塩基置換容量が高く，化学性においても優れている．

2. 培養土の作り方

1）畑土や田土を改良して培養土を作る場合

ふつう，畑土や田土は気相の割合が10〜20％と少なく，通気性，保水性，排水性に欠けるため，単独では鉢栽培のための培養土として適さない．しかし，畑土や田土と堆肥に油粕，骨粉，石灰を加えたものを交互に積み込み，1カ月間隔で積み替えることによって，3カ月程度で団粒化が進み，理化学性に優れた培養土に改良することができる．

2）市販の素材を配合して培養土を作る場合

ピートモスや鹿沼土は単独で用いることもあるが，多くの場合，培養土は複数の素材を配合して用いる．もともと物理性あるいは化学性に優れた素材を用いるので即席で培養土を作ることができる．理想的な培養土は植物の種類，鉢の種類，管理方法などによって異なるので素材の種類や配合割合を変えて調節する．代表的な配合割合を図2.5に示した．

表2.2 培養土を作る際に使われる主な素材の種類と特性

種類	特性
ピートモス	寒冷地の湿地に生育したヨシ，スゲ，水苔などが嫌気的な条件下で長年堆積してできた泥炭を乾燥粉砕したもの．良質のものほど保水，通気性が良く，塩基置換容量が高い．病害虫や雑草種子をほとんど含まない．わが国には良質のものが少なく，カナダ産が多い．pHは3.5〜4.0で低いが，中和したものも市販されている．
バーミキュライト	雲母状の蛭石をごく短時間，約1,000℃で焼き，10倍位に膨張させたものであり，通気性，保水性に優れ，塩基置換容量が大きい．粒の大きさの違ったものが市販されている．病害虫，雑草種子を含まない．
パーライト	真珠岩を1,000℃で焼いたもので，白色多孔質で軽く，通気性，透水性に優れている．しかし，塩基置換容量は極めて小さく，pHが7.0〜7.5と高いので，しばしばピートモスとともに用いられる．粒の大きさは粉状のものから大豆程度のものまである．
腐葉土	カシ，クヌギ，ナラ，ブナなどの落葉広葉樹を堆積，腐敗させて土壌化したもので，多孔質で保水力および塩基置換容量が大きい．
バーク	広葉樹の樹皮を鶏糞・尿素などで発酵・堆肥化したバーク堆肥とレッド・ウッドやセコイヤの樹皮を砕いてそのまま洋ランなどのコンポストとして使うバークがある．
もみ殻燻炭	もみ殻をいぶし焼きにして作ったもので，土壌に空隙を作り，通気性や排水性を増す．鉢用土の増量材としても使われる．
鹿沼土	栃木県鹿沼市付近から産出する多孔質の黄色粘土．酸性でツツジ類や東洋ランの用土として適する．

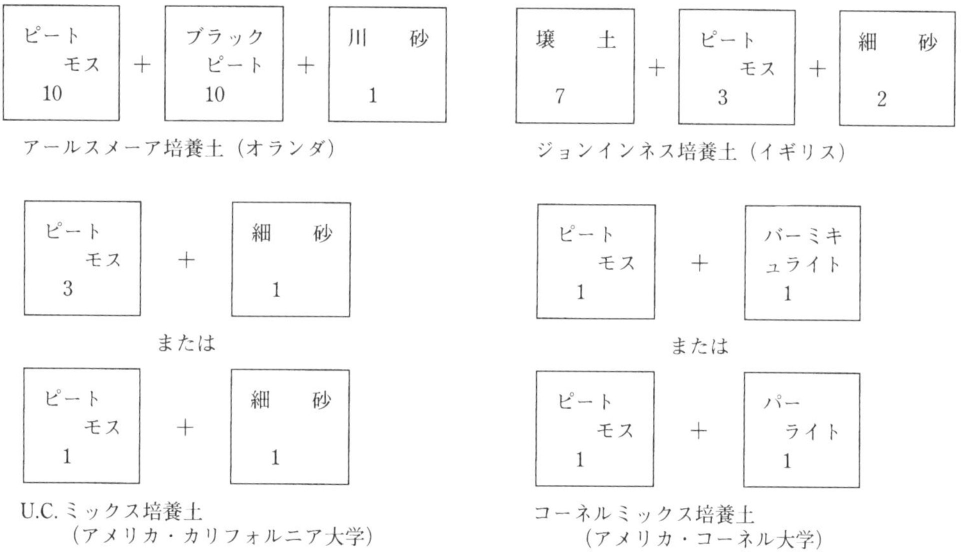

培養土の配合例

アールスメーア培養土(オランダ): ピートモス 10 + ブラックピート 10 + 川砂 1

ジョンインネス培養土(イギリス): 壌土 7 + ピートモス 3 + 細砂 2

U.C.ミックス培養土(アメリカ・カリフォルニア大学): ピートモス 3 + 細砂 1 または ピートモス 1 + 細砂 1

コーネルミックス培養土(アメリカ・コーネル大学): ピートモス 1 + バーミキュライト 1 または ピートモス 1 + パーライト 1

図2.5 培養土の配合例

表2.3 主な鉢栽培花きの好適土壌酸度

酸度(pH)	花の種類
強酸性(5以下)	アザレア、エリカ、ツツジ、シダ類、アナナス類、ガーデニアなど
弱酸性(5~7)	シクラメン、カラー、チューリップ、ユリ、ポインセチア、フクシア、セントポーリア、カーネーション、キク、バラ、ラン類など
中性(7)	プリムラ類、ジニア、マリーゴールド、アスターなど
アルカリ性(7以上)	シネラリア、ゼラニウム、ガーベラ、ジャーマンアイリスなど

表2.4 $1m^3$のピートモスの土壌酸度を目標値に修正するのに必要な石灰石あるいは硫黄の量

元のpH	目標pH		
	5.0	6.0	7.0
4.0	石灰石 2.8kg	石灰石 5.6kg	石灰石 8.4kg
5.0	—	石灰石 2.8kg	石灰石 5.6kg
6.0	硫黄 1.1kg	—	石灰石 2.8kg
7.0	硫黄 2.2kg	硫黄 1.1kg	—

3. 基肥の混入と土壌酸度(pH)の調整

　基肥を培養土に混入する場合には,小粒で長期間にわたって肥効の現れる緩効性のものが適する.また,植物の種類によって好適土壌酸度(表2.3)が異なるので,使用前にこの点を確認する.酸度を高める場合には石灰(苦土石灰)を,一方,下げる場合には硫黄を用いて修正するが,それぞれの必要量は培養土の素材によって異なる.表2.4にピートモスの酸度を修正するのに必要な石灰あるいは硫黄の量を示した.土壌酸度を修正した場合は,2~4週間おいて十分反応させてから使用する.

(森　源治郎)

2.4 堆肥つくり

化学肥料に依存した作物生産においては，わらなどの収穫後の植物の残さは畦外に持ち出されることが多いが，持続的な作物生産体系を確立するには，これらの有機物を有効に利用することが大切である．

土壌の理化学性の改善の手段として，有機物を微生物の働きによって腐熟，分解させた堆肥と厩肥の利用があげられる．堆肥はわらなどの作物残さや野草・落ち葉などの有機物を積み上げて作るものであり，厩肥はそれらの有機物に家畜の糞尿などを多量に加えて作るものである．一般には堆肥に石灰窒素などの窒素質肥料を加えて腐熟を早めさせる．これを速成堆肥といい，今ではほとんどの堆肥がこの速成堆肥である．

有機物は，リグニン（lignin；植物の繊維や道管に蓄積する物質）の含量が多いほど，また植物体のC/N比が高いほど，分解が遅い．例えば，稲わらはC/N比が60～70と高く比較的分解が遅いのに対して，マメ科作物の茎葉は30～40と低く早く分解される．いずれも堆肥になったときのC/N比は20程度まで下がる．リグニンは分解されて腐植の成分となる．窒素化合物は低級な化合物に分解され，最終的に無機化されて作物に吸収されるが，化学肥料に比べて施用効果は緩やかに現れる．堆厩肥の効果は表2.5に挙げた点にある．

表2.5 堆厩肥の主な効果

効　果	内　容
1 養分補給効果	多量要素（N，P，Kなど），微量要素（Mn，Bなど）ともに補う．
2 腐植による土の理化学性改善効果	①土を柔らかくし耕しやすくする． ②通気性，排水性をよくする． ③水分保持力を高め，乾燥しにくくする． ④保肥力を増大させる． ⑤土壌に有害物質が流入しても，その害や酸度の急変を柔らげる． ⑥有害な微生物を抑制する有用な微生物を多く生存させる．

有機物を効率よく堆厩肥にするには，次にあげた三項目に留意する必要がある．

①窒素の供給

窒素の供給によって微生物の活動を盛んにし，腐熟を早める．家畜の糞尿，少量の油粕や石灰窒素などを混ぜるのがよい．

②酸素の供給

好気性菌が腐熟を促進するので，1～2カ月に1回は堆積したものを切り崩して積み直し（切り返し），通気を良くして早く腐熟させる．

③水分の補給

材料が乾燥していると腐熟は進まない．積む前に，強く握りしめた時，水が指の間からしみ出る程度に水をやる．堆積中は発酵熱で乾燥するので切り返しのときに水分を補う．

《堆厩肥作りの実際》

堆厩肥作りの流れを図2.6に示した．以下の点に注意する．

場　所：田畑に近く，かつ資材の運搬に適する場所を選ぶ．有機物の分解過程に悪臭が生ずる場合があるので，特に都市近郊では住民への配慮が必要である．有機物の上から黒土や土壌改良剤のゼオライト（zeolite）の粉などをまいて，その上を完全に被えば悪臭の発生を防ぐことができる．

面　積：必要な量や作り方（人手だけか機械を利用するか）によって堆積場所および作業場所の広さが異なる．面積が狭い場合，図2.7に示したようにブロックや板を使って枠を作り，積み上げ方式で作ることもできる．

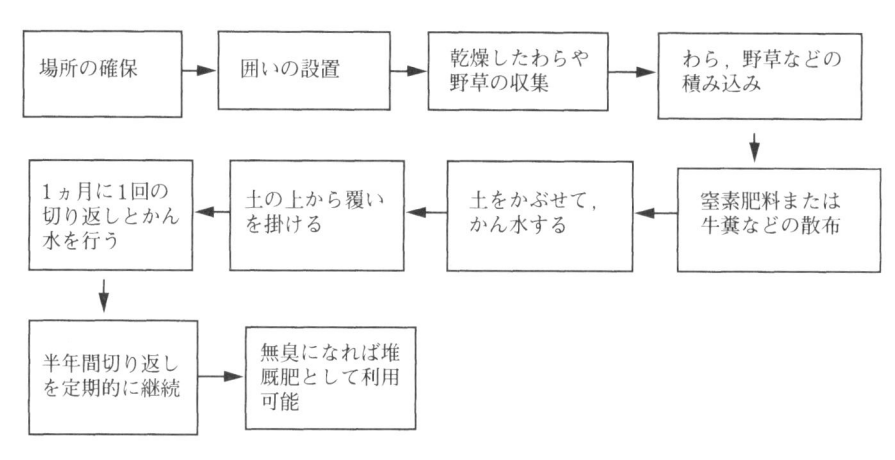

図2.6 堆厩肥つくりの流れ

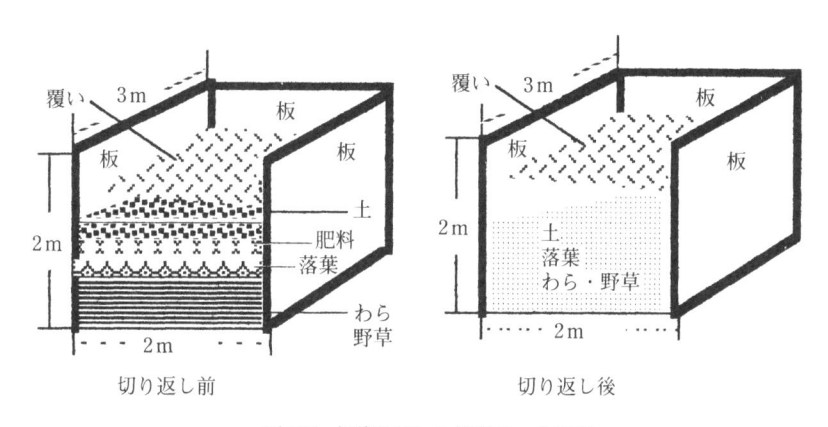

図2.7 板枠を用いた堆肥のつくり方

　有機物：湿っていると腐敗菌の発生を助長させてしまうので，よく乾燥させてから積み重ねる．資材として落ち葉を多くすると，品質が良くなる．堆積期間は長いほどよく腐熟するが，半年程度の堆積で使えるようになる．水のかけすぎに注意して，嫌気性菌の働きを抑える条件を保ち，月に1回を目安に切り返す．

（簗瀬雅則）

堆肥つくり（大門弘幸原図）

2.5 連作障害の回避

連作障害とは，同種あるいは近縁の作物を毎年続けて栽培した際に，通常の肥培管理を行っているにもかかわらず，生育，収量または品質が低下する現象をさす．連作障害の原因には，土壌伝染性の病原菌や線虫（nematode），土壌の物理性や化学性の劣化，植物由来の有害物質の蓄積（アレロパシー；allelopathy）などがあげられるが，実際にはこれらが複合的に関与している場合が多い．連作障害を回避する手段として，輪作，ほ場の衛生管理，土壌消毒などがある．

1．輪　作

いくつかの作物を計画的に栽培し，障害の原因，特に土壌伝染性病原菌の増加を抑えて，被害が発生しないようにするのが輪作である．病原菌の宿主範囲が狭く，生存能力があまり長くない（3〜4年）場合には輪作の効果が高くなる．また，病原の密度を増やさない作物（抵抗性品種），積極的に病原密度を抑制する作物（対抗作物），有用な根圏微生物を増加させる作物を選ぶことも，輪作の効果を高める上で重要である．

2．ほ場の衛生管理

作物収穫後の茎葉や残株に病原菌が残存し，連作障害の原因になることが多い．収集して焼却するか堆肥化して伝染源を除去する．

3．土壌消毒

土壌消毒は，障害の原因となっている病原菌などを除去するのに最も効果的な手段である．土壌消毒には蒸気などの熱による物理的方法と，薬剤による化学的方法がある．

1）蒸気による消毒

土の中に蒸気を直接通し，蒸気が水になる際に放出する潜熱を利用する殺菌法である（図2.8, 9）．薬剤による消毒に比べて消毒の効果がより確実で，人体や作物および周囲の環境に与える影響が少なく，処理後植え付けまでの時間をほとんど要しない（1〜2時間）など多くの優れた点がある．この消毒法は，臭化メチル（後述）の使用規制が進む現在，代替の土壌消毒法として有望な手段である．しかし，経費と労力を要し，一般に一回に消毒可能な土量（面積）が少ないなどの欠点があり，これらの解決が今後の課題である．蒸気による消毒には，蒸気の噴出する小孔をあけたパイプを土中に埋めるホジソンパイプ法（Hoddesdon pipe），布で作られたホースをうねの上に置いてシートで密閉し，ホースに蒸気を送り込むキャンバスホース法（Canvas hose）などがある．

・ホジソンパイプ法は一定間隔に蒸気の噴出する小孔をあけたパイプを土中に埋める方法である．ほ場をよく耕起して溝を掘り，孔を下に向けて埋設する．土盛りして表面を被覆シートで覆い，その周囲に約1m間隔で重しをのせる．ボイラーから蒸気を送ると，孔から蒸気が出て土壌中に浸透していく．パイプ

図2.8　土壌蒸気消毒機のボイラー　　　　　図2.9　ホジソンパイプ法による土壌の蒸気消毒

の下側は10 cmまで，上側は20〜25 cmまでが消毒可能な温度に上昇する．したがって，作土の深さが30 cmの土壌を消毒する場合にはパイプの深さは20〜25 cmが適当である．温度が上昇すると被覆シートが膨らむ．末端の土壌が90℃以上に達したことを確認し，蒸気を止める．被覆シートで覆った状態で約1時間静置する．

・キャンバスホース法はハウス栽培土壌の消毒に適し，省力的な方法である．まず，蒸気の拡散を良くするために，ほ場を15 cm以上の深さに耕起し，前作の残根や茎葉を取り除く．ほ場の土の上に布製ホース（直径135 mm，長さ25 m）を置き，これを被覆シートで覆って，その周囲に約1 m間隔で重しをのせる．ボイラーから蒸気を送ると，布目より蒸気が出て被覆シート内に充満し，土壌の表面から中に向かって蒸気が浸透する．深さ10 cm付近の土壌が90℃以上に達したことを確認し，蒸気を止める．被覆シートで覆った状態で約1時間静置する．本法は土壌水分が少ない方が効果が高いが，乾き過ぎた状態では温度が上がりにくくなる．

2）育苗土や鉢用土のオートクレーブ殺菌

育苗や鉢植に用いる比較的少量の土壌を殺菌する場合にはオートクレーブ（120℃，2時間）を用いる（図2.10）．設備を要するが，タバコモザイクウイルスなど死滅温度が高い（90〜93℃）病原に有効な手段である．

図2.10 オートクレーブによる土壌消毒

図2.11 臭化メチルによる土壌消毒

3）薬剤による土壌消毒

くん蒸剤と土壌混和剤があり，前者には臭化メチル（図2.11）やクロルピクリンなど，後者にはTPN剤，エクロメゾール剤，ダゾメット剤などがある．前者は，広範な病原体に有効であり，作付け前に施用する．くん蒸作業は処理前の耕起，被覆と薬剤注入，ガス抜きの手順で進められる．後者は各剤によって糸状菌や線虫など有効な病害が異なる．播種時あるいは播種直前に土壌に混和あるいはかん注する．臭化メチルはウイルス，細菌，菌類，線虫，昆虫，雑草などの広範囲の生物に有効で，広く使用されてきた．しかし，臭素の成層圏におけるオゾン層破壊力は塩素の50倍以上であり，その臭素の最大の供給源が土壌などの消毒によって放出される臭化メチルであることが明らかになった．先進国では2005年の臭化メチルの全廃に向けての使用規制が行われ，代替手段の開発が急務となっている．

（東條元昭）

2.6 施肥設計

作物を健全に生育させて収量を向上させるためには施肥管理が重要な技術の一つとなる．作物を栽培する前に，施用する肥料の種類，施肥時期，施肥位置，施肥量などの計画をたてることが施肥設計である．作物によって必要な養分や施肥すべき時期が異なるので，施肥計画も異なる．また，同一作物でも地域や年次によって慣行の施肥量や施肥時期を変える必要があり，実際には植物の状態を観察しながら判断する必要がある．以下に各作物における施肥設計の留意点について述べる．

1. 水　稲

水田は湛水状態であるために，土壌は還元状態になり水の動きが少ない．水稲の吸収する養分は肥料だけでなく土と水からも相当量由来するので，無肥料でも地力によってある程度の収量が得られる．このことは畑作物栽培と大きく異なる点であり，施肥設計に当たって考慮すべき点である．なお，リン酸とカリウムの施用効果よりも窒素の施用効果が大きいのも特徴の一つである．他の作物でも同様であるが，栽培目標となる収量によって施肥量を変える必要がある．実際の施肥設計を立てるに際しては，植え付け前に施す基肥(basal dressing)とその後に施す追肥(top dressing)に分けて考える．基肥ならびに追肥について施肥時期およびそれぞれの効果を表2.6, 7に示した．基肥量は，地力により加減し，追肥量は時期，効果，その時の生育状況にしたがって決める必要がある．表2.8に示したのが基肥重点型の施肥設計であるが，増収のための施肥技術として表2.9に示したV字稲作，側条施肥，深層追肥，への字稲作などのさまざまな方法が開発されている．

一般には，窒素施用量が多すぎると，生長が軟弱となり，病害虫に冒されやすく，収穫時前に倒れやすくなる（倒伏（lodging））．基肥と追肥の割合は，寒冷地では穂数確保のために基肥重点型とし，暖地では初期生育を抑えて過繁茂にならないように追肥重点型とする．

2. 露地野菜

果菜類では，収穫時期にも盛んに養分を吸収するため，追肥重点型の施肥法を用い，基肥と追肥を1：1の割合で施用することが望ましい．根菜類では地上部の生育が衰退し，それにともなって養分の吸収が低下するころから地上部の養分の蓄積分が根に送られ根部の肥大が始まるので，基肥重点型で基肥と追肥の割合を4：1程度にするのが適当である．追肥は3～5回に分けて施用するが，特に窒素とカリウムを重点的に与え，リン酸は基肥で全量を施用する．

表2.6　基肥の施用方法と効果

施用方法	施用時期	効　果
全層施肥	耕うん前	初期から中期まで一定の生育をする
表層施肥	代かき時 定植時	初期生育は盛んで中後期は劣る

表2.7　追肥の施用方法と効果

追肥の種類	施用時期	施肥N成分量	効　果
分げつ肥	移植後15～30日	1～2kg/10a	活着時以降　分げつ数を増加させる
穂　肥	幼穂形成期 出穂前25～15日	2～3kg/10a	一穂の籾数を多くする
実　肥	出穂後	1～2kg/10a	登熟期の葉の枯れ上がりを防止させ，千粒重を増大させる

表2.8　施肥設計の具体例（kg/10a）

	肥料の種類	量(kg)	N	P	K
基　肥	化成14-10-13	40	5.6	4.0	5.2
	珪カル	100			
分げつ肥	硫安	10	2.1		
穂　肥	化成8-8-8	30	2.4	2.4	2.4
	合計	180	10.1	6.4	7.6

表2.9　主な施肥技術の特徴

施肥技術の名称	特　徴
V字稲作	増収のため広く普及した施肥方法で，生育中期に窒素供給を抑える
側条施肥法	田植え時に株横に専用の機械で施肥し，緩やかな肥効をもたらす
深層追肥法	還元層（地中15cm）に固形肥料を施し，登熟期の肥効を維持する
への字稲作	過繁茂を抑えるため生育初期の施肥を抑え，中後期に肥効を高める

堆厩肥を十分施用して他の養分を補給することも重要である.

3. 施設栽培

露地栽培と違い,土中の水の動きが上昇型であるため,表土に塩類が集積する.EC値(第2章1項参照)などを指標にして,塩類集積の程度を測定して,過剰な施肥をしないような注意が必要である.また肥料の種類として,有機質肥料あるいは緩効性肥料を使うか,化成肥料を用いる場合には普通化成よりも高度化成(付録2.参照)を使うのがよい.

4. 鉢　物

限られた土壌で栽培する鉢物は根の生育量が鉢容量の大小によって大きく左右されるので,かん水,施肥などの管理には細心の注意を払う必要がある.栽培する植物によって施肥量や施肥時期が異なるが,液肥を利用する場合には複数回に分けて,目安として,土1kg当たり窒素,リン酸,カリウムそれぞれ約0.4～0.7gを与える.

5. 養液栽培

7日～10日間隔で養液中の塩類濃度ならびにpHの変化などを調べ,各要素を追加するか養液を更新する.培養液の種類はいくつかあるが(第3章3項参照),野菜類の養液栽培で用いられている養液の組成の範囲は,N6～14,P1.5～4,K4～10,Ca2～7,Mg1～4me/lである.

6. 施肥量の決定

施肥量:施肥量の決定には次式を用いる.

施肥量(kg/10a) = ((ある要素の必要成分量) − (ある要素の天然供給量))/ある要素の吸収率

《計算例》

Nの必要成分量10kg,天然供給量を4kg,吸収率が50％である場合,硫安(N21％含有)ならびに化成肥料8−8−8(N,P,K各々8％含有)の施肥量は,上式を用いて以下のように算出する.

$10 − 4 = 6$

$6 ÷ 0.5 = 12$

つまり,N成分量で12(kg/10a)施す必要がある.

硫安を用いる場合,$12 ÷ 0.21 ≒ 57.1$となり,57.1kg/10a施す必要がある.

化成肥料8−8−8を用いる場合,$12 ÷ 0.08 ≒ 150$となり,150kg/10a施す必要がある.

(簗瀬雅則)

肥料の種類

肥料とは「作物の栄養となるもの,ならびに土壌に化学的変化を起こさせる目的で土壌に施すもの,ならびに栄養に供することを目的として植物体に施されるもの」(肥料取締法による)と定義されている.肥料の分類を巻末の付録2に示した.これ以外に使用上の便宜から以下のようにも分類される.すなわち,肥効の遅速(速効性,緩効性,遅効性),肥料自体の水溶液のpH(酸性,中性,塩基性),主成分が作物に吸収された場合に土壌に残る副成分の種類(生理的酸性,中性,塩基性),水田作における硫酸根の有無(硫酸根肥料,無硫酸根肥料)などによる分類である.従来から日本において施肥は,作物の増収という観点から行われてきた.しかし,現在では,施肥の省力,機械化の方向が重要視されるようになり,配合や施肥の労力が軽減される複合肥料の施肥技術が開発されている.複合肥料には,2種類以上の肥料を機械的に混ぜた配合肥料と,2種類以上の肥料を化学的に処理して製造した化成肥料とがある.化成肥料は,三要素成分量の合計が30％を基準として,普通(低度)化成肥料と高度化成肥料とに分けられる.両者とも一長一短があるが,普通化成肥料は,肥あたり,肥料のまきむらを防止できる反面労力がかかり,高度化成肥料ではその逆である.施肥法の一つとして,何回かに分けて追肥する分施法がある.この施肥法は,施肥量を分割することで,無駄な施肥を少なくし施肥効率を高めることを目的としたものであるが,施肥回数が多くなる欠点がある.そこで,有機質肥料に近い緩やかな肥効を実現させるために開発された緩効性肥料を用いると,分施法と比べてさらに減肥が可能となることが実証されてきている.今後は緩効性肥料を用いることにより,省力化および減肥を可能にしながら,多収穫栽培の実現が期待できる.

(簗瀬雅則)

2.7 基肥と追肥の特徴ならびに施肥法

作物に肥料を与えることを施肥（fertilization）といい，基肥と追肥に分けられる．生育期間の短い作物を除いて，通常は基肥のみでなく追肥が必要となる．その主な理由として，1）生育期間が長くなると基肥だけでは不十分で肥料切れとなる，2）一度に多量の肥料を施用すると障害が発生する（肥料あたり，肥料焼け），3）作物の養分吸収特性にあわせて少量ずつ数回に分けて施肥するのが望ましい，4）作物によっては生育調節や品質向上のために特別な施肥管理が要求される，などがあげられる（表2.10参照）．

表2.10 野菜の施肥特性

施肥時期と施肥量	初期に多肥後期に少肥	タマネギ，レタス，ホウレンソウ，サツマイモ ジャガイモ，ハクサイ，キャベツ
	一定	キュウリ，ナス，トマト，ネギ，キクナ，サトイモ
	初期に少肥後期に多肥	トウモロコシ，ダイコン，スイカ，メロン，カボチャ エンドウ，イチゴ
施肥量	多肥料型	キュウリ，ナス，ホウレンソウ，トウモロコシ，ダイコン
	少肥料型	サツマイモ，カボチャ
濃度障害に対する耐性	強い	キャベツ，ダイコン，ホウレンソウ，ハクサイ
	弱い	イチゴ，レタス，インゲンマメ，タマネギ，カブ

1．普通栽培での施肥法

1）基　肥

播種前あるいは移植前のほ場に施用する肥料を基肥という．基肥は，地力の向上，初期生育の維持，追肥が困難な土壌の深層への施肥などの目的で施用される．リン酸は土壌中に固定されやすく，徐々に溶出されて作物に吸収されるため全量を，窒素とカリウムは1/2～1/3の量を基肥として施用する．肥料には，緩効性肥料を使用するのが一般的であり，有機質肥料やIB（IBDU），CDUといった緩効性の窒素を使用した化成肥料を利用する．ただし，有機質肥料を使用する場合には，分解時に，アンモニアなどのガスが土壌中にたまることがあるため，作付けの2週間以上前に施用する（図2.12（a），（b））．

(1) **全層施肥**：最もよく行われる方法で，ほ場全体もしくはうね全体に肥料を散布した後，トラクタなどで作土層全体に撹拌する．露地栽培では降雨による流亡が大きい．

(2) **作条施肥**（溝施肥）：作物を植え付ける位置に10～30cm程度の深さの溝を掘り，肥料を散布した後埋め戻す．通常，作条施肥は全層施肥と併用する．トマトのように根が土壌中深く伸長するような作物では，30～50cmの深い溝を掘って施肥する場合もある．根菜類では種子直下に肥料があると岐根を生じやすいので，比較的深層に施肥する必要がある．

2）追　肥

作物の栽培中に行う施肥を追肥という．リン酸は前述のように肥効がすぐには現れないため，追肥では窒素とカリウムを主体に施肥する．一般に速効性の肥料を少量ずつ施用するのがよいとされるが，欠乏症状がでている場合を除き，緩効性肥料を用いた方が濃度障害が発生しにくく，また施肥回数が少なく省力となる．養分の吸収は根の先端部分の方が活発であり，また，株元に施用すると濃度障害を起こしやすいことから，通常，株元から少し離れたところに施用する．ウリ科のように根が土壌の浅い層を広く伸長する作物では，生育に伴い施肥位置をうねの端の方，あるいはうね間にずらしていく（図2.12（c），（d））．

(1) **表面施肥**：株間や株の周囲あるいはうねの肩の土壌表面に肥料を散布する．流亡防止と肥効を早めるために，散布後土壌と撹拌するか，覆土した方がよい．

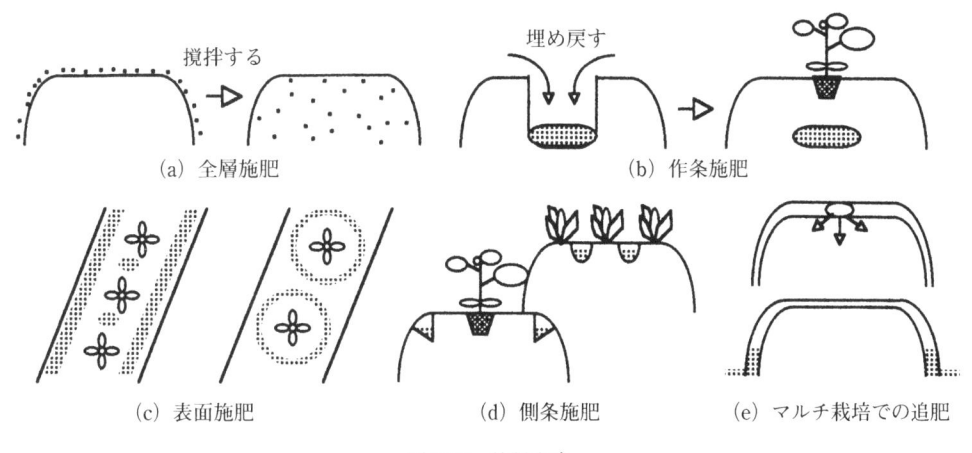

(a) 全層施肥　　(b) 作条施肥
(c) 表面施肥　　(d) 側条施肥　　(e) マルチ栽培での追肥

図 2.12　施肥方法

(2) **側条施肥**：作物の条間もしくはうねの肩に浅い溝を掘ってから肥料を散布して埋め戻す．表面施肥に比べて，肥料の流亡がなく効率的である．
(3) **液肥による追肥**：かん水と同時に市販の液肥を 200〜500 倍程度に希釈して散布する．

2．マルチ栽培での施肥法

1) 基　肥

　マルチ栽培では被覆後の施肥が困難であるため，生育期間が短い作物の場合には緩効性肥料を用いて全層施肥し，全量基肥で補うようにする．降雨による肥料の流亡がほとんどないため，施肥量は通常の露地栽培と比較して少なくする．また，有機質肥料を使用する場合には，マルチ被覆の 2 週間以上前に施用する．マルチ被覆下への有機質肥料の追肥は望ましくない（図 2.12(e)）．

2) 追　肥

　生育期間が長い作物の場合には追肥が必要となる．
(1) **かん水チューブでかん水する場合**：かん水チューブの下に肥料を置くか，かん水チューブを通して液肥を施肥する．最も省力で肥効が高い．
(2) **うね間かん水を行う場合**：液肥をうね間に施用する．
(3) **その他**：裸地では降雨により水は上から下へと移動するが，マルチ被覆下では，水は下から上へと移動する．そのため，肥料はうねの下方に施用するのが望ましい．①マルチを一旦はがし，うねの側面やや下方に肥料を散布する．土壌表面に根が張っているので，根を傷めないために土壌は撹拌しないようにする．ただし，肥効を高めるため覆土した方がよい．施肥後マルチを被覆し直す．②マルチに棒かパイプで穴をあけて，うねの下層に少量ずつ肥料を投入する．③うね間に肥料を散布して土壌と撹拌する．

〈和田光生〉

2.8 葉面施肥法

作物の茎葉に肥料を直接，散布して与える技術を葉面施肥法といい，これらを噴霧する操作を葉面散布という．肥料としては，尿素（窒素肥料），リン酸塩あるいは微量要素などを水溶液にした，いわゆる液肥が用いられる．

1. 葉面施肥が有効なとき

葉面施肥（foliage application）は，おもに窒素欠乏症から作物を短時間で回復させたいときに利用される．例えば，窒素欠乏により作物の葉色が薄くなった場合や台風などで作物が弱った場合には，窒素肥料を葉面散布することで窒素を補い，葉色を濃くしたり茎葉の発育を促進させたりすることができる．また，リン酸あるいは微量要素などの欠乏症が発生した場合には，これを含む水溶液を散布して，欠乏症を回復させることができる．特に，果樹において微量要素の欠乏が現れた場合には，土壌施肥より葉面施肥を行うと回復が早い．

2. 葉面からの吸収

このように，葉面散布で早急に施肥効果が現れるのは，葉面を通して欠乏組織に肥料が直接吸収されるためであると考えられている．葉の表面には物質の透過が容易でないクチクラ層があるが，肥料はこの層を通過して組織に吸収される．裏面はクチクラ層による透過阻害がないので吸収がよい．吸収量は葉の加齢や硬軟の程度ならびに葉位によって異なり，若い葉は老いた葉より，柔らかい葉は硬い葉より，上位葉は下位葉よりそれぞれ吸収がよいとされる．

3. 葉面施肥の実際

散布は手動あるいは動力式噴霧器を使って行う．葉の裏面のほうが肥料の吸収がよいのでできるだけ葉の裏面にも散布する．水溶液の水分が気化し，溶液の濃度が上昇して散布面が害をうけることがあるので，高温時やその前の散布はしないようにする．なお，肥料を葉面に付着させるために展着剤（界面活性剤）を用いるが，その濃度は0.1～0.3％程度がよい．

1）窒素肥料

窒素肥料としては尿素をよく用いる．これは，尿素は安価であり，水に簡単に溶けるからである．最適な濃度は作物によって異なり，イネやムギでは2％程度，ホウレンソウやハクサイなどの露地栽培野菜では1％程度，トマトなどの温室栽培野菜では0.1％程度，カンキツやカキでは0.5％程度であり，これらを越えると薬害あるいは過剰障害が起こる場合がある．

2）リン酸肥料

モモやブドウなどでは0.5～1％程度のリン酸塩を用いる．

3）微量要素

果樹，特にカンキツではマンガン，ホウ素，亜鉛などを0.1％程度で生石灰などとともに散布する．

（古川　一）

― 第2章　参考図書 ―

藤原俊六郎他．1996．土壌診断の方法と活用．農山漁村文化協会．東京．
橋詰　健．1995．緑肥を使いこなす．農山漁村文化協会．東京．
三枝敏郎．1993．センチュウ－おもしろ生態とかしこい防ぎ方－．農山漁村文化協会．東京．
三好　洋他．1983．土壌肥料用語辞典．農山漁村文化協会．東京．
日本農業教育学会編．1996．学校園の栽培便利帳．農山漁村文化協会．東京．
西尾道徳．1989．土壌微生物の基礎知識．農山漁村文化協会．東京．
新版土壌病害の手引編集委員会編．1984．新版土壌病害の手引．日本植物防疫協会．東京．
鈴木芳夫編著．1996．新版図集野菜栽培の基礎知識．農山漁村文化協会．東京．

第 3 章　養 液 栽 培

3.1 養液栽培の種類と装置の組立て

養液栽培（hydroponics）とは土壌を全く用いないで栽培する方法であり，無土栽培（soilless culture）とも呼ばれる．作物の生育に必要な養水分は，作物ごとの吸収特性に応じて調製される培養液（nutrient solution）によって供給される．

1. 養液栽培の方式

養液栽培は，培地の種類や，培養液の供給方法の違いによりいくつかに分類されるが，空中に根系を形成させる噴霧耕を除けば，固形培地を使用するもの（固形培地耕）と使用しないもの（水耕）の二つに大きく分けることができる（図3.1）．主要な方式の基本構造を図3.2に示す．

1）水　耕（流動法, flowing method）

固形培地を使用しない方式は一般に水耕（water culture）と呼ばれる．イギリスで開発されたNFTおよびわが国で開発，発達した湛液型循環式水耕DFTは，現在，最も普及している方式である．NFTは培養液が薄い層として流れていることで特徴づけられる．根は空気中，培養液中のいずれからも酸素を補給できるので，根の酸素要求量が多い作物の栽培に適している．逆に，DFTはベッドが厚い（深い）培養液の層で満たされている．根系は培養液中に形成されるため，常に溶存酸素が高く維持されるように注意しなければならない．DFTベッドは多量の培養液で満たされているために，根の環境が安定し，また，停電などによりポンプが停止してもすぐに植物が萎凋することはないので，栽培し易い．

2）水　耕（静置法, stationary method）

毛管水耕（capillary-action cuture）は，培養液に吸水マットを浸してその毛管水により根へ培養液を供給する方式である．植物による吸水が活発な時期にはかん水チューブから直接根に給液する．パッシブ水耕（passive hydroponic system）は深い水槽に収穫終了までに必要な培養液を最初に貯めておき，生育途中で培養液を補給しない栽培法で，ポンプ駆動などのエネルギーを全く必要としないのが特徴である．

3）噴霧耕（aeroponics）

空中に根系を形成させる栽培法で，根に十分な酸素が補給される．また，植物の養分吸収を制御しやすい栽培方法である．しかし，ポンプの故障などの事故に対しては非常に弱く，繊細な管理が要求される．

4）固形培地耕（solid media culture）

使用する固形培地の種類によって分類され，現在ではロックウール耕が最も普及している．しかし，使

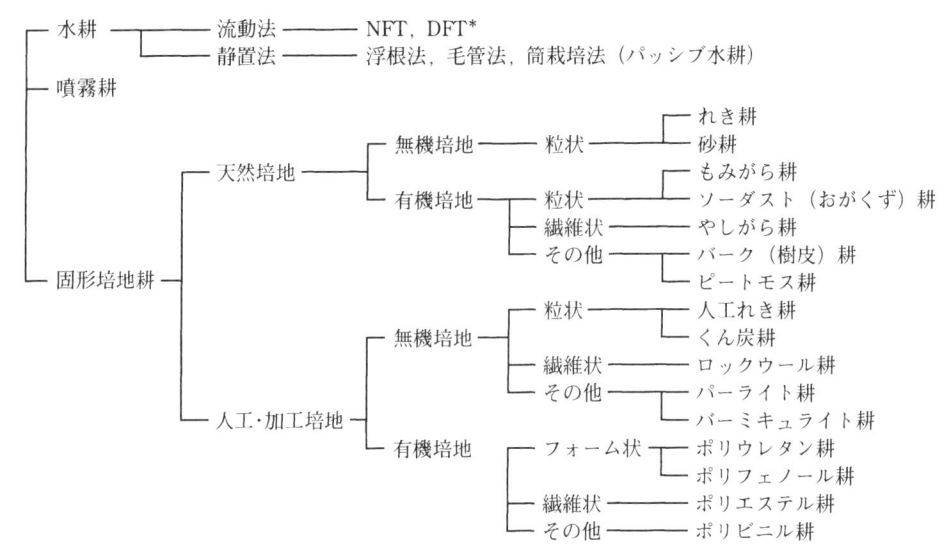

```
              ┌─ 流動法 ── NFT, DFT*
      ┌─ 水耕─┤
      │      └─ 静置法 ── 浮根法，毛管法，筒栽培法（パッシブ水耕）
      │
      ├─ 噴霧耕
      │
      │                           ┌─ 無機培地 ── 粒状 ──┬─ れき耕
      │                           │                      └─ 砂耕
      │           ┌─ 天然培地 ────┤
      │           │               │              ┌─ 粒状 ──┬─ もみがら耕
      │           │               └─ 有機培地 ───┤          └─ ソーダスト（おがくず）耕
      │           │                              ├─ 繊維状 ── やしがら耕
      │           │                              └─ その他 ──┬─ バーク（樹皮）耕
      └─ 固形培地耕┤                                          └─ ピートモス耕
                  │                           ┌─ 粒状 ──┬─ 人工れき耕
                  │                           │          └─ くん炭耕
                  │           ┌─ 無機培地 ────┼─ 繊維状 ── ロックウール耕
                  │           │               └─ その他 ──┬─ パーライト耕
                  └─ 人工・加工培地─┤                      └─ バーミキュライト耕
                              │               ┌─ フォーム状 ──┬─ ポリウレタン耕
                              │               │                └─ ポリフェノール耕
                              └─ 有機培地 ────┼─ 繊維状 ── ポリエステル耕
                                              └─ その他 ── ポリビニル耕
```

*: NFT; nutrient film technique, DFT; deep flow technique

図 3.1　養液栽培の諸方式（Ikeda, 1995を改変）

3.1 養液栽培の種類と装置の組立て 37

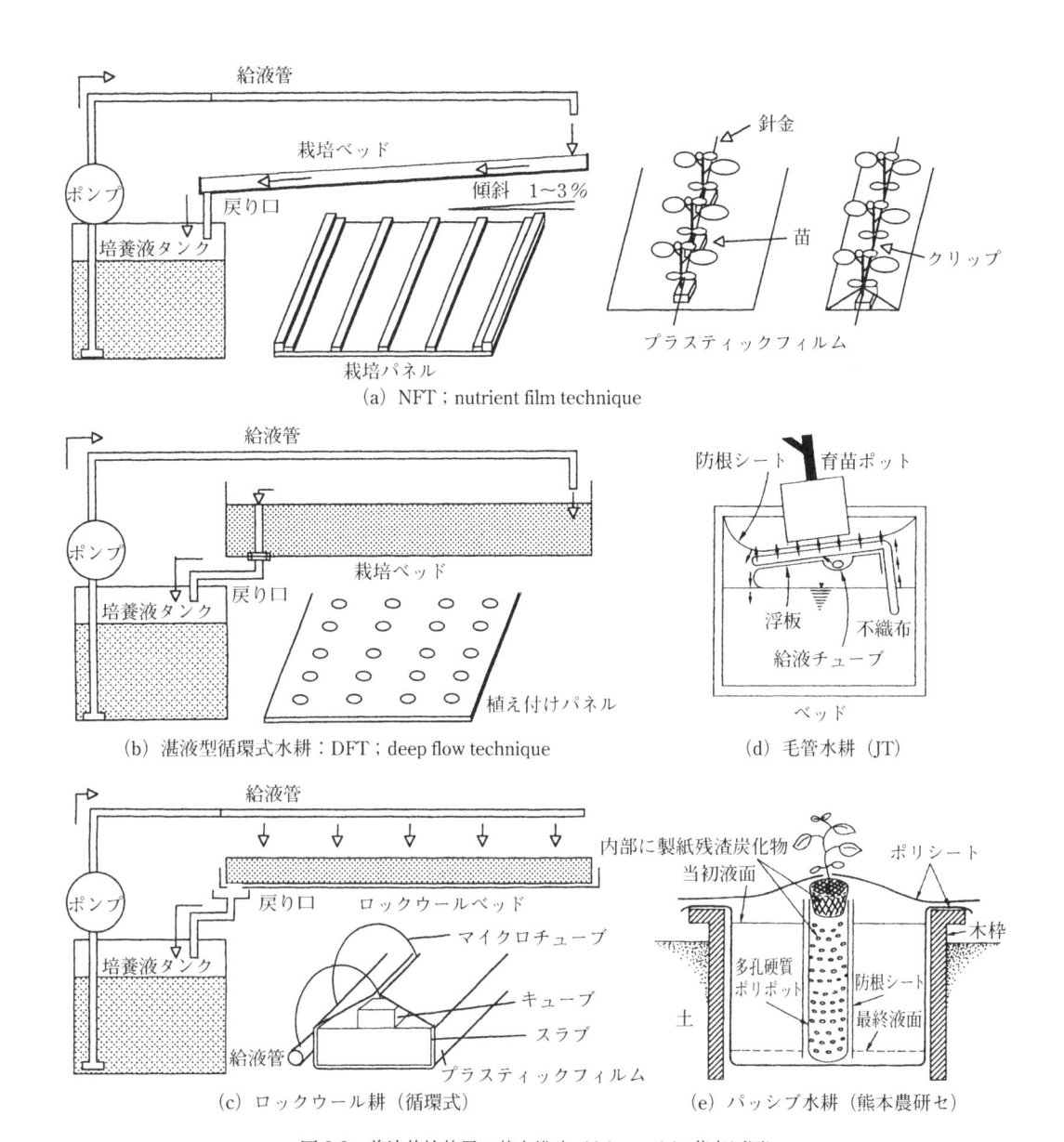

図 3.2 養液栽培装置の基本構造（(a)〜(c) 著者原図）

(a) NFT；nutrient film technique
(b) 湛液型循環式水耕：DFT；deep flow technique
(c) ロックウール耕（循環式）
(d) 毛管水耕（JT）
(e) パッシブ水耕（熊本農研セ）

用済みロックウールの処理方法に問題があるため，使用後は焼却できるやしがらなどの天然培地の利用が伸びてきている．この方式はベッドから排出される培養液を再び培養液タンクへ戻すか，戻さずに廃棄するかにより，循環式とかん注式に分けられる．近年，環境問題の発生を回避するために，多くが循環式に移行しつつある．

2. 装置の組立て

ここでは，代表的な養液栽培装置として，葉菜類の栽培を目的とした NFT および DFT，ならびに果菜類栽培用の固形培地耕の簡易なベッド作成方法について説明する（図 3.3）．

1）設置場所の準備

ベンチを用いて栽培する場合には，特に大きな凹凸がなければよい．しかし，簡易に地面の上に直接ベッドを作る場合には地面を水平，場合によっては一定の傾斜を付ける必要がある．また，養液栽培の培

養液は，ほぼ無菌に近い状態なので病原菌の侵入を極力避けなければならない．そのため，地面は土埃がたたないように，できれば透水性のネットかポリエチレンシートなどで被覆しておく方がよい．

2）培養液タンクの組立て

培養液タンクには市販のポリコンテナを埋設もしくは栽培ベッドの下に設置してもよいが，コンクリートブロックを並べてポリエチレンシートを敷くと簡易に作ることができる（図3.4）．培養液があふれないように水平に水糸を張り，ブロックの上面を水平にする．また，ブロックはザラザラな面を下にして使用し，ポリエチレンシートを張る前に新聞紙でブロックを被覆する．使用するポリエチレンシートはできるだけ丈夫なものを用いた方がよく，厚さ0.15 mm以上のものが望ましい．取り扱いに際しては，傷や穴をあけないように十分に注意する．通常のビニルハウスに用いられる農ビは厚さ0.1 mm程度であり，養液栽培用としては向かない．

3）栽培ベッドの組立て

（1）NFT：NFTベッドは栽培ベッドと定植パネルから構成される．栽培ベッドには培養液が均一に流れるようにいくつかのレーン（ガリー，ガター，チャンネルなどとも呼ばれる）を作る（図3.5）．場合によっては市販の波板を用いてもよい．培養液が漏れないようにポリエチレンのシートで被覆する．定植パネルには発泡スチロール板（厚さ18 mm程度）を用い，ガスコンロで熱した鉄パイプを発泡スチロール板に押しつけて穴をあける．穴の間隔は栽培作物によって，10〜20 cm程度に適宜調整する．最後に，栽培ベッドと定植パネルを培養液タンク上に設置する．その際，ベッドが傾いていると培養液が均一に流れないので，レベルゲージなどを用いて必ず水平に設置する．ベッドが長い場合は流れやすくするために1〜3％の傾斜を付けるが，3〜4 m程度であれば特に傾斜を付ける必要はない．

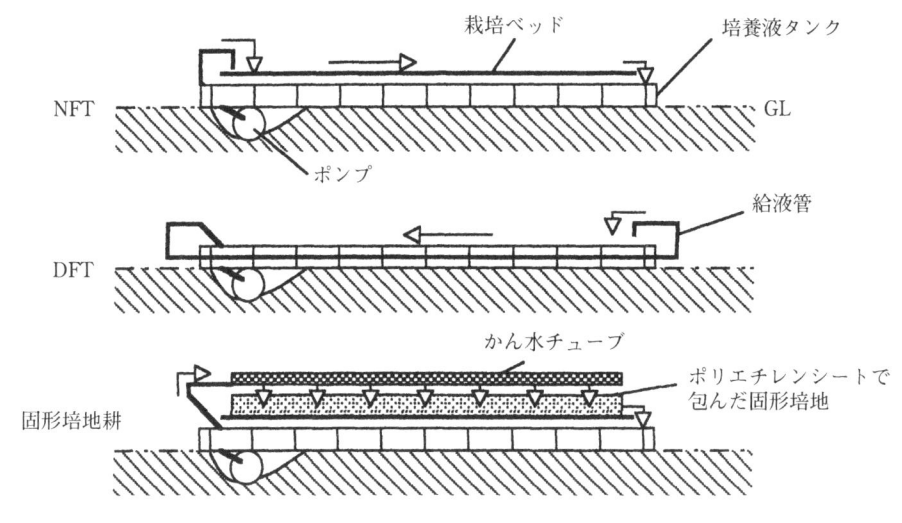

図3.3 簡易養液栽培システムの組み立て例

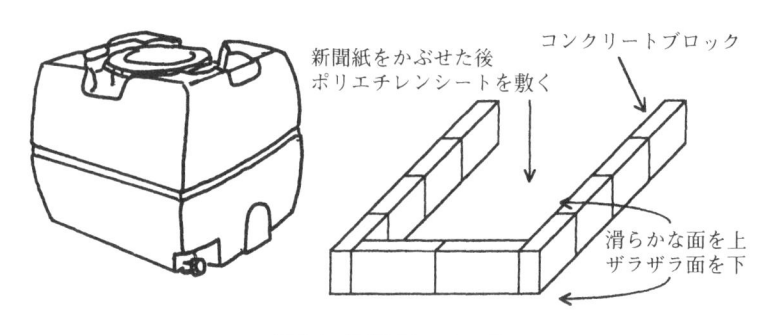

図3.4 培養液タンクの例

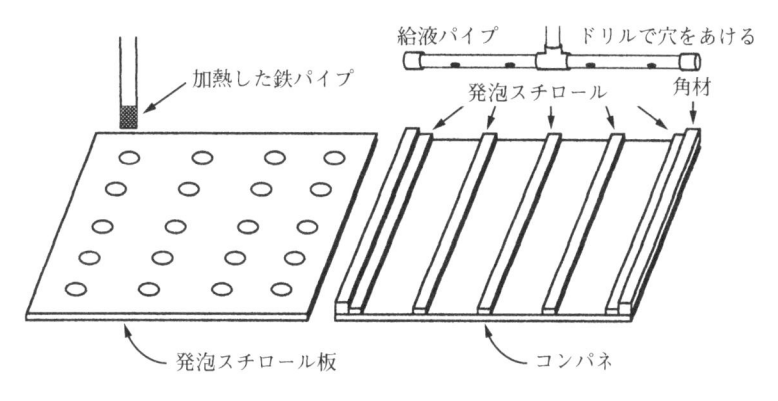

図3.5 定植パネルと栽培ベッド

（2）DFT：DFTベッドでは培養液タンクが栽培ベッドを兼ねているので，別個にベッドを作る必要はない．定植パネルはNFTと同様のものを用いる．ポンプで汲み上げられた培養液が流下する際，十分に酸素が混入するように工夫する．

（3）**固形培地耕**：培地としては図3.1に示したように各種あり，栽培目的や入手先に応じて選択する．天然有機質培地を用いるときは，有害物質を含んでいることがあるので，使用前に浸水し，洗浄してから使用する．培養液タンク上にベニヤ板を置き，培地をポリエチレンシートで包んで設置する．給液は図3.2に示したようなマイクロチューブを用いて行ってもよいし，培地の上にかん水チューブを下向きに敷設して行ってもよい．ベニヤ板は直射日光が当たると反り返るので，シートで被覆しておくことが望ましい．

（和田光生）

3.2 養液栽培のための播種・育苗法

 土耕の移植栽培と同様の育苗法でも栽培は可能であるが，ここでは，一般によく用いられている養液栽培のための播種，育苗法（図3.6）について説明する．

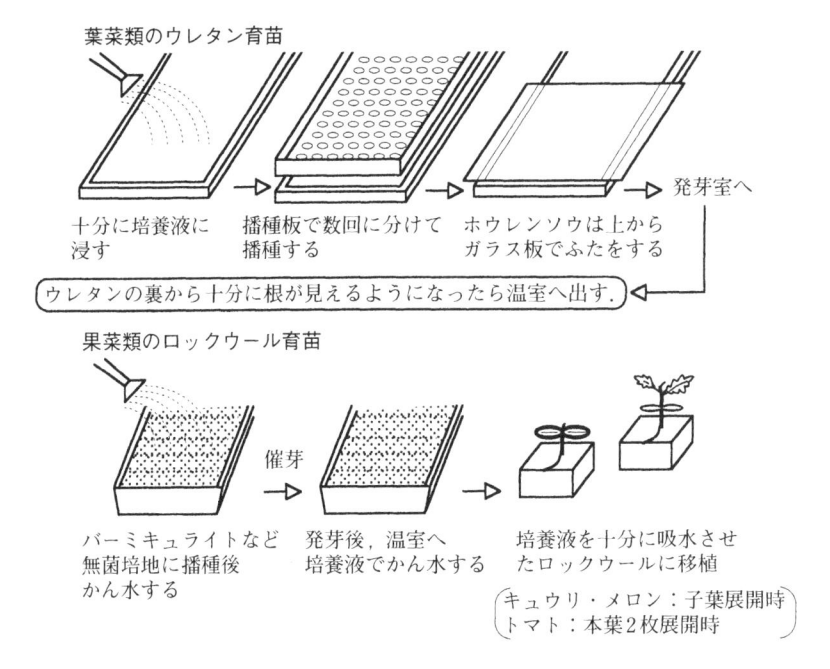

図3.6 養液栽培のための播種・育苗法

1．ウレタン育苗

　水耕用ウレタンと呼ばれるポリウレタンスポンジを用いる方法で，葉菜類の水耕で最もよく用いられている．1枚のウレタンは厚さ約3 cm，縦横28×58 cmの大きさで，12×25ブロック（300ブロック／枚）に区切られている．使用されるウレタンには表面が平らなものと，播種穴があるものがある．平らなものは，ミツバ，レタス，コマツナなどの育苗に用いられる．穴があるものは根がウレタンに入りにくく，育苗が困難であったホウレンソウのために開発されたもので，ホウレンソウ，シュンギク，ネギなどの育苗に用いられる．ウレタンは撥水性があるので，使用する前に培養液に浸しておく必要がある．
　播種には播種板が一般に用いられる．その他，水溶性の紙に点状に粘着剤を付けた播種シートも市販されている．これは，種子を付着させた後，ウレタンに置くだけで一定間隔の播種ができる．また，ウレタン育苗に限らず，発芽率を高め，播種作業を容易にするために，ホウレンソウではネーキッド種子を，レタスではコート種子を利用する（表3.1）．

1）ネギ・ミツバなどの播種・育苗法
（1）水耕用ウレタンを専用の育苗箱に入れ，培養液で十分に浸しておく．
（2）余分な培養液を捨てた後，播種板を用いて，2〜4粒ずつ数回に分けて播種する．
（3）直射日光の当たらない，発芽適温を維持できるような冷涼な場所で発芽させる．
（4）根がウレタンを貫通して，裏から十分に出るようになったら温室内に出し，ウレタンが乾かないように，随時，ジョロ等で給液する．

2）ホウレンソウの播種・育苗方法
　1）と同様であるが，ホウレンソウは根がウレタンを貫通しにくいため，播種後，ウレタンにガラス板を載せてふたをするか，ビニルフィルムを載せた上に水を張って水封する．ウレタンの裏に根が十分に貫通したのを確認後，ふたを取って温室内に移す．

表3.1 野菜の養液栽培のための育苗法

作物名	育苗法	（粒/ブロック）	培養液濃度[z] EC (dS/m)	備　考
ホウレンソウ	ウレタン有穴	2～4[y]	2.4	ネーキッド種子使用
シュンギク	ウレタン有穴	2～4	2.4	
ネギ	ウレタン有穴	10～15	2.4（夏）～3.6（冬）	
レタス（サラダナ）	ウレタン無穴	1	2.4（夏）～3.6（冬）	コート種子使用
ミツバ	ウレタン無穴	12～15	2.4（夏）～3.6（冬）	
コマツナ	ウレタン無穴	2～4	2.4	
トマト	ロックウール育苗		0.8～1.8	
メロン	ロックウール育苗		2.4	
キュウリ	ロックウール育苗		2.4	

[z] 園試処方を用いたときの培養液濃度の目安．2.4dS/mは，標準濃度に相当する．
[y] セル育苗の時はセル当たりの粒数．

2．ロックウール育苗

　ロックウール粒状綿やロックウールキューブ（ポット）を用いて育苗する方法である．粒状綿はビニルポットに詰めてイチゴの採苗と育苗に，また，セルトレーに詰めて，ウレタンの代わりに葉菜類の育苗に用いられる．キューブは，NFTや固形培地耕のための果菜類の育苗に用いられる．大きさ5×5×5cm～10×10×10cmのものが各種市販されており，作物の種類や育苗期間の長さに応じて大きさを選ぶ．

　ここでは，セルトレーによる育苗方法は省略し（第1章2項参照），ロックウールキューブを用いた果菜類の育苗方法について説明する．

(1) 消毒した砂や，バーミキュライトのような無菌の培地に播種して，かん水する．
(2) 発芽適温を維持できる部屋（催芽室）に置き，発芽させる．
(3) 新しいロックウールは若干撥水性があるので，培養液に浸して十分に吸水させる．
(4) キュウリ，メロンなどでは子葉展開時に，トマトでは本葉2枚展開時にロックウールキューブに移植する．
(5) NFT方式や干満方式（ebb and flow），またはかん水チューブなどを用いて間断給液を行って育苗する．

（和田光生）

電気伝導度の単位

　表3.1の脚注にある塩類濃度の目安2.4dS/m（デシジーメンス・パー・メートル）は，電気伝導度（EC：electric conductivity）を表す．電気伝導度の単位は，かつてmʊ/cm（ミリモー・パー・センチメートル）やmS/cm（ミリジーメンス・パー・センチメートル）が使われたが，現在では，dS/m（デシジーメンス・パー・メートル）を用いる．三つの単位はそのまま相互に置き換えられる．dS/m採用は，MKS単位系（長さはm，質量はkg，時間はsを基本単位とする．）の使用が計量法で定められていることと，世界的に共通単位として使われつつあることによる．

　基本単位やそれらを組み合わせた誘導単位の前に一定の記号を付けると，任意の大きさの単位が得られる．例えば1mは100cmであり，1000gは1kgである．それらの記号の意味は，G（ギガ）：$\times 10^9$，M（メガ）：$\times 10^6$，k（キロ）：$\times 10^3$，h（ヘクト）：$\times 10^2$，da（デカ）：$\times 10$，d（デシ）：$\times 10^{-1}$，c（センチ）：$\times 10^{-2}$，m（ミリ）：$\times 10^{-3}$，μ（マイクロ）：$\times 10^{-6}$，n（ナノ）：$\times 10^{-9}$である．

（小田雅行）

3.3 培養液の調製法と管理

植物が正常に生育するために，必要不可欠な元素を必須元素といい，C, H, O, N, P, K, Ca, Mg, S, Fe, B, Mn, Zn, Cu, Mo, Cl の16種類とされている．土壌を全く用いない養液栽培では，水と二酸化炭素から供給される C, H, O を除くすべての必須元素が培養液中に各々の作物に適した組成と濃度で含まれていなければならない．よく使われる培養液の要素組成および調製法を表3.2に示す．多くの作物では，園試処方を基準にして，培養液濃度のみを調整することにより栽培することができる（例：トマトでは1/2濃度）．花卉栽培では，微量要素の過剰および欠乏症が出やすいので，種類別に微量要素の処方が発表されており，厳密な管理が要求される．培養液中の各要素濃度を表す単位としては，ppm（ピーピーエム），me/l（ミリイクイバレントパーリットル），mM（ミリモーラー）がよく用いられる．me/l はミリグラム当量/l，mM は mmol/l を意味する．

表3.2 主要な培養液処方の要素組成と調製法

(a) 多量要素

培養液処方	要素組成（me/l）						調整法（mg/l）					
	NO_3^-	NH_4^+	P	K	Ca	Mg	KNO_3	$Ca(NO_3)_2 \cdot 4H_2O$	$MgSO_4 \cdot 7H_2O$	$NH_4H_2PO_4$	NH_4NO_3	K_2SO_4
園試処方[z]	16	1.33	4	8	8	4	808	944	492	152	—	—
山崎処方トマト	7	0.67	2	4	3	2	404	354	246	76	—	—
キュウリ	13	1	3	6	7	4	606	826	492	114	—	—
メロン	13	1.3	4	6	7	3	606	826	369	152	—	—
イチゴ	5	0.5	1.5	3	2	1	303	236	123	57	—	—
レタス	6	0.5	1.5	4	2	1	404	236	123	57	—	—
ミツバ	8	0.67	2	4	4	2	404	472	246	76	—	—
大府大ホウレンソウ処方	16	4	4	10.3	3	4	1040	354	492	152	108	—
千葉農試イチゴ処方	11	1	3	6	5	4	606	590	492	114	—	—
静大メロン処方	8	1	3	6	8	4	—	944	492	114	—	522
愛知園研バラ処方	13.3	0.5	5.3	6	8	2	374	767	246	132	64	70
大塚化学A処方[y]	15.9	1.64	5.1	7.6	8.2	3.7	—	—	—	—	—	—

[z]：園芸試験場標準処方
[y]：1,000l 当たり，大塚ハウス肥料1号を1.5kg，2号を1kg溶解する．

(b) 微量要素

微量要素組成（ppm）	Fe	B	Mn	Zn	Cu	Mo
園試処方	3	0.5	0.5	0.05	0.02	0.01
大塚ハウス5号[z]	2.85	0.32	0.77	0.04	0.02	0.022

園試処方微量要素原液調製法	Fe 1,000倍液	微量要素 10,000倍液				
試薬名	Fe-EDTA	H_3BO_3	$MnCl_2 \cdot 4H_2O$	$ZnSO_4 \cdot 7H_2O$	$CuSO_4 \cdot 5H_2O$	$Na_2MoO_4 \cdot 2H_2O$
濃度（g/l）	22.62	28.6	18.1	2.2	0.8	0.25

[z]：培養液1,000l 当たり大塚ハウス肥料5号を50g溶解した場合

1. 培養液の調製

1) 多量要素

A液（硝酸カルシウム以外の塩類）とB液（硝酸カルシウム）に分け，それぞれ100倍の濃厚液を作り原液とし，使用時に水1l に対し，それぞれ10 ml の割合で混合して用いる（図3.7）．硝酸カルシウムを他と分けるのは，高濃度で他の塩類（リン酸塩や硫酸塩）と混ぜると沈殿を生じるためである．なお，培養液調製後に残った試薬は吸湿しないようにしっかりと口を縛って保存する．特に硝酸カルシウムは吸湿性が高いので注意する．

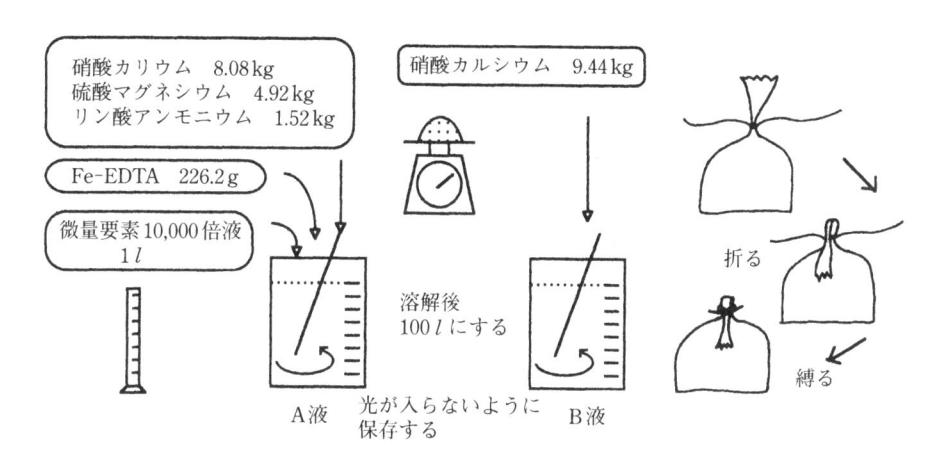

図3.7 園試処方培養液100倍原液（100*l*）の作り方と吸湿性肥料の袋の封じ方

2）微量要素

Feを除く微量要素は10,000倍，Feは1,000倍溶液を原液として作る．原液を培養液調製時，もしくはA液調製時に添加する．

2．培養液調製上の注意

培養液の調製に用いる原水としては井戸水や水道水の使用が可能である．ただし，多量要素を含んでいる場合には，培養液処方の修正が必要であり，過剰な微量要素を含んでいる場合は過剰障害に注意する必要がある．また，水道水を用いる場合には，消毒用に含まれている塩素を培養液調製前に取り除く必要がある．塩素はそれ自体が植物の根に有害であるうえ，培養液中に含まれるNH_4^+との結合により生じるクロラミンは非常に強い毒性を示す．そのため，水道水は一旦タンクに貯め，1日程度撹拌してから使用する．

培養液の濃度には電気伝導度EC（electric conductivity）が用いられる．単位にはS/m（ジーメンスパーメートル）が使われる．最近まで用いられていたmS/cmとは以下のような関係になる．1 mS/cm = 0.1 S/m = 100 mS/m = 1 dS/mになる．最後に示したdS/m（デシジーメンスパーメートル）はmS/cmと数値が変わらないので便利である．園試処方を純水で調製した場合のECは約2.4 dS/mとなる．なお，水道水のECは，おおむね0.2 dS/mであるため，水道水を用いて園試処方培養液を調製するとECは約2.6 dS/mとなる．培養液調製後は必ずECおよびpHを測定し，pHは，0.1 N～1 NのNaOHおよびH_2SO_4などを用いて6.0に調節する．

3．培養液の管理

太陽光に含まれる紫外線はFe-EDTAを分解してFeの沈殿を生じさせるので，調製した培養液は絶対に太陽光に当ててはいけない．栽培中は少なくとも週1回の間隔でベッド内の培養液のECとpHを測定して，必要であれば調整する．一般に，栽培ベッド内の培養液のECは，培養液濃度が高過ぎる場合には次第に上昇し，低過ぎる場合には低下する．そのため，ECの変化が大きい場合には給液する培養液の濃度を調節する必要がある．また，pHが低下する場合にはN成分のうち，NH_4^+の比率を減らしてNO_3^-の比率を増やし，逆にpHが上昇する場合にはNH_4^+の比率を増やしてNO_3^-の比率を減らしてやるとpHは安定する．

栽培中，植物体による吸水等により減少した培養液は，随時新しい培養液により補給すればよいが，栽培が長期に及ぶ場合には月に一度程度の頻度で培養液中の多量要素組成を測定し，設定値よりも大きくずれているようであれば全量交換する．

〔和田光生〕

― 第3章　参考図書 ―

デニス・スミス．1989．野菜花卉のロックウール栽培（池田英男・篠原　温訳）．誠文堂新光社．東京．
板木利隆他．1995．新しい野菜づくりに向けて養液栽培の実用技術．農業電化協会．東京．
加藤俊博．1994．切り花の養液管理．農山漁村文化協会．東京．
日本土壌肥料学会編．1989．養液栽培と植物栄養．博友社．東京．
日本施設園芸協会編．1996．最新養液栽培の手引き．誠文堂新光社．東京．
大塚科学．1992．大塚ハウス肥料と養液栽培．大塚化学技術資料－0302．大塚化学．大阪．
養液栽培研究会編．1997．養液栽培マニュアル21．誠文堂新光社．東京．
デニス・スミス．1989．野菜花卉のロックウール栽培（池田英男・篠原　温訳）．誠文堂新光社．東京．

第4章 栽培管理

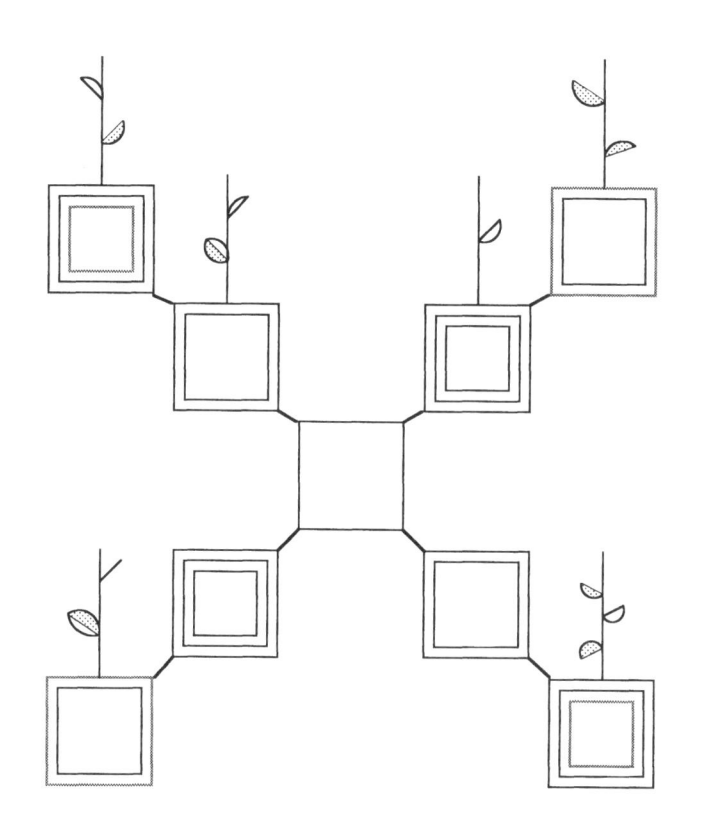

4.1 耕うん・整地・うね立て

1. 畑作物の種類とうねの形状

作物の作付けに先立ち，土壌を耕うん（耕起と砕土）・整地してうね立てを行う．一般にうね立ては，通気性と排水性を良好にするとともに，通路を確保することなどを目的として行う．

1）うねの種類

うねの種類は大きく分けると平うね，および台形，かまぼこ形，峯形などの高うねに分かれる（図4.1）．排水の良い砂壌土や火山灰土あるいは苗床では平うねにし，水はけが悪く過湿になりやすい畑や作土の浅いところ，粘土分の多い粘質な土壌，水田の裏作などでは高うねにする．特に，農地の利用効率を高めるのに役立つ水田転換畑では，降雨による停滞水を除くために高うねとし，うね間の溝を排水路に連結するようにする．しかし，高うねは，うね立てに労力がかかり，作付け面積が少なく，肥料が流失しやすいなどの欠点がある．

2）うねの大きさとうねの方位

一般に，うね幅は作条数によって変え，多いものほど広くする．また，作条は，うねと同方向にきるのが普通であるが，軟弱野菜などではうねと直角の方向にきる場合もある．うね間の通路部分は鍬幅でとることが多いが，広くすることで，草丈の高い作物や支柱に誘引するような作物では受光量が確保でき，作業も行いやすい．うねの方位は受光量および地温の点からみると，夏期には南北うね，冬期には東西うねが有利であるが，ふつう時期にかかわらず，南北うねにする．ただし，作業の便宜上，ほ場の長辺に沿ってうね立てをすることが多い．また，傾斜地では浸食防止のため等高線方向にうねを作る．

3）畑作物の種類とうね

サツマイモ，ジャガイモのような土壌酸素を多く必要とするイモ類などでは1条植えのかまぼこ形や峯形の高うねが適している．

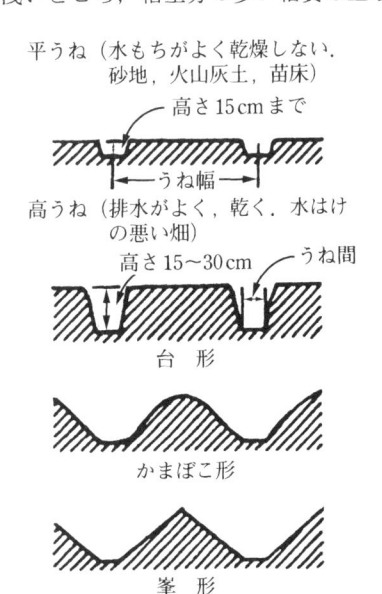

図4.1 うねの種類

表4.1 各種作物の好適地下水位

作物の種類	好適地下水位（cm）
ナス	25以下
ショウガ	25～31
サトイモ	28～33
トウモロコシ	30以下
トウガラシ	30以下
キュウリ	33
キャベツ	35以下
トマト	36
レタス	36～46
ハクサイ	36以下
ジャガイモ	40以下
タマネギ	49以下
ニンジン	60以下
ホウレンソウ	66以下
カリフラワー	70以下
スイカ	71
インゲン	75
サツマイモ	90

表4.2 各種作物の標準的な栽植法

作物の種類	株数（/a）	標準的な栽植法（cm）		
		うね幅	条数	株間
キュウリ	120～180	180～200	2	70～90
ナス	80～180	150～230	1	35～55
トマト	220～330	180	2	30～50
ピーマン	110～120	180	1	45～50
スイカ	45～50	270	1	75～80
イチゴ	700～800	135	2	25～30
カボチャ	150～180	250	1	25～30
キャベツ	400～550	60	1	30～40
エンドウ	450	75～90	1	25～30
ダイコン	400～650	60～70	1	25～30
ニンジン	1600～3000	60～90	2	10～12
タマネギ	2000～3000	60	2	10～12
トウモロコシ	550～570	150	2	25～40
サツマイモ	300～480	70～75	1	30～45
ジャガイモ	400～650	60～75	1	25～35
サトイモ	140～250	90～120	1	45～60

トウモロコシのように草丈の高い作物やトマト，キュウリなど支柱に誘引して栽培する作物は良好な生育のために1，2条植えで条間，うね間を広くとる．大果をつけるスイカ，カボチャなどは地上をはわせることから広いうねが要求される．また，ダイコン，ニンジン，ゴボウなどの深根性の根菜類は，根が深く入ることのできる土壌環境をつくる必要がある．このため，深耕を行い高うねとする．一方，耐湿性は作物によって異なり，サツマイモ，スイカ，ホウレンソウ，ニンジン，タマネギ，ジャガイモなどは小さく，ナス，サトイモ，トウモロコシなどは大きい(表4.1)．したがって，耐湿性が小さくなるほどうね幅の狭い高うねにすることが望ましい．主な作物についての標準的な栽培方法を表4.2に示した．なお，実際の栽培では，気象や土壌などの環境条件，過去の栽培例や経験による知識をもとに，栽植方法を決めることが多い．その結果，同じ作物であってもタマネギのように，地域によってうねの形状が大きく異なってくる(図4.2)．また，うねの形状や大きさはうね立て作業やその後の管理作業の難易，機械の使用の有無などを考慮して決める必要がある．

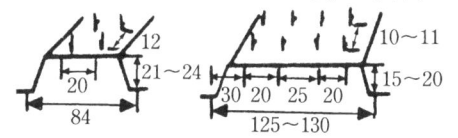

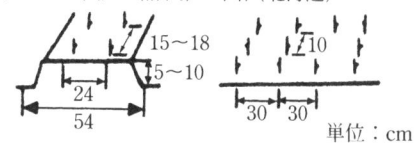

図4.2 タマネギ栽培におけるうねの形状

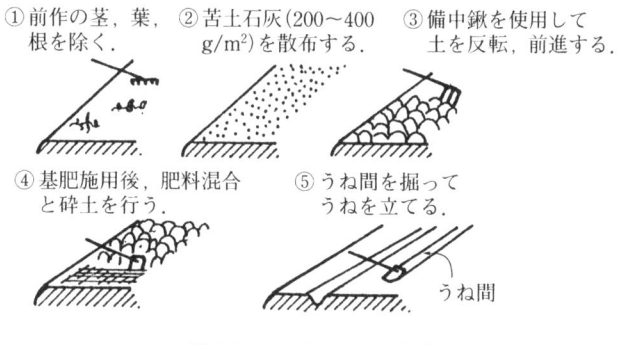

図4.3 うね立てまでの作業

4) うね立ての方法

うね立ての方法を図4.3に示した．まず，前作の収穫終了後，茎葉をフォークやレーキなどで除去し，苦土石灰を全面に散布して備中鍬かショベルで耕起して混合する．備中鍬は振り下ろして土壌に打ち込み，この際の衝撃とこれに続くてこの作用による引き上げおよび反転作用によって耕起する．鍬は振り上げた後，その重さを利用して刃先が土壌に食い込むような角度で振り下ろす．定植の2週間くらい前には基肥を全面に施し，肥料を混合すると同時に砕土を行う．根菜類の栽培や播種床として用いるうねでは，ていねいに砕土して土壌を膨軟にする必要がある．この際，備中鍬や平鍬の刃先や付け根部分などを使って砕土を進めるが，肥料の混合には平鍬を用いるとよい．なお，基肥はうねを立てる位置に与えたい深さまで溝を掘って入れることもある．うね立てには平鍬を用いて，両側のうね間の土壌をうねの上に盛って所定の高さにする．仕上げに鍬を横に寝かせてうねの上部を整形するとともに，大きな土塊があれば砕くようにする．最後に，鍬の角あるいは鍬幅で，うねの上部に作条をつくり，播種あるいは移植作業を行う．なお，機械によりうね立てを行った場合でも(次項参照)，鍬による手作業は作条，うねの整形およびうね間の仕上げなどに不可欠である．

(平井宏昭)

2. 耕うん作業機による耕うんとうね立て

耕うん爪が多数取り付けられた水平な軸を動力で回転させながら前進し，耕起と砕土を同時に行う作業機を一般にロータリという．ロータリは，使い方が容易で耕深も一定にしやすく，水田のような軟弱地での作業に適し，作業能率が高い．しかし，土塊が細かすぎて土壌の乾燥が進まない，反転性能が悪い，耕深が浅くなりやすいなどの問題がある．

1) ロータリの構造

ロータリは歩行用あるいは乗用トラクタに装着し，エンジンからの動力で駆動する（図4.4, 4.5）．ロータリを装着した歩行用トラクタを一般に耕うん機という．耕うん爪はなた爪が多く利用され，土を切り下ろす方向に回転し（ダウンカット），その先端の軌跡は図4.6のようなトロコイド曲線を描く．耕うんピッチは耕うん軸の回転数や走行速度によって変化し，耕うん軸の回転数が大で，走行速度が遅いほど小さくなり，土塊も小さくなる．耕うん軸の駆動方法には，耕幅が小さな耕うん機に主として用いられる中央駆動式（センタドライブ）と大きな耕幅に対応する側方駆動式（サイドドライブ）とがある（図4.7）．

2) 作業方法

まず，作業前に機械各部の点検を行う．次に，作業状態がなた爪の配列によって異なることから，作業内容に応じた適切な配列を選択する（図4.8）．耕うんの深さを調節する場合には尾輪，油圧レバー位置，自動耕深調節装置などを操作して設定する．また，図4.9の各部を調節して砕土状態を決める．耕うんする際，一度に深耕しようとすると機械の負荷が大となるので何度かに分けて行い，栽培に適する耕深と砕土状態を得るようにする．真っ直ぐ走行するためには，遠い前方に目標を設け，機体の先端中央部と一致するように操作すればよい．この際，歩行用トラクタでは小さな曲がりであれば体重をかけるようにしてハンドル部を左右へ動かし，大きな曲がりに対してはサイドクラッチを操作して矯正する．乗用トラクタではいずれの場合もハンドル操作により矯正する．また，旋回は，スロットルレバーを低速にし，耕うん機では旋回方向のサイドクラッチレバーを握りながら，ハンドルを持ち上げて行い，乗用トラクタではロータリを上げた後，ハンドルを旋回方向に回すと同時に，同方向側のブレーキペダルを踏んで行う．

(1) 耕うん：耕うんする際の機械の走行の仕方に隣接耕とうねおき耕とがある（図4.10）．いずれも，枕地は回り耕で仕上げる．未熟練者は隣接耕のほうが作業しやすい．耕うん爪の配列は内盛り耕あるいは外盛り耕が適している．

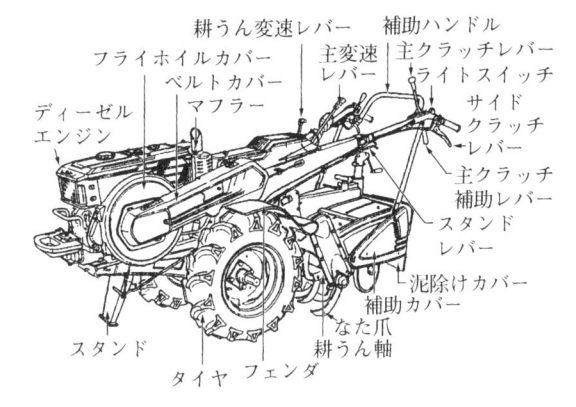

図4.4 歩行用トラクタ用ロータリ

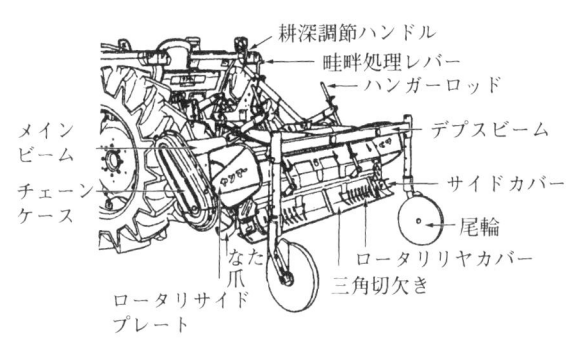

図4.5 乗用トラクタ用ロータリ

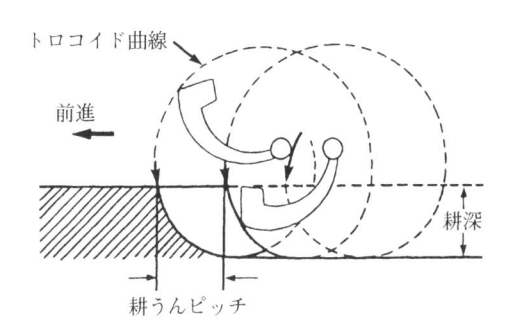

図4.6 ロータリの耕うん原理

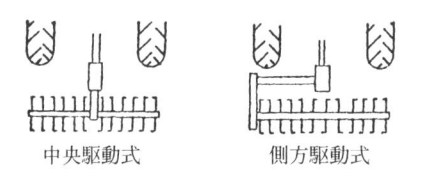

図4.7 耕うん軸の駆動方式

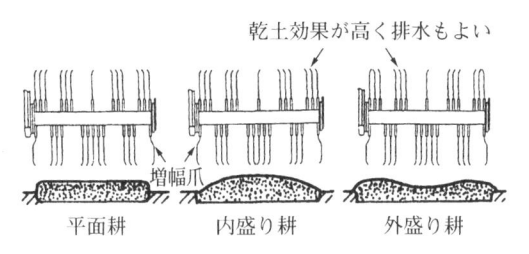

図4.8 なた爪の配列と耕うん効果

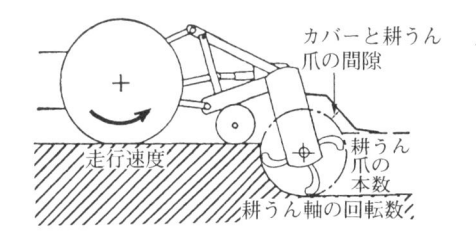

図4.9 ロータリにおける土塊の大きさの調節法

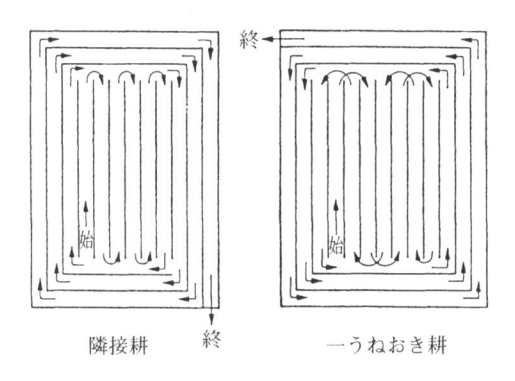

図4.10 ロータリによる耕うん

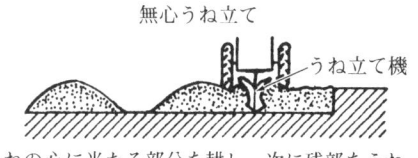

図4.11 ロータリによるうね立て耕

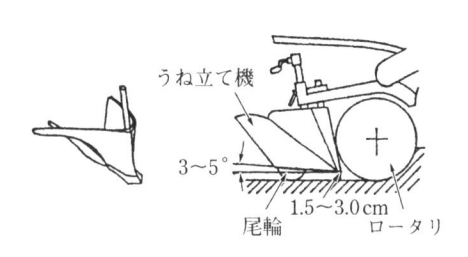

図4.12 うね立て機

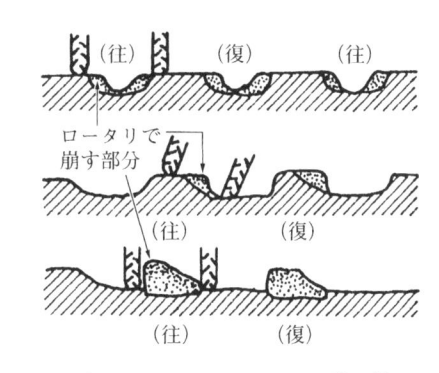

図4.13 ロータリによるうね崩し耕

(2) **うね立て耕**：未耕部の有無により無心うね立て耕と有心うね立て耕とがある．無心うね立ては平面耕後に，うね立て機を取り付けて行う方法と，一うねおきに未耕地を耕うんしながらうね立てする方法とがある（図4.11）．うね立て機は，その先端が耕うん爪の接地点を結んだ線上より1.5〜3.0 cm上方で，底部の角度が3〜5°になるように取り付ける（図4.12）．うね立て機の取り付けをこれより上げるとうねの高さは低くなり，下げると高くなる．耕うん爪の配列は外盛り耕とする．

(3) **うね崩し耕**：うねの形状と機械の大きさによって変える．車輪内幅より狭いうねではうねをまたいで，うねの高い部分を外盛り耕で耕うんすると一度でほぼ平らになる．広いうねでは，まず溝の部分を内盛り耕で崩し，次に一方の車輪を溝に入れてうねの半分を崩し，最後に残り半分を崩して作業を終わる（図4.13）．

(平井宏昭)

3. 水田の整地と代かき

1) 水田の整地

(1) **水稲作における整地**：整地（land preparation）とは土壌を水稲の栽培に適した状態にすることをいう．水稲作の整地作業では，プラウによる耕起（plowing），すなわち，プラウ耕は一般には行われず，ロータリによる耕うん（tillage），すなわちロータリ耕（rotary tillage）が用いられる．耕起とロータリ耕による作土層の違いは，耕起では大きな土塊が上下にほぼ反転された状態で帯状につながるが，ロータリ耕では，作土は小土塊に砕かれ，作土上層に比較的粗い土塊が，下層に細かい土塊が置かれる点にある．水稲作においてロータリ耕が広く用いられる理由は，同一馬力のトラクタでは作業幅が広く，砕土，均平にすぐれ，その後の代かき作業が容易になることがあげられる．しかし，ロータリ耕では土層の上下反転がプラウ耕に比べて劣るためにわらなどのすき込み精度が低下し，その結果，浮遊した残査が代かき作業や移植作業時の障害となることがある．また，ロータリ耕で深耕を行う場合には，所要馬力が大きい大型トラクタが必要で，通常のトラクタでは耕深度が10〜15cm程度の浅耕となる．

(2) **耕うんの効果**：耕うん作業は本田の耕土を柔らかくし，水稲の根の伸長に良好な土壌環境を作ることを目的として行われる．耕うんの効果としては，①空気と土との接触面を増加させ，土壌の風化と養分の分解を促す，②土壌を団粒構造にして，根の伸長を促進させる，③水分および養分を吸収保持して作物の利用する量を多くする，④雑草・害虫を土中に埋め，または害虫の幼虫や蛹を掘り出して寒冷な空気にさらして殺す，⑤排水を良くして土中の通気・透水を適度にし，酸素の供給を良くする，⑥耕土を乾燥することによって乾土効果が期待できる，⑦土塊を砕き，代かき作業を容易にする，などがあげられる．

(3) **耕うんの方法**：耕うんは，ロータリを装着した動力耕うん機またはトラクタによって行われる．耕うん爪にはいくつかの形状があり，所要動力，砕土程度，わらの絡みつき，反転・埋没性などに差がある（図4.14）．なた爪は普通爪より所要動力を要するが，雑草，わらなどの絡みつきが少なく，堆きゅう肥，生わらの埋め込みによい．一般に作業は水田の両端に2〜3行の枕地を残し，長辺方向にそって順次往復耕で作業し，最後に両端を仕上げる．耕うんの能率は，ほ場の形状や土壌条件により異なるが，動力耕うん機でロータリ幅が60cm程度の場合，5〜7a/時間，乗用トラクタでロータリ幅1.4m（20〜30馬力），1.8m（40〜60馬力）の場合，それぞれ16〜20a/時間，25〜28a/時間である．

一毛作田における耕うんには，秋季に行われる秋耕と，春季に行われる春耕がある．しかし秋耕は，冬季に積雪量が多い日本海側では雪解け後の土壌の排水乾燥の妨げになることもある．また，冬季や春季に降雨量が多い年には，秋耕の効果が劣ることもあり，実施には注意を要する．

2) 代かき

(1) **代かきの効果**：代かき（puddling and leveling）の目的は，①漏水防止，②田植え作業を容易にする，③肥料と土を良く混和する，④雑草の発生を少なくする，⑤苗の活着を良くする，⑥田面を均平にする，など

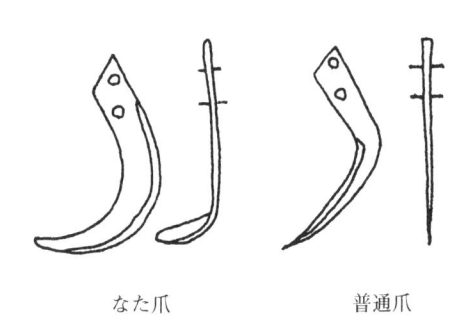

図4.14 耕うん爪（唐橋，1987）

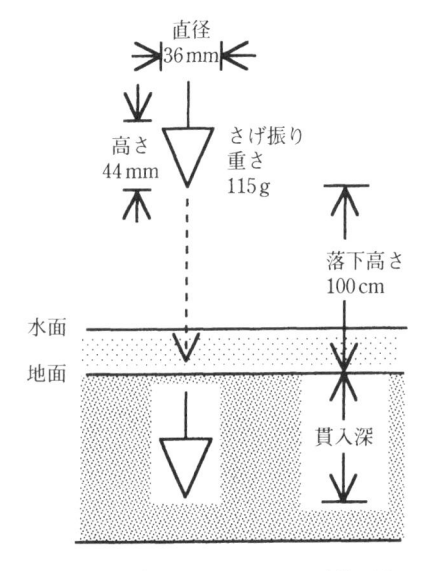

図4.15 さげ振りの貫入深による土壌硬度の測定方法（篠崎，1987）

である．代かきは段階によって荒代，中代，植代とに分かれる．水を入れて行う最初の砕土作業が荒代で，田植えの直前に行う代かき作業を植代といい，中代は両者の中間に行う作業である．耕うんを丁寧に行った場合には荒代を省略できる．代かきは丁寧すぎても，粗雑になってもよくない．丁寧すぎる場合には土壌の団粒構造が破壊される．また，代かきにより土中に酸素が一時的に供給され，微生物の活動が盛んになり，有機物の分解が促進されるが，その後，透水の減少により酸素の供給が減少して土壌の還元化が進行する．このように代かきは，有機物分解による窒素の有効化と，土壌還元による生育障害の相反する効果をもつことになる．したがって，漏水がさほど問題とならない水田では，代かき作業は簡単にして土壌の還元化を防止することが重要である．

（2）代かき作業：代かき作業時の機械の走行順序の主なものとして，1行程置き法と連接法がある．旋回半径が大きいほど土の寄りは少ないので，1行程置き法が作業上都合がよい．代かき時には耕深をできるだけ浅くして下層の土壌まで細かくしすぎないように注意する．また，田面の均平に努めるとともに，傾斜も少なくするようにする．代かきの能率は，歩行用トラクタでロータリ幅が60cm程度の場合，約8a/時間，代かき用車輪でその幅が1m程度の場合，約10a/時間，乗用トラクタでロータリ幅1.8m程度の場合，約30a/時間，駆動型の代かき用砕土機（3.3m幅）で1ha/時間である．

（3）代かき後の土壌硬度と田植え：田植機のない時代の田植え作業は，指先で行う作業であり，苗を植える際の土の軟らかさが直接田植えの能率を支配するものであった．田植機の普及した現在では，機械移植の際に苗が倒れず，浮苗を生じない，しかも深植にならない，すなわち，硬過ぎず柔らか過ぎずの適当な土壌硬度が必要である．代かき後の土壌硬度の経過は，土性，耕うん，代かきの回数，水深，ほ場の水持ちなどによって変化する．これらの土壌硬度の測定には，さげ振りの貫入深を測定するとよい（図4.15）．なお，さげ振りは田植機性能試験用として規定されているものを用い，ほ場条件にはむらがあるので少なくとも10点は測るようにしたい．この値で8～12cm程度が田植機での作業に適値である．この値になるのは砂質土で代かき後1日，重粘土では7日ほどであるが，一般的には代かきから2～3日経過すれば適当な硬度が得られる．

〔大江真道〕

4.2 定　植

あらかじめ育苗しておいた苗，球根あるいはイモ類を収穫まで栽培するほ場やベッドに植え付けることを定植という．

1．露地およびベッド栽培

1）定植前の準備
栽培予定地がハウスで園芸作物を連続して栽培している場所であれば，うね立て前にたん水するかクリーニングクロップを栽培して塩類の蓄積を防ぐとともに土壌伝染性病害発生を防ぐために土壌消毒を行う（2.5参照）．また，土壌の理化学性を改善するために10a当たり約5,000 kgの堆肥と100～200 kg程度の苦土石灰を搬入し，それぞれの作物の栽培に適したうねを立てておく．

2）定植の方法
（1）野菜・草花苗：定植にあたって，ネギやタマネギのように土が付いていない状態でも植え傷みの少ないものもあるが，多くの種類は根鉢を付けた状態で移植した方が植え傷みが少ない．このため，最近では定植前の育苗はポットやプラグトレイを用いて行われることが多い．定植時の条間および株間は作物の種類，生育期間，収穫時の大きさによって違うので，まず，栽培植物に適した数の条を切り，続いてこの条の上に株間を決めて苗を配置し，片手で苗の植え付け深さを固定しながら，もう一方の手で土を寄せて軽く押さえるようにして植え付ける．この際，ポット苗やプラグ苗では根鉢を崩さないようにていねいに取り扱う（図4.16）．また，植え付け時に深植えや浅植えにならないように注意する．植え付け後は十分かん水して活着を促す．なお，野菜や花の一部の種類ではプラグ苗の機械移植技術が確立している．

（2）球根・イモ類：一般に，花き球根の養成やイモ類の栽培では，浅植えにすると新球や子芋の肥大が悪く，収量が低下する．覆土の程度は，植物の種類や球根の大きさによって異なるが，球根あるいは種芋の高さの2～3倍程度を目安にする（図4.17）．しかし，花き球根の切り花栽培では，発芽を促進するために球根の先端が見え隠れする程度に浅く覆土することもある．

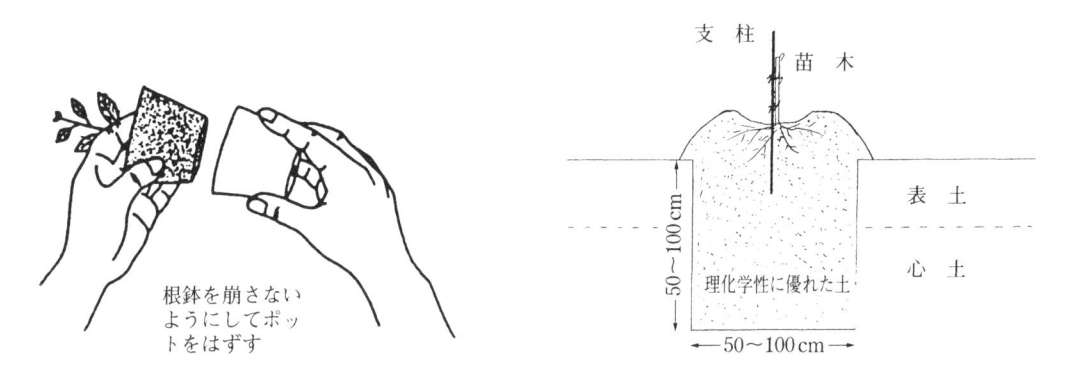

図4.16　ポット苗の取り扱い方

図4.18　花木・果樹の植え付け方

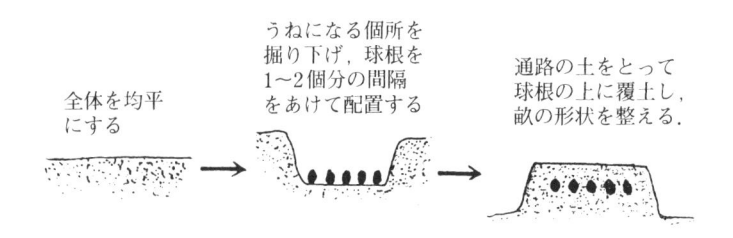

図4.17　球根の植え付け方

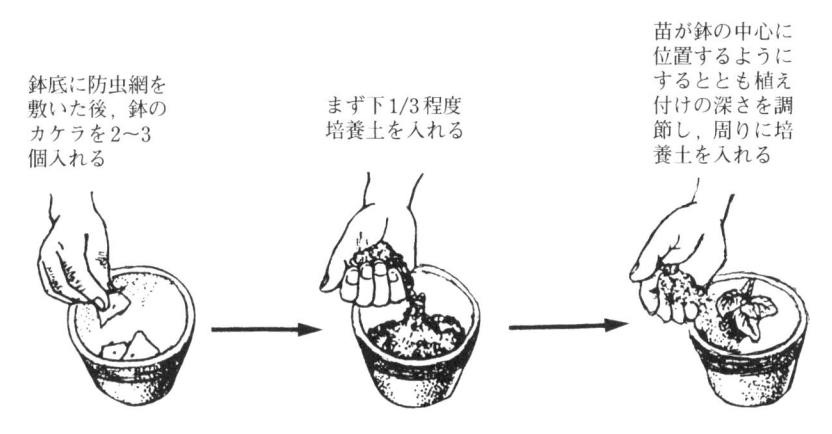

図4.19 鉢上げの手順

(3) **花木・果樹**：落葉樹では秋の落葉後,常緑樹では春の萌芽の直前または梅雨期が植え付けの適期である.永年作物であるので,定植にあたって直径,深さともに50～100 cmの植え穴を掘り,その土に腐熟堆肥や土壌改良剤などを混ぜて土壌を改良して埋め戻し,その中央に良苗の根を十分伸ばして植え付け,支柱を立てて結束固定する(図4.18).

2. 鉢栽培

鉢栽培では根域が制限されていることから,培養土は理化学性に富んだものを選ぶ必要がある.鉢上げの際,最初から小さい苗を大きな鉢に植え付けると根が分枝することなく急速に鉢の周辺部まで伸長し,たちまち生長が緩慢となり,草姿のバランスが悪くなる.このため,鉢栽培では植物が大きくなるにしたがって,一回りずつ大きな鉢に順次上げていく.鉢上げの適期は鉢底から根がはみ出した頃である.この頃には鉢の内側に根が張り巡り,いわゆる根鉢を形成している.鉢上げの時期が早いと根鉢がくずれ,一方,遅いと根づまりが生じて生育が悪くなる.

鉢上げの方法は,まずダンゴムシ,ナメクジなどの害虫が鉢底から侵入するのを防ぐために防虫網を敷くとともに,排水を良くするために鉢ガラやゴロ土を入れる.次に鉢の高さの1/3程度まで培養土を入れてから苗を植え付ける(図4.19).その際,苗が鉢の中央にくるようするとともに浅植えや深植えにならないように注意する.また,かん水時に水が溜まるように,鉢土の表面は鉢の上端から1～3 cm下にくるようにする.最後に鉢底から水が流れ出るまで十分かん水する.

〔森 源治郎〕

根域制限栽培

根域制限栽培は,根の生長を制限することによって地上部の生長を抑制する栽培法である.根が伸長できる培地量を物理的に制限すると,根からの窒素吸収が抑えられ,結果的に植物体中の炭水化物と窒素の比率(C/N率)が高くなり,栄養生長が抑えられる.盆栽は小さな植木鉢を用いることによって根域を制限し,樹体を極端に小型化させている.実際栽培では,ポットやコンテナーを用いて土壌を制限する,うねを高くして土壌を乾燥させる,培土底面や側面に防根シートを敷設する,防水シート被覆やかん水範囲を制限するなどの手段によって根域制限が行われる.

〔尾形凡生〕

3. 水稲苗の移植と活着

1) 移植作業

（1）**移植の方法**：移植には手植えによるものと機械によるものがある．現在，わが国の水田のほとんどは田植機による機械移植が行われている．手植えでは10a当たり10時間を要した移植作業が，田植機の普及により，現在では1～2時間となった．田植機には歩行型と乗用型があり，それぞれの田植え条数は2～6条，4～8条である．

（2）**移植苗の種類と特徴**：移植苗には，育苗期間が7～10日の乳苗（葉齢1.5～2.5），20日前後の稚苗（葉齢約3.2），30～35日間の中苗（葉齢4～5.5），40～50日間（葉齢6～7）の成苗がある（図4.20）．機械移植では稚苗が広く用いられているが，北海道や東北の冷害激甚地においては稚苗より出穂期の早い中苗の普及率が高い．乳苗は，育苗日数の削減や密播による苗箱数の削減などの利点を持ち，低コスト稲作技術の一つとして近年注目されている．

（3）**移植苗の条件**：苗質は，播種後の管理の良し悪しによって大きく変化する．育苗期間の温度が高い場合や，かん水量が多すぎると，地上部の徒長や根の発達不良よって貧弱な苗になりやすい．良い移植苗，すなわち健苗の備える条件は，①移植法に適した草丈と葉齢であること，②病害虫におかされていないこと，③苗ぞろいのよいこと，④乾物率（乾物重/生体重×100）と充実度（乾物重/草丈）が高いことである．苗質の良し悪しは，移植後の生育への影響が大であるので，育苗期間中の管理には十分な注意を払う必要がある．

（4）**移植時の栽植密度と一株植え付け苗数**：栽植密度は目標収量に必要な穂数を確保することを基準に設定される．通常，1 m^2 当たり22株を標準に，18～25株程度に設定する．これより疎植であると，分げつは増加するが有効茎歩合が低下し，1 m^2 当たりの穂数は増加しない．また，密植では群落内の環境が悪化して病気や倒伏が生じ，収量が低下する．一般に肥沃地，多肥，晩生品種，穂数型品種，早植えの場合には疎植，そ

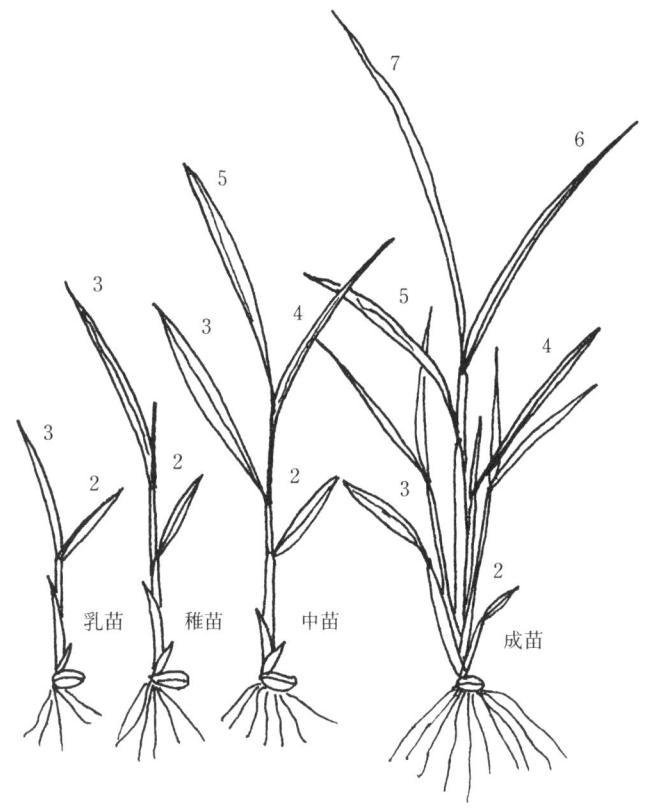

図4.20 移植苗の種類（星川の図より作成）

表4.3 植え付け深度と水深が活着発根数に及ぼす影響（星川の図より作成）

水深	草丈の適切な健苗		草丈の低い不良苗	
	浅植（1cm）	深植（3cm）	浅植（1cm）	深植（3cm）
1cm	**4.4本**	3.2本	3.9本	2.6本
5cm	**4.5本**	2.6本	2.2本	2.0本
10cm	2.6本	2.4本	2.2本	2.1本

の逆の場合には密植とする．機械移植における栽植密度は，田植機の条間設定と進行速度で調節するが，ほ場条件が不斉一である場合にはスリップによる株間の変動や蛇行による条間の変動が生じ，ほ場内で栽植密度が不均一になることがあるので注意を要する．

一株植え付け苗数は，稚苗の場合には4～5本が適正とされ，これより多いと生育初期から中期の茎数が多くなり，過繁茂となって収量が減るうえに，倒伏しやすくなる．一株植え付け苗数の多少は田植機のかき取りの調節で行うが，苗箱内に播種むらや苗立ち不良がある場合や田植機の苗送り，かき取りが不調であると，苗数の不均一や欠株が生じる．

(5) **移植の適期**：一般に登熟後期に低温となる北海道・東北地方，秋に天候が安定しない北陸地方では，早期に移植が行われ，秋が長く，二毛作が行われる暖地では，一般的に遅植えとなる．同一品種では，移植が早いほど十分な栄養生長期間が確保できるために収量が多くなる．ただし，移植を早めることで低温による活着不良が生じたり，穂ばらみ期の低温による冷害の危険性がある寒冷地では，移植時期を遅らせる必要がある．

2) **苗の活着**

(1) **苗質と活着**：移植後に新根が発生し，それが伸び始めることを活着と呼ぶ．外観からは移植直後に低下した出葉速度に回復がみられる時期で判断できる．活着には通常7～10日間を要する．健苗は移植後の発根が早く，発根数が多く，また発根した根が旺盛に長く伸びる．活着時の発根数は，稚苗で約6本，中苗で8～10本である．不良苗は，健苗に比べて発根が劣り，活着に時間を要する．

(2) **苗の活着時の温度条件**：苗の活着には移植時期の気温が大きく影響し，低温では活着の遅延，枯死が生じ，ひいては収量の減少をまねく．苗が活着できる日平均気温の最低限界は稚苗が12.5℃と最も低く，中苗，成苗と苗齢の増加に伴い高くなる．

(3) **活着の良否と水深，植え付け深度**：植え付け深度，水深が稚苗の活着発根数に及ぼす影響を調査した結果によると，第3葉の葉鞘が水面に出ている場合には影響は少ないが（表4.3の太字），水没するような水深では発根が劣る．また，深植は草丈の高低にかかわらず，浅植よりも発根が劣る．

(4) **活着期の水のかけひき**：移植直後の水深は，深すぎると初期分げつの出現阻害や，黄化萎縮病，ヒメハモグリバエの被害を促すことがあり，浅すぎると地温が上がらずに活着を劣らせることがある．分げつの確保や活着に適した水深は約3cmで，移植後2日間はこの水深を保ち保温としおれ予防に努め，3日～5日は2cm，6～7日は1.5cmとしだいに浅水にするとよい．ただし強風や低温の際には，4cm程度の深水を数日続けて苗の保護と保温に努めるとよい．4cm程度の深水であれば活着や分げつ出現への影響は少ないが，第3葉の葉身が水面上に出ていることが重要である．

〔大江真道〕

機械による水稲の移植作業（平井宏昭原図）

4.3 かん水

作物の生体重のうち90％程度は水であり、光合成や呼吸などの代謝にも多くの水が必要である。このため、かん水は施肥とならぶ栽培の基礎技術とされている。

1. 手かん水

動力を使用せずに、ひしゃく、じょうろあるいはホースなどを使って人がかん水することを手かん水という。土壌の乾燥程度や作物の状態を人間が判断して、水量やかん水する部位などを決めるので、経験が要求される。しかし、機器を用いた自動かん水より散水量のムラがなく、植物に物理的障害を与えない。

1) かん水部位

作物に直接、水がかかるようにかん水することを地上かん水という。この方法は、短時間で多数の植物にかん水する場合や葉に水分を与えたい場合に有効である。しかし、苗のように植物体が軟弱なときは、流水圧によって葉や茎が物理的に傷つくこともある。また、流水が土壌を飛散させるので、土壌伝染性の病原体が存在すると、その伝染を促進させることがある。これらを防ぐためには、作物に直接水をかけずに地際部だけに水を与える表面かん水法を用いる。

2) かん水する時刻

普通、かん水は朝あるいは夕方に行う。夏期では、気温が上昇する日中にかん水すると土壌温度も上昇して、地下部に高温ストレスを与えることもある。また、冬期では、夕方にかん水すると、これが凍結して低温ストレスや凍結害の原因となる。夏は朝、冬は日中にかん水するようにし、午後遅くのかん水は、植物を軟弱にさせ、病害を誘発するので、避けるようにする。

3) 植木鉢、うねへのかん水法

植木鉢へのかん水は、鉢の上部に設けた2〜3割のスペースに水を満たし、底部から水がゆっくり流れ出すまで与える。なお、土壌が乾きすぎると土壌に割れ目ができ、これに沿って水が流れ出して植木鉢内に水が保持されないことがあるので注意する。

うねへのかん水は、主にうねかん水用のホースなどが使われる。流水によってうねが破壊されないよう注水量とかん水部位に注意する。土壌表面が十分に濡れていても、土壌中までは水分が達していないことが多い。不安な場合には、1日後に土を掘って水が到達した深さを確認することも必要である。うね間に水を溜めて、作物の根圏に水をしみ込ませるうね間かん水が行われる場合も多い。この場合、うね間の深さが一定で、水が均一に流れるように注意しなければならない。

地上かん水　　　地表かん水　　　地中かん水

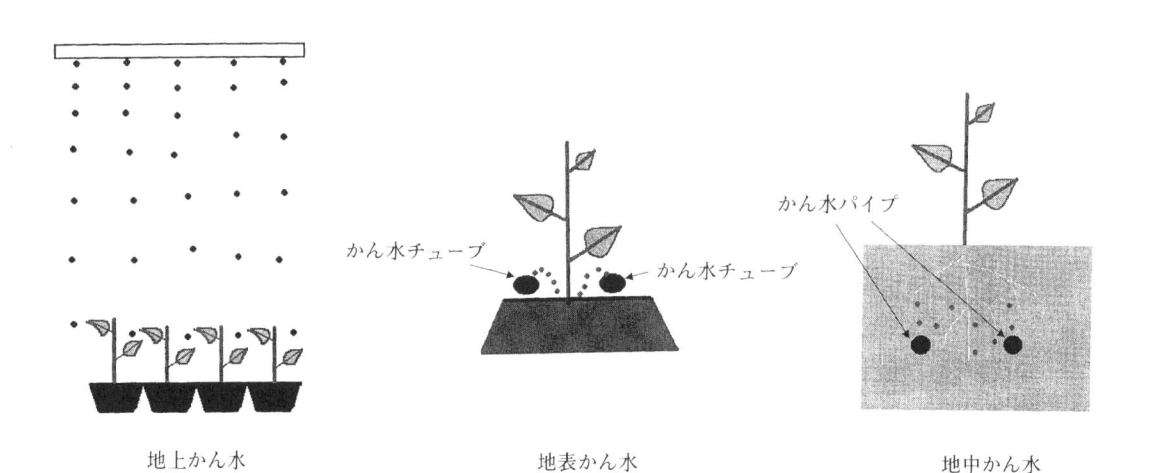

図4.21　パイプまたはチューブによるかん水

2. パイプまたはチューブかん水

機器を利用したかん水を自動かん水という．省力化が望めるが，機器に高い信頼度が要求される．かん水する場所によって，地上かん水，地表かん水および地中かん水に分けることができる（図4.21）．液肥を使用することでかん水と施肥を同時に行うことができる．

1) 地上かん水

かん水パイプなどを用いて植物の上方からかん水する方法をいう．かん水装置の構成が簡単なので，設備投資は少なくてすむが，作物の茎葉に直接水がかかるため，物理的な傷害を与えたり，病虫害を誘発したり，流水によって土壌が流亡する場合がある．ノズルの吐水量の調節などによって，これらの欠点は改良されつつある．露地栽培や公園では，スプリンクラーが利用されることもある．挿し木繁殖では，水と施設内の湿度を高く保つために，ミスト（細霧システム）が用いられる．また，苗生産では，自走式散水装置を用いて水だけでなく薬剤散布なども行われている．

2) 地表かん水

地際部に，かん水パイプやフィルム状のかん水チューブをはわせ，水道やポンプで圧力を加えた水を送り込み，貫通孔から少量の水を流出させることによって，土壌表面から水を与える方法をいう．マルチの下にかん水チューブを設置すれば，水の蒸発を防ぐことができるので節水効果が高く，土壌の流亡も防ぐことができる．しかし，土壌表面に設置されるため，ノズルが詰まりやすいので，こまめな維持管理が必要である．

3) 地中かん水

チューブやパイプを地中に埋設し，作物の根圏にかん水する方法をいう．土壌表面からの蒸発が少なく，節水効果も高い．しかし，設備投資が高くつき，過剰にかん水すると肥料が地下に向かって流れてしまうので注意する必要がある．また，地表かん水よりもノズルが詰まりやすいという欠点がある．なお，このかん水法は施設園芸だけでなく，公園やゴルフ場などでも利用されている．

（古川　一）

点滴かん水

乾燥地では，水を節約するために点滴かん水が行われる．水圧調節弁などにより0.2気圧程度の水圧に調節し，点滴かん水用のかん水チューブでかん水する．このかん水法では，水滴が落ちる地表部だけが湿り，大部分の地表面は乾いている．したがって，地表面からの蒸発による水の損失と塩類の地表面への集積が少ない．地中では，かん水された水が下に行くほど広がるので，小さい植物は水滴が落ちる点の近くに定植する．ただし，近過ぎると，植物の地際が加湿になって病気を誘発したり，塩が幼植物の根付近に集積して障害が出ることがある．

（小田雅行）

3. 底面かん水

鉢物生産において，大規模化と省力化に対応するため，鉢の底面から給水するかん水法の利用が近年増加している．底面かん水の方法は，培地を水に直接接触させて給水する方法と，水と培地の間の不織布など吸水性資材でできたひもやマットなどを介して給水する方法に大別される．前者の代表として，間断腰水給水法（エブ・アンド・フロー・システム），後者には底面マット給水法や底面ひも給水法があげられる．水の中に肥料を溶解させて施肥を兼ねる場合もあり，環境への栄養塩の排出をなくすことが可能である．

1) 間断腰水給水法

鉢の下部1/2から1/3を10～20分間水で浸し（腰水），その後排水することを1日当たり数回繰り返す（図4.22 A）．

2) 底面ひも給水法

不織布などの素材できたひもを鉢の底穴から培地中に挿入し，他端を鉢の下部に貯めた水中に垂らして，毛管現象によって給水させる（図4.22 B）．

3) 底面マット給水法

ベンチに不織布などの素材でできたマットを敷き，その上に鉢を置いて底穴から給水させる方法である．チューブなどでマットへ給水する方式（図4.22 C），樋などに貯めた水から毛管現象によって給水する方式（図4.22 D）がある．底穴部分での培地とマットの接触が不十分であると，給水不良となるので注意する．

1)では，排水後も鉢の下部に水分が滞留すること，2)および3)では乾湿の変化をつけることがむずかしいことから，過湿による障害を招きがちである．対策として，培地におがくずやもみがらなど粗大な材料を混合することにより，生育が良好となる．また，培地上部への塩類集積が，特に生育初期に起こりやすく，施肥管理についても上部からのかん水と比較して細心の注意が必要である．

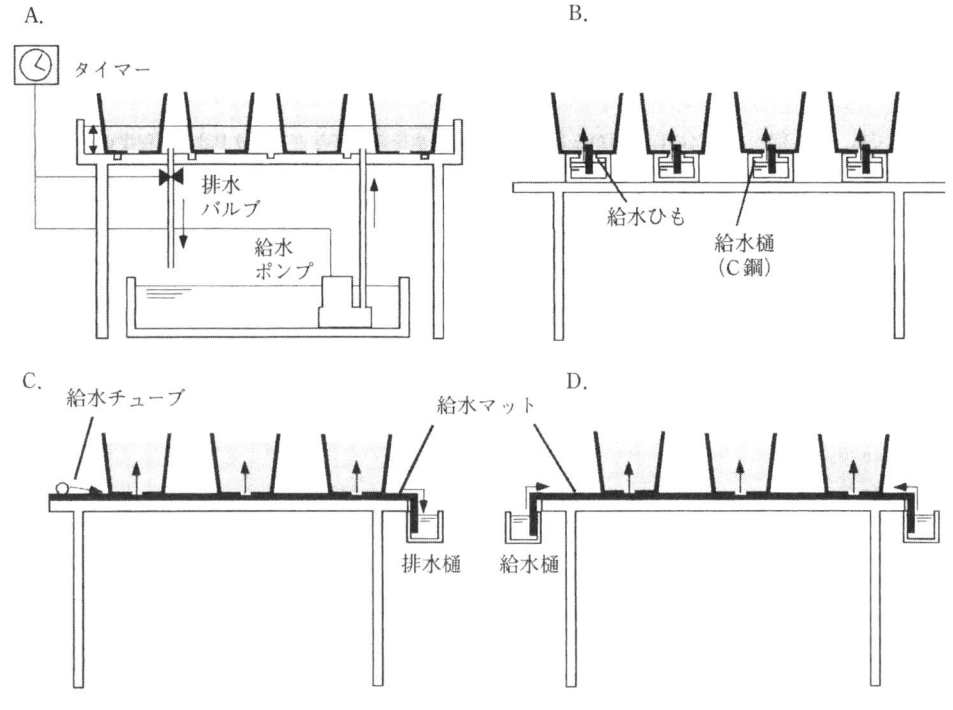

図4.22 各種の底面かん水法．矢印は水の移動を示す．

（稲本勝彦）

チューリップのうね間かん水

日本におけるチューリップの球根養成栽培は，日本海側の砂丘地や水田の裏作で行われる．チューリップは早春の発芽期以後，特に開花期以後の球根肥大時期（4月中旬～6月上旬）に多くの水分を要求する．一方，この時期は晴天が続くことが多く，乾燥状態となりやすい．したがって，水田裏作栽培では，20 cmと高めに作ったうね間にかんがい水を導入し，省力的かつ均一にかん水する方法がとられる（図4.23）．

種球として8～9 cm球を用意し，10月上旬に植え付ける（図4.24）．種球は，植付け前にベノミル剤で消毒し，条間14～15 cm，株間6～7 cm，深さは12 cm程度に植付ける．肥料は，窒素，リン酸，カリを10a当たりそれぞれ9 kg，12 kg，18 kg，緩効性のものを基肥として与える．

日本海側では，3月頃までは融雪水や降雨により過湿となりやすく，排水に努める必要があるが，それ以後はかん水が必要となってくる．かん水量は，生育時期，天候，土質により異なるが，pF 2.0程度となるようことが望ましい．うね高25 cm，水深10 cmとした場合，2～3時間程度通水することによりうねの中央まで透水するので，通水をやめて排水する．過度の通水は，根の障害や球根腐敗病の原因となり，茎葉の灰色かび病の発病もまねく．したがって，できれば通水する時刻を晴天時の早朝とすることにより，過湿の害を回避する．5月下旬からの多かん水は，球根の充実を妨げ，品質低下につながるため，地上部の枯れ上りとともにかん水を徐々に控える．

（稲本勝彦）

図4.23 チューリップのうね間かん水

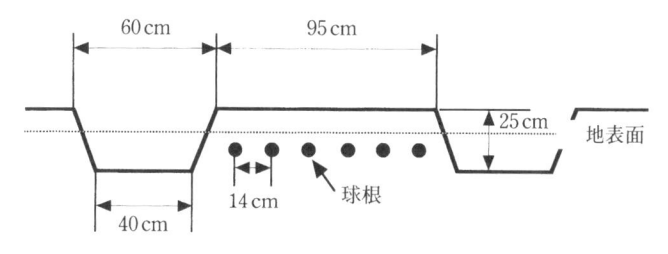

図4.24 チューリップ球根養成栽培のうねの形状

4. 水稲の水管理

　水稲栽培における水管理，すなわち，かん漑は生育に必要な水の供給，肥料養分の供給，温度調節（寒冷地における保温効果，暖地における降温）などの役割に加えて，さらに雑草や病虫害発生の抑制といった生育環境の改善効果をもつ．

1) 生育時期別の用水量

　水稲はその生育時期によって水の必要度が異なる．水を最も必要とする生育時期は穂ばらみ期，ついで活着期と出穂期である．分げつ期には少ない水量でよく，無効分げつ期には断水しても生育への影響が小さい．

2) 栽培期間中の水管理法

(1) **移植から活着期の水管理**：移植時は田植機が走りやすいように 1～2 cm の走り水とする．活着期は，晴天や強風による体内水分の蒸発予防と稲体の保温を目的に 5～7 cm の水深を維持し，活着の促進をはかる．なお，活着期の低水温は活着を遅らせることから，水温が低い地方では，移植直後の水温の上昇や用水温の上昇に留意しなければならない．

(2) **分げつ期の水管理**：活着後から有効分げつ決定期までは，3～5 cm の浅水として分げつの促進と，水温の上昇を図る．有効分げつ決定期以降，すなわち，無効分げつ期以降は中干しが行われる．中干しは，①窒素の吸収を抑制し，カリの吸収を大にしてイネの組織を強健にする，②無効分げつを抑制し，穂ぞろいや稔実をよくする，③土壌を酸化的に保ち，根の活力を増進する，④土壌を固めて倒伏を抑制する．中干しは，通常最高分げつ期を中心に有効分げつ決定期から幼穂形成期にかけて行われている．中干しの適期を出穂前日数で示すと，出穂前 40 日から 30 日くらいと考えてよい．一般に中干しの効果は，地力の高い水田，有機質肥料を多く施用した水田および湿田で大きいとされる．

(3) **幼穂形成期以降の水管理**：幼穂形成期以降，特に穂ばらみ期から出穂開花期にかけては生育期間中で最も多量の水を必要とする．この時期の水分不足は幼穂の発達不良や開花受精に障害をまねき，ひいては減収となることがあることから，水の供給には十分な注意を払うことが大切である．また，この時期は根の酸素要求度が高い時期にもあたり，十分量の水分供給に併せて，土壌中への十分量の酸素の供給も必要である．このために田干しと湛水を交互に繰り返す間断かん漑は効果的で，落水時まで行われる．

(4) **出穂後の落水時期の決定**：落水の時期は，理論的には登熟期の水稲の水分要求度と米粒の発達程度から判断する必要がある．水分要求度からは土壌水分が 80 % 程度に保たれていればよく，収量からは玄米の 1000 粒重が最大に達する時期が適期である．一般に寒地の早稲品種で出穂後 25 日，暖地の晩生品種で出穂後 30～35 日とされている．しかし実際には，栽培法，品種，登熟の状況，登熟期の天候，排水の良否，病害虫の発生状況などを併せて決定することになる．

3) 特別な水管理

(1) **暖　地**：水稲の生育に適したかん漑水温は 30 ℃程度とされているが，暖地では 40 ℃を超えることがある．水温が高いと土壌が還元的になり，根腐れを引き起こして秋落ちの原因となる．このような場合には，夜間の排水によって田面を露出させて地温を低下させたり，掛け流しかん漑を行うなどの方法をとる．

(2) **寒　地**：寒地ではかん漑水の温度が低く，イネの生育に障害が出ることがある．かん漑水温が低い場合には，①用水路を長くして遠回りさせ水温が上昇するようにする，②温水ため池や温水田をつくり水を暖めてからかん漑する（図 4.25），③水口を変更する，④分散板を用い水を充分に温めてからかん漑する，などの方法をとる．

(3) **冷害回避**：障害不稔発生の危険期にあたる減数分裂期が低温のときには，深水管理が効果的である．しかし，長期的な低温や日照不足の場合には用水の温度が上昇せず，期待する効果が得られない場合や，逆に被害を助長する場合もある．深水管理の効果を十分に発揮させるためには水温や水深，深水を開始する時期を十分に考慮する．

(4) **干ばつ害回避**：わが国は比較的降水量に恵まれているが，年次変動があり西日本では干害が発生することがある．干害の回避には貯水施設であるダムやため池の整備が必要であるのはいうまでもないが，

干害の多発地帯においては水を無駄にしないように，また，干ばつが予想される場合には計画的にかん漑水を利用する必要がある．干害に強い分げつ期には用水を節約し，干害に弱い幼穂形成期から出穂期にかけて十分にかん漑を行う方法を計画配水法と呼ぶ（表4.4）．この方法では，干ばつ時には用水量の必要程度の低い活着後は断水を行い，必要程度が高まる幼穂形成期からかん漑を再開し，減数分裂期には十分なかん漑を行う．

図4.25 温水ため池（東北大学農学部附属農場）

表4.4 水稲の節水を目的とした計画配水（河原の表より作成）

水稲の生育過程	用水の必要程度	計画配水の方法	
		用水のやや少ない時	用水の最も少ない時
活着期	最も必要	常時湛水	湛水または湿潤
1次分げつ期	必要	湿潤	断水
2次分げつ期	必要	湿潤	断水
最高分げつ期	ごく少量	断水	断水
幼穂形成期	最も必要	数回かん水	1・2回かん水
穂ばらみ期	最も必要	数回かん水	1・2回かん水
出穂開花期	必要	1・2回かん水または湿潤	湿潤
糊熟期	必要または必要少	湿潤または断水	断水
黄熟期	必要少	断水	断水
完熟期	必要ごく少	断水	断水

（大江真道）

4.4 中耕・培土・除草

作物の生育中に，ほ場の全面あるいはうね間をくわによる手作業やカルチベータによる機械作業によって耕起し，株元へ土を寄せる作業を中耕（intertillage）・培土（molding）という．この作業により雑草の発生が著しく抑えられ，また根系の発達が促進されることから作物の生育が旺盛となり，収量は増大する．

1. 中耕・培土の効果と実際

中耕は，雑草の発生を抑えるだけでなく，作土層の土壌をやわらかく雨水の浸透を促進し，かつ保水力を高める効果がある．その結果，根系の発達がよくなり干湿ストレスに対する作物の抵抗力を増すことができる．培土は，特に株元の雑草の発生を抑制する効果があるが，培土された部位からの不定根の発生を促進し，地際部の茎径を太くし，根系を発達させることによって倒伏を軽減し，養水分の吸収をよくする効果も認められている．また，マメ類では，土壌の通気性が高まることと根系が広がることから根粒の着生量や窒素固定活性が高くなる．

中耕・培土の作業の時期と方法は，作物や作付け様式によってさまざまである．一般には，生育初期に1回目の中耕を行い，その後雑草の発生に応じて開花期頃までに1〜2回の中耕を培土と同時に行う．くわを用いた手作業や歩行型の小型カルチベータを用いる場合には，比較的生育が進んでからでも作物を損傷することが少ないが，大・中規模畑などで乗用トラクター型カルチベーターを利用する場合には，作物への損傷が大きいので作業時期に注意を要する．作物によるが，耕深は5cm前後とし，株元に2〜3cm程度の細かい土が飛散するように行う（図4.26）．

作業の一例をあげると，ダイズでは，播種後20日目頃に子葉節位まで培土し，さらに開花期までに初生葉節位まで培土する．トウモロコシでは，草丈10cm程度の頃に1回目の中耕を行い，30cm頃までに2〜3回の中耕・培土をして倒伏を防ぐ．コムギでは，4〜5葉期から十分培土して分げつの発生を促進させる．ジャガイモでは，着らい期までに1〜2回中耕・培土するが，培土が深すぎると塊茎の肥大が悪くなる場合がある．サツマイモは初期生育が遅いので，それまでに繁茂した雑草による遮光を防ぐために，植え付け後1カ月以内に1〜2回の中耕を行う必要がある．

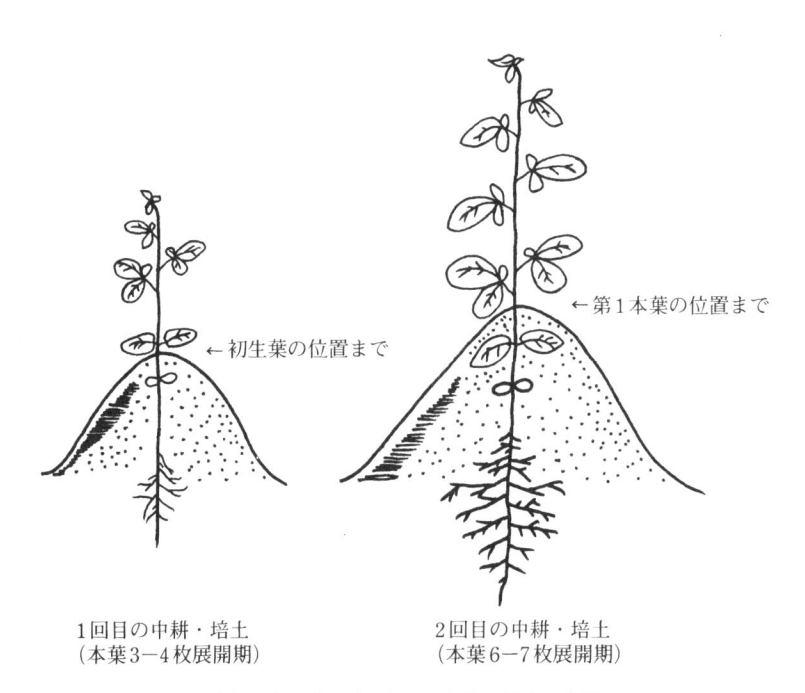

図4.26 ダイズにおける中耕・培土の実際

1回目の中耕・培土（本葉3-4枚展開期）　←初生葉の位置まで

2回目の中耕・培土（本葉6-7枚展開期）　←第1本葉の位置まで

2. 除 草

　土壌水分と温度は，ほ場に発生する雑草の種類や発生量を左右する重要な要因である．したがって，各ほ場において発生する雑草の種類やそれらの発生消長を水管理や作物の播種時期との関係から十分理解しておくことが雑草防除にとって重要である．除草（weeding）は一般に，上述の中耕・培土作業と除草剤（herbicide）の散布を組み合わせて行う．除草剤の使用に当たっては，1)優占雑草や強害雑草を対象に選定し，2)土壌に薬剤を散布する場合は土壌表面の乾湿条件に留意して土塊を砕土してから散布し（乾燥土壌で土塊が大きい場合は効果が劣る），3)薬害の発生に注意する．大・中規模畑では動力噴霧機を低圧にして使用するが，小規模畑では小型のスプレーヤを使用する．散布量の調整や噴口のつまりなどは使用前にチェックしておかなければならない．散布むらや重複散布に注意して行う．

　除草体系は，作物の種類や作付け様式によって異なるが，一般に播種後の土壌処理剤の散布，生育初期から開花期における複数回の中耕・培土，生育期における薬剤の散布（イネ科雑草への選択性の薬剤がある）などを組み合わせて行う．作業の一例をあげると，上述の中耕・培土作業に加えて，ダイズでは，播種後の土壌処理剤の散布と生育初期における選択性除草剤の散布，トウモロコシでは発芽前あるいは1〜2葉期に土壌処理剤を散布する．コムギでは，秋の耕起の際に土壌処理剤を散布すると効果的である．

〔大門弘幸〕

4.5 マルチング

マルチング（mulching, 地面被覆）またはマルチとは，土の表面をわら，刈草，プラスチックフィルムなどで覆うことを意味し，安価で極めて多方面の効果がある栽培技術である．わが国では，プラスチックフィルムによるマルチが最も一般的であり，通常は 0.02〜0.03 mm 厚の黒色ポリエチレンフィルムを用いる．

1. マルチングの効果

1）地温制御

冬季の栽培では，透明フィルムを用いることによって地温を高く保つことができる．透明フィルムでは，雑草が発生するので，作物種の選択や除草剤の併用が必要である．逆に，夏季の栽培では敷わら（図 4.27）や熱線反射（銀色）フィルムで地温を低く保てる．白色マルチも降温効果があり，銀色マルチよりも安価である．

図 4.27　敷わらによるマルチング（ナス）

2）雑草抑制

透明フィルム以外のマルチ資材の被覆によって雑草の発生を抑制でき，除草労力を節減できる．透明フィルムの場合でも，除草剤入りマルチがトマト，ニンジン，サトイモ，イチゴなどで利用されている．

3）土壌水分維持

マルチングは，土壌の乾燥と塩類の土壌表層への集積を防ぐ．土壌が乾燥しているときに耕うん・うねたてしてマルチすると，下層土との毛管が切れて水が上昇しにくいので，マルチ下の土壌がいつまでも乾燥したままになる．これを防止するためには，降雨またはかん水後 2〜4 日頃に耕うん・うね立て・マルチ作業を行う．土壌表面からの蒸発を抑制するためには，土壌表面をかく拌するソイルマルチ（soil mulch）も有効である．

4）肥料の流亡抑制

プラスチックフィルムによるマルチでは，降雨による肥料の流亡を抑制できる．その一方で，マルチ下への追肥は困難なため，生育後期の肥料が不足する場合がある．そこで，マルチングの前に緩行性肥料を施用したり，通路に追肥したりする．

5）害虫忌避

アブラムシが銀色フィルムによる太陽光の反射を忌避するので，この種の資材の利用によりウイルス病を抑制できる．

6）光合成促進

果樹栽培では，木の下に銀色フィルムを展張し，太陽の反射光を葉裏に当てて光合成や着色を促進する．カーネーション栽培などでも同様にして初期生育を促進させている．

7）泥はね抑制

マルチにより泥はねが抑制されて，病害の発生が抑制されるとともに，泥の付着による品質の低下を防止できる．レタスでは，うね間までマルチする全面マルチ栽培が行われるところもある．

8）水分，炭酸ガス補給

稲わらや麦わらによる敷わらは，微生物によってそれらが分解される過程で炭酸ガスを放出するので，施設内の炭酸ガス濃度を高く保つのに役立つ．また，これらの資材の吸排水性により施設内における空気湿度の変化を小さくする作用もある．

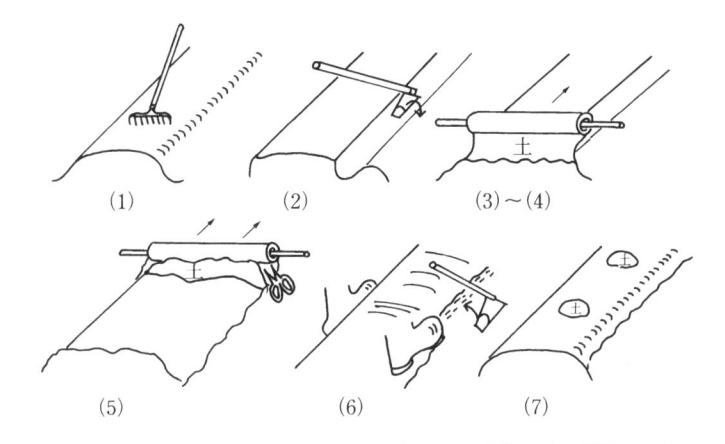

図4.28 フィルムによるマルチング.本文2.2 手順の項目番号と一致

2. マルチングの方法

フィルムマルチの仕方(図4.28)は,以下のとおりである.
1) 必要なもの:マルチ資材,くわ,レーキ,はさみなど
2) 手順
(1) うね立てし,床面の中央部がやや高くなるようにしつつ,表面をならす.
(2) 床の側面をできるだけ垂直に削り,削った土を通路中央に置く.
(3) 床の風上端においてマルチ用フィルムの端を土で埋める.
(4) マルチ用フィルムの巻物の芯に棒を挿して2人で持ち,床の反対側まで運ぶ.
(5) フィルムをピンと張ってから床端のフィルム上に土を置き,フィルムを切断する.
(6) 床の両側に作業者が立ち,それぞれが片足でフィルムを張りながら通路中央の土をフィルム側端にのせる.
(7) 風の強い畑では,床上の所々に土を置いてフィルムが風で飛ばされるのを防ぐ.
3) 注意事項
(1) 降雨またはかん水後2〜4日経過した頃が作業しやすい.
(2) 風の弱い日を選ぶ.午後になると風が出てくる場合が多い.
(3) フィルムを風下から展張すると,風を受けて作業が大変である.

(小田雅行)

4.6 支柱と誘引

マメ科やウリ科などのつる性植物や，つる性でなくても茎が伸びると地面に倒れたり垂れ下がったりする作物では支柱を立てて誘引する．支柱をすると，①整枝や収穫，薬剤散布などの作業がしやすくなる，②受光態勢が良くなり光合成を有効に行わせることができる，③通気性をよくして病虫害の発生を抑制する，④果実品質を高める，⑤栽植密度を高くでき，反収が上がる，などの効果がある．また，逆に支柱立てには，①労力がかかる，②資材が必要でコストがかかるなどの欠点がある．

1. 支柱用資材の種類

1) 支　柱

以前はほとんどの場合，竹を用いていたが，現在ではさまざまな支柱が市販されている．その中でよく使われるものには，鉄パイプに硬質塩化ビニルを被覆したもので，誘引したひもがずり落ちないように，竹の節のようなものを付けたり，突起を付けたものがある（図4.29）．

2) ネット

キュウリ，インゲンマメなどの誘引には，支柱ネットといわれるポリエチレン製のネットを用いる場合が多い．これは一般にキュウリネットと呼ばれている．網目の幅18もしくは24 cm，幅1.8（直立支柱用）〜4.8 m（アーケード支柱用），長さ18 mのものがよく用いられる．また，花卉栽培ではフラワーネットといわれる10〜25 cm角の網目のネットが用いられる．これは，葉ネギなどの栽培にも用いられ，ネットを水平に張って倒伏を防止する．

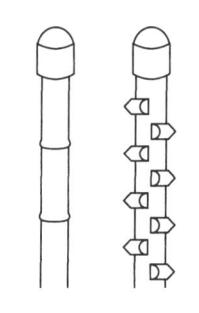

図4.29　市販されている支柱の例

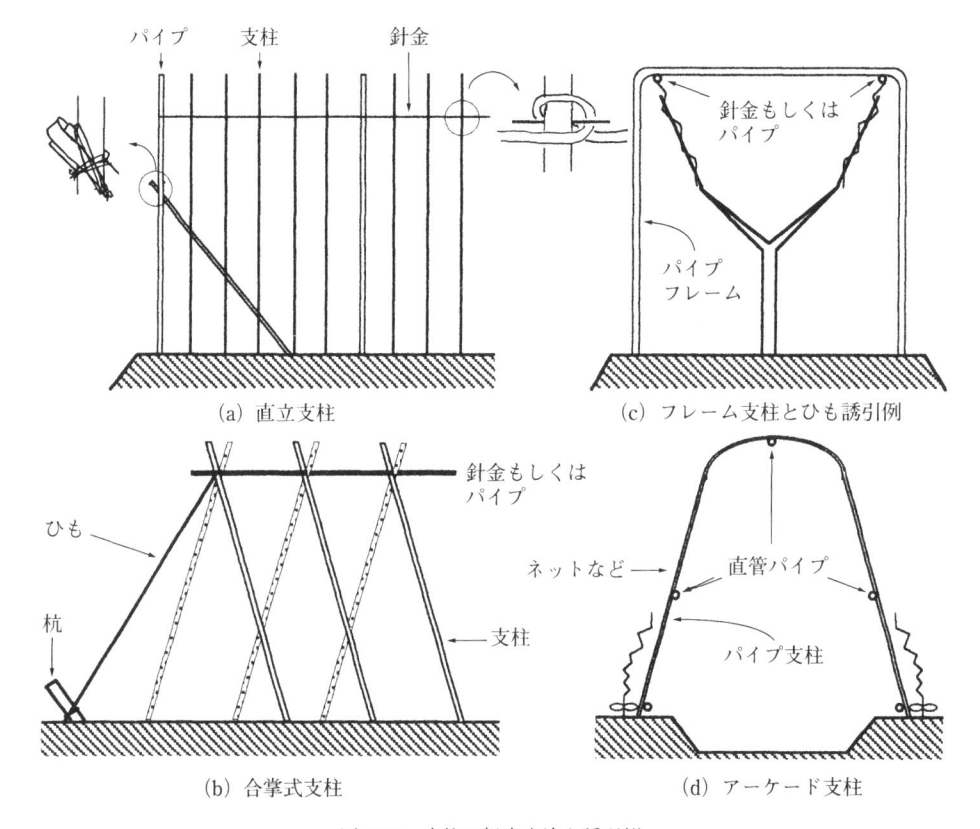

(a) 直立支柱
(b) 合掌式支柱
(c) フレーム支柱とひも誘引例
(d) アーケード支柱

図4.30　支柱の組立方法と誘引例

2. 支柱の組立て

支柱の仕方にはいくつかの方法があるが代表的なものを図4.30に示した.

1) 直立支柱

最もよく用いられる支柱で,簡単に組立てができる.しかし,風に対して弱く,倒伏しやすい.直径19mm程度の鉄パイプを約2m間隔で立てて,上部に針金を張り,支柱用の棒をくくりつける.支柱の組み立てに際しては,両端のパイプが内側に倒れないようにつっかえ棒をし,各支柱がぐらつかないように縛る(図参照).

2) 合掌式支柱

支柱を斜めに刺して向かい合う支柱が上部で合掌するよう縛って組立て,合掌部をパイプもしくは針金で連結する.内側に倒れないように,うねの両端部に杭を打ち,支柱上部から杭にひもを引っ張って縛る.直立支柱に比べ風に対して非常に強い.

3) フレーム支柱

四角いフレームを約2m間隔で立てて,針金もしくはパイプで連結する.枝やつるをひもで誘引する場合などに用いられる.

4) アーケード支柱

アーチ型支柱などとも呼ばれる.U字型のパイプを逆さに立てて,数カ所をパイプもしくは針金で連結する.主に,キュウリやインゲンマメのネット誘引に用いられる.果実がアーケードの内側に垂れ下がるので,見やすくて収穫しやすい.

3. 誘引方法

作物ごとにさまざまな誘引法が開発されているが,代表的なものをいくつか紹介する.

1) 支柱誘引

支柱にひもや誘引テープを用いて直接結び付ける方法で風の強い屋外でよく用いられる.生長にともない茎が肥大することを考慮して,指1本くらいの余裕をもたせて誘引する.八の字に誘引するとつるがずり落ちにくくてよい.また,省力化のために,市販の道具(図4.31)を利用して誘引テープで固定してもよい.

指1本分の隙間をあけて,8の字にしてくくる

ひも誘引時のパイプへのくくり方

誘引テープを利用する市販の誘引道具

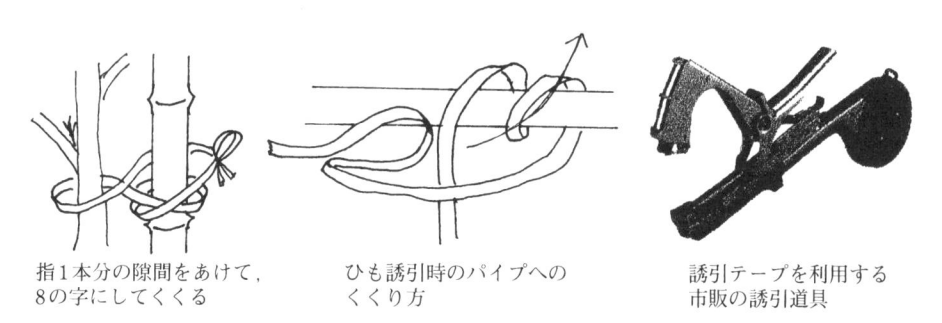

図4.31 誘引時のひものくくり方と市販の誘引道具

2) ひも誘引

植物体の茎に誘引ひもを巻き付けて上部に通した針金やパイプにくくりつけて誘引する方法である.支柱を使わないので資材費が少なくてすみ,栽培終了後はひもごと植物体を片づけることができ,手間が省ける.また,トマトの長段栽培でのつる下ろし栽培など施設内での誘引によく利用されている.しかし,風に弱く屋外では利用できない.

3) ネット誘引

前述のようにキュウリやインゲンマメの誘引に一般に用いられている.直立支柱やアーケード支柱にネットを張って利用する.使用時にはネットの両端部に針金を通して展張する.

(和田光生)

4.7 仕立て方と整枝・せん定

1. 果樹の仕立て方と整枝・せん定

1）整枝・せん定の目的

せん定（pruning）とは枝を切ることであり，整枝（training）とはせん定や，枝の誘引，ねん枝，環状はく皮，芽傷，芽かきなどの技術を駆使して枝を計画的に配置し，受光態勢，風通しを改善して，健康で果実生産性が高く管理のしやすい樹体をつくることをいう．整枝・せん定を施さないと，①枝の空間的配置が非効率になり，果実生産性や作業性が低下する，②枝が込み合って日当たりや風通しが悪く，病虫害が発生しやすい，③枝の折損を生じやすく自然災害を被りやすい，④隔年結果が顕著になる，⑤結果枝・結果母枝が不ぞろいで果実品質のばらつきが大きくなるなどの特徴があらわれる．このような果実の生産低下につながる欠点を改善して，①果実品質を高め，②隔年結果を防いで安定生産を図り，③樹の寿命を長く保つために骨格となる枝と着果させる枝を合理的に配置することが整枝・せん定の目的である．

2）果樹の樹形

栽培果樹は，少数の太く堅固な骨格枝（主幹，主枝）からやや細い亜骨格枝（亜主枝）を分枝させ，さらにそこに細い果実生産枝（結果枝，結果母枝）を配置する樹形をとることが多い（図4.32）．主枝は上から見て対称形あるいは放射状に，隣り合う亜主枝および側枝は平行に配置されるのが合理的である．

栽培樹の整枝法を大別すれば次のようになる（図4.33）．

（1）**主幹形**：主幹を中央に直立させた紡錘形の樹形で，樹勢を強く維持できるので樹高を早くかせぐのに適し，リンゴ，カキ，クリなどでは若木の間この樹形が採用される．樹冠の平面的な拡がりに欠け，主枝が重なって受光条件が悪化しやすい．また，樹高が高くなりすぎると作業性が低下するので，適当な時期に変則主幹形や開心形に移行する．樹勢が弱いリンゴやモモの矮性台木樹には樹勢維持のため主幹形が採用されており，幹から直接側枝あるいは短い亜主枝を配置するスレンダースピンドル形（細形紡錘形）がとられる．

（2）**変則主幹形**：主幹形の心枝を2～3 mの位置で切除して数本の主枝を斜立させる樹形で，比較的樹高は高くなるが，受光条件や風通しは主幹形より改善され，リンゴ，カキ，クリ，オウトウなどの樹勢をおちつかせるのに適している．

（3）**開心自然形**：主幹を60～90 cmとし，主枝を変則主幹形より寝かせてつくる樹形で，主枝，亜主枝を重なり合わないように配置することができ，受光態勢としては合理的である．骨格枝を開帳させても樹勢を調

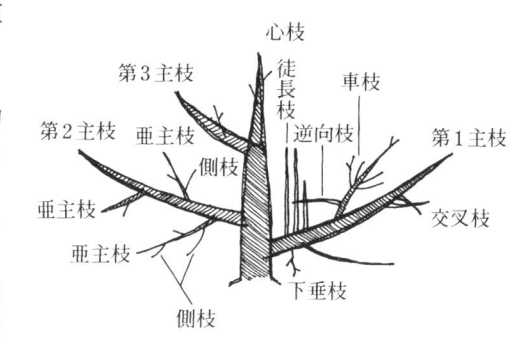

図4.32 樹の構造と枝の名称．

図4.33 果樹の主な樹形．
主幹形　スレンダースピンドル　変則主幹形　開心自然形　杯状形

節しやすいモモ，スモモ，ウメ，リンゴ，カンキツ類などで採用される．
（4）杯状形：主幹を40～50 cmとして主枝を深く寝かせる樹形で，樹冠全体に光線が入るため受光条件は最もよい．樹冠の垂直方向の厚みがなく結果量が少なくなるのと，背面部から直立する徒長枝の管理が難しい．かつてはモモなどでよく見られた．
（5）棚仕立て：ブドウ，キウイフルーツなどのつる性果樹の栽培には樹体支持用施設が用いられる．わが国ではナシでも落果防止のために棚栽培が行われている．
①ブドウの棚仕立て：主枝，亜主枝，側枝を骨格とし，側枝上に長い結果母枝をつける長梢せん定仕立てと主枝上に1～2芽の短い結果母枝を直接配置する短梢せん定仕立てがある（図4.34）．（i）X形整枝：長梢せん定による代表的樹形で，正方形の棚面の対角線の位置に4本の主枝が放射状に配置され，亜主枝，側枝，結果母枝を左右交互に置いて棚面を埋める仕立て方で，計画性と整枝技術を要するが，樹勢調節が容易で，特に樹勢が強く花振いしやすい品種には適している．（ii）平行形整枝：主枝を直線的，平行的に伸ばした主枝上に，1～2節の短い結果母枝（短梢せん定）を左右交互かつ等間隔に配置し，そこから結果枝を平行に出させる．せん定を機械的に行うことができるので手間がかからず，また，各結果枝の樹勢を一定化しやすいという長所がある．
②ナシの棚仕立て：主幹から分岐した3～4本の主枝を斜立させ，棚面に達したところからは主枝を水平にはわせる．主枝上には亜主枝を左右交互になど間隔で配置する．主幹の直立部の長い関東式，主幹の短い関西式，さらに主幹を短くした杯状形（桃沢式）などがある（図4.35）．

3）整枝・せん定の時期

落葉果樹では主たる整枝・せん定は休眠期にあたる冬季に行う．この時期には，前シーズンの生育期に生産された養分が地下部や太い枝などの貯蔵部位に移行して蓄積されているので，細い枝のせん除による養分的損失が少なく，骨格の改造や結果部位の構成を集中的かつ比較的自由に行うことができる．常緑果樹ではその果樹の年間の生育パターンによりせん定時期は異なり，カンキツ類では，厳冬期を過ぎ

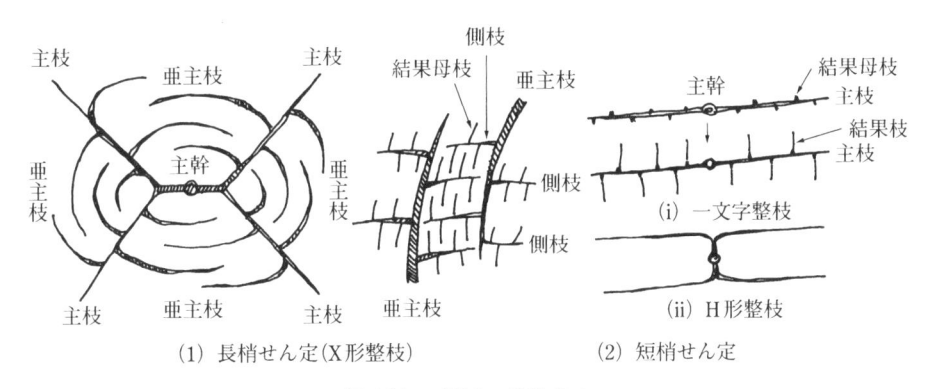

図4.34 ブドウの棚仕立て．

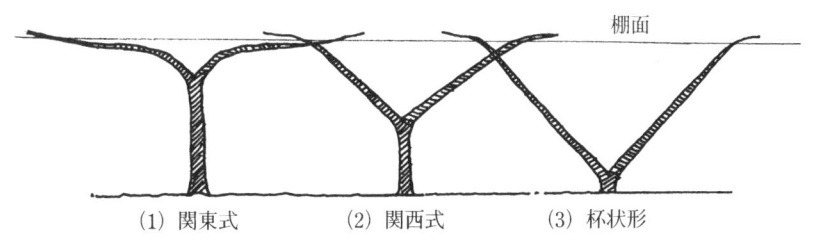

図4.35 ナシの棚仕立て．

(1) 強いせん定　　　　　　　　　　　　(2) 弱いせん定

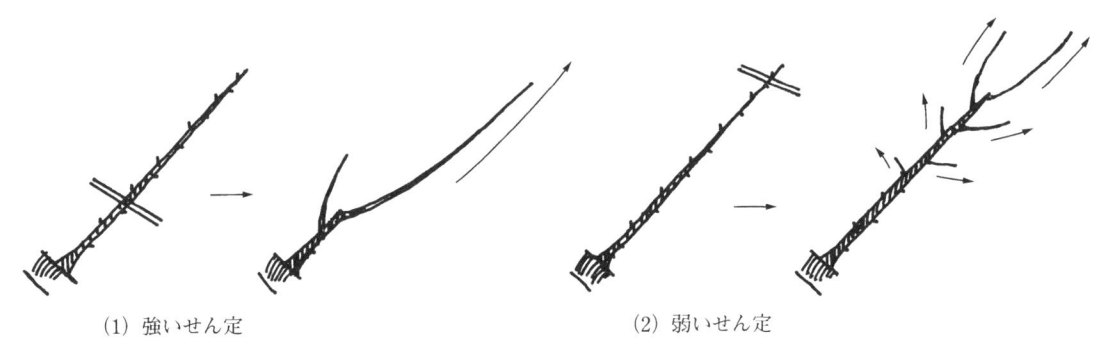

図 4.36　強せん定と弱せん定.

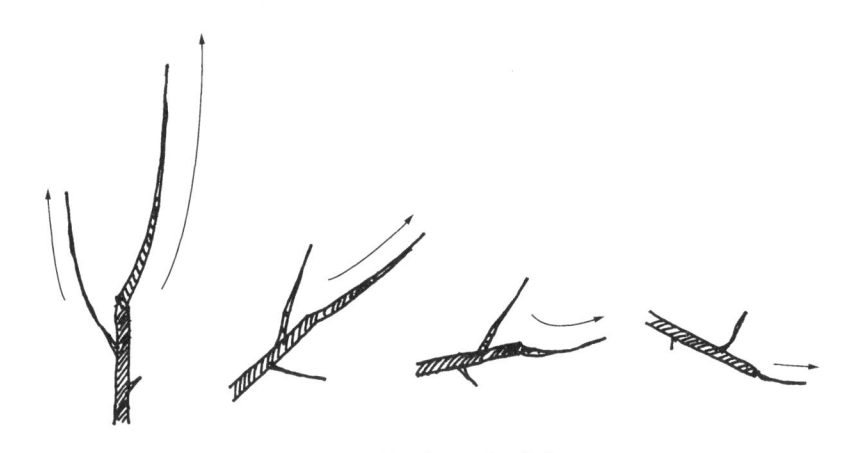

図 4.37　枝の向きと芽の勢力.

た2～3月のせん定を主体として，秋季に夏秋梢の切り戻しを交える．冬に開花するビワでは，花芽分化の終わった8～9月がせん定適期となる．

　夏季せん定（summer pruning）は，徒長枝や混みすぎた枝の切除によって日当たりや風通しを改善し，着生している果実の品質向上や病虫害の発生防止などに有効である．また，矮化栽培における適度な夏季せん定は冬季せん定の補助手段として効果的である．枝葉の最も盛んな活動期に光合成器官をせん除するので，強すぎる夏季せん定を行うと，養分蓄積を大きく減少させ，樹勢が過度に損なわれたり，芽の充実が悪くなるなどの弊害が生じる．夏季せん定とともに，誘引，捻枝，環状はく皮などを組み合わせて整枝を行うのがよい．

4）整枝・せん定の考え方

(1) せん定の影響：枝を切除して芽の数を減らしたとき，残された芽には次のような影響があらわれる．① 残された芽が少ない（強せん定）ほど勢いの強い枝が発生する（図4.36）．② 若返りの徴候があらわれ，成熟・老化は遅延する．③ 栄養生長が強まり花芽分化は阻害される．また，樹全体としては，④ せん定によって切り取られた部分に貯蔵されていた養分が失われる．ただし，光合成に関わらない無効な枝が除かれる時には養分の消費が少なくなり，その結果，生産効率が高まる．⑤ 光合成器官が失われる分，同化産物の生産が減少する．ただし，日当たりが改善されるという点では同化産物の生産性が向上する．

(2) 枝の生長力：適切な整枝・せん定を行うためには，それぞれの枝や芽がどの程度の勢いをもつかを把握し，生長量を的確に予見することが必要である．枝の生長力は種によって異なるが，概観すれば次のようなことがいえる．① 一般に枝が太いほど養水分の通導に優れるから，太い枝ほど占有容積を拡大する勢いが強い．また，太い枝に着生した芽から発生する枝ほど強勢である．② 直立した枝ほど強勢で，斜立枝，水平枝，下垂枝の順に勢いは弱まる（図4.37）．② 枝が直線状であるほど勢いが強く，屈曲する

と勢力は弱まる．④活発に生長する芽は，その下位の側芽の生長を抑制する働きがあり（頂芽優勢），勢いの強い枝ほど側芽の生長が阻害され分枝数も少ない（図4.38）．⑤枝の上面にある芽より発生した枝は強く，下面より発生した枝は弱い．⑥日当たりのよい枝ほどよく肥大して，充実した芽を着生する．

(3) **切り戻しせん定と間引きせん定**：枝の途中で切断して枝の長さを短くすることを切り戻しあるいは切り返しという．これに対して，枝の基部から切断して枝全体を取り払うことを間引きという（図4.39）．切り戻しを行うと枝の残された部分の芽に勢力が集中し，間引きせん定を行うと切除した枝の勢力が付近の枝に比較的おだやかに分散する傾向がある．

(4) **枝の勢力差**：樹の構造としては，主幹－主枝－亜主枝－側枝－結果枝・結果母枝の順に徐々に細く弱くなるのがよく，また，先端から分枝する枝は短くまとまり基部に近づくにつれて大きな枝が分枝して，枝の形が全体として二等辺三角形をなすのがよい（図4.40）．各枝がこのように配置されたとき，空間的配置が最も効率的で生産のバランスがよく，また，毎年の整枝・せん定も容易になる．逆に，枝の勢力の逆転や枝の位置関係の乱れを放置していると，近い将来，必ず大枝同士が混みあって強いせん除を行わざるを得なくなり，バランスの回復が難しくなる．

(5) **枝の分枝角度**：親枝から子枝を分枝させる場合，分枝角

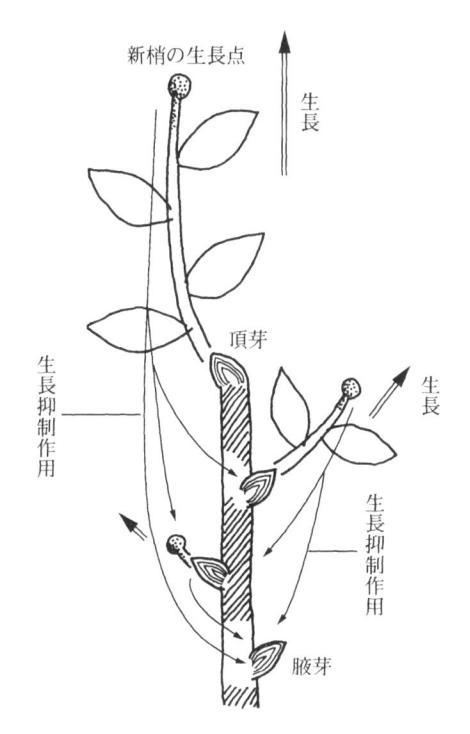

図4.38 頂芽優勢.

(1) 切り戻しせん定　　(2) 間引きせん定

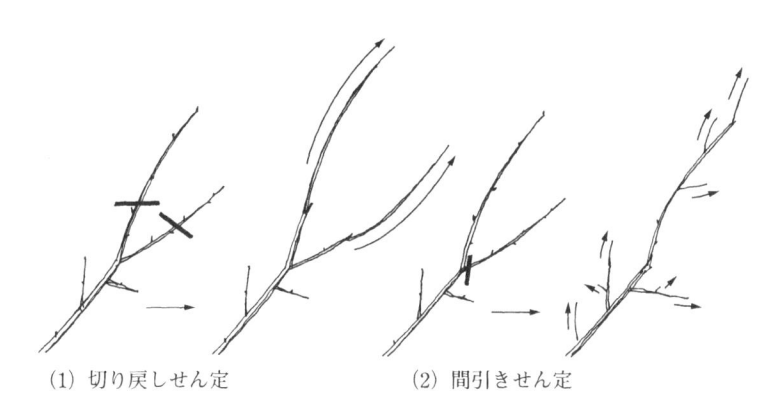

図4.39 切り戻しせん定と間引き剪定の影響.

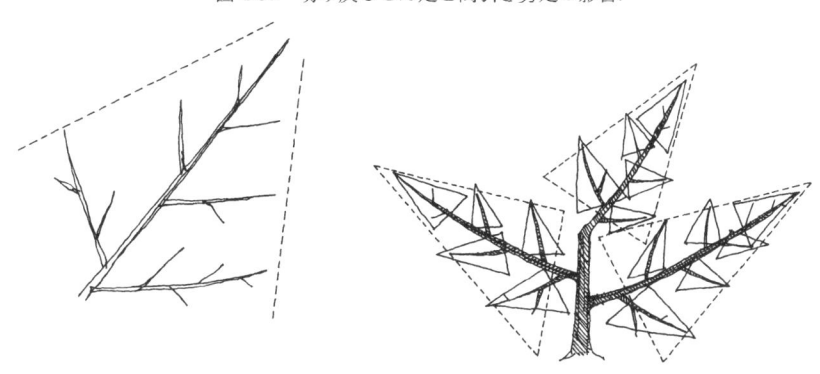

図4.40 バランスのよい枝の配置.

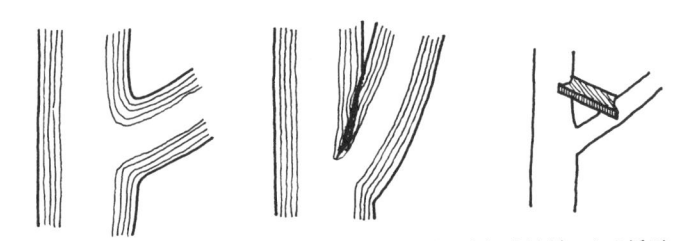

(1) 広い分枝角度の分岐　(2) 狭い分枝角度の分岐　(3) 支持材による矯正

図4.41　枝の分枝角度と分岐部の内部.

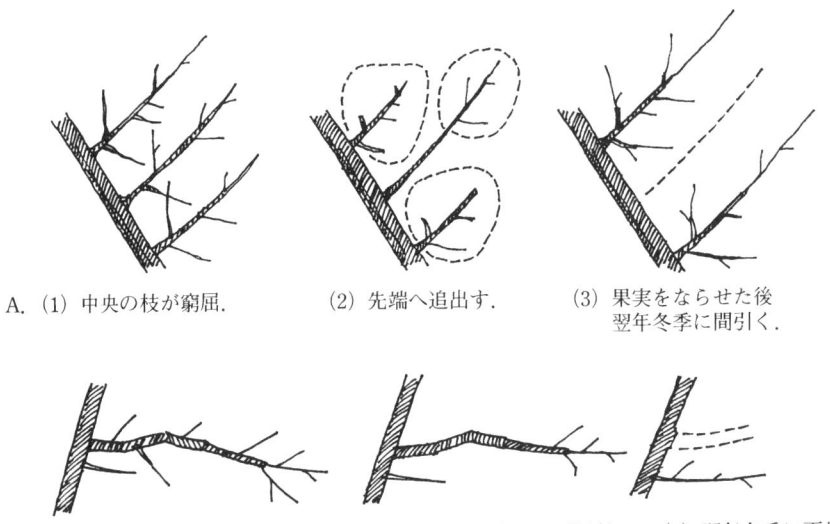

A. (1) 中央の枝が窮屈.　(2) 先端へ追出す.　(3) 果実をならせた後翌年冬季に間引く.

B. (1) 長すぎる側枝の更新を考える．(2) 先端へ追出し，更新枝への日当たりを良くする．(3) 翌年冬季に更新.

図4.42　2年間にわたる計画的せん定の例.

度を広くするほうが通導路の屈曲によって子枝の勢力が抑えられるから両者間に勢力差がつき，枝の構成上好都合である．また，分枝角度が狭すぎる場合には，肥大とともに樹皮部が内部に巻き込まれ，その部分では組織が連絡されないので構造的に分岐部が裂開しやすくなる（図4.41）．

5）整枝・せん定の進め方

　樹の混みすぎた園では日当たり，通風，作業効率が悪く，また，強せん定→結実量の低下→徒長枝の発生→強せん定という悪循環に陥りやすい．①縮伐・間伐：樹の混み具合を見て栽植本数を再検討し，必要ならば整枝・せん定に先立って縮間伐を行う．②個々の樹のせん定方針の決定：樹冠の予定占有容積を考慮しつつ，樹のどの部分が混みすぎており，どの部分の空間が空いているかを十分に観察して全体の方針を決める．邪魔な枝がある場合にも，その年にすぐ切るのか，あるいは翌年果実を収穫して勢力を奪ってから切るのかを考える（図4.42）．③骨格枝の改造：必要に応じて骨格枝の切り詰めや先端の切り替えを行う．④大きな枝の間引き：のこぎりによる作業を主体として，長年使用して大きくなりすぎたり窮屈になった側枝を間引き，太い徒長枝の除去を行う．⑤小さな枝の間引き：せん定ばさみによる作業を主体として，間隔の詰まりすぎている側枝・結果枝，徒長しそうな発育枝を間引く．枯れ枝，病枝，前年のせん定後の枯込み部などもこまめに除去する．⑥枝の切り戻し：結果枝の芽数の調整，予備枝の育成のための切り戻しせん定を行う．

〔尾形凡生〕

2. 野菜の仕立て方と整枝・せん定

すべての花を結実させると，養水分の競合がおこり，商品価値の高い果実が生産できない．また，茎葉による相互遮へいによって光透過率が低下すると，光合成の絶対量が減少して，茎葉や果実の発育が阻害される．さらに，葉や枝の過繁茂は，通気を悪くして病害虫の活動を盛んにしたり，農薬散布や果実収穫の作業効率を低下させたりする．このため，野菜栽培においても，整枝は不可欠な技術である．

1) 仕立て方と整枝

主に主枝だけを伸長させて果実を着果させる方法を1本仕立てといい，主茎あるいは側枝を2本，3本，4本と複数伸長させて着果させる方法を，それぞれ2本仕立て，3本仕立て，4本仕立てという．また，摘心や誘引など仕立て方に関する一連の作業を整枝という．

2) 仕立て方・整枝と着果習性

作物によって，主枝・側枝に両性花あるいは雌花が着性する位置は決まっており，これを着果習性という．仕立て方あるいは整枝法は，この着果習性によって決定される．

(1) **ナス科野菜**：ナス科野菜には，支柱や誘引によって立体的に栽培されるものが多い．トマトでは，3葉ごとに花序を頂生しそのえき芽が伸長するので，3葉ごとに主枝に花序が着生するようにみえる．このため，普通，1本仕立てにする（図4.43 A）．ナスでは，同様に2葉ごとに主枝に両性花を着生する．主茎の8節ぐらいから側枝を3，4本伸長させて3本あるいは4本仕立てにして果数をふやす（図4.43 B）．ピーマンも放任すると収量がおちるため，側枝を伸長させて3本あるいは4本仕立てとする．

(2) **ウリ科野菜**：ウリ科野菜には，露地では地面をはわせるものが多いが，施設内では立体栽培することが多い．例えば，キュウリでは，主枝・側枝とも雌花が着花するので，主枝だけの1本仕立てとするか側枝を2節残して摘心した1本仕立てにする．また，ネットメロンでは，側枝の第1節目に両性花が着生するので，第10側枝から第15側枝に着果させる1本仕立てにする．スイカやカボチャは，主茎・側枝とも雌花が着果するので，主枝の5～6節目で摘心し，側枝を2～4本地上面にはわせて伸長させる2～4本仕立てにして果数を増やす（図4.43 C）．

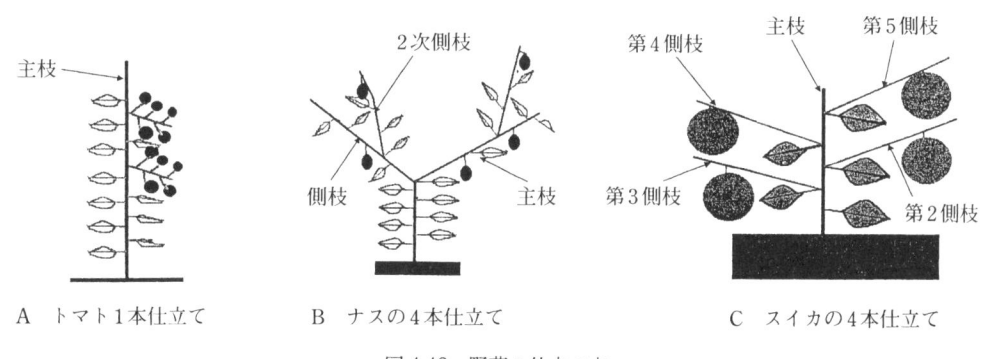

A　トマト1本仕立て　　B　ナスの4本仕立て　　C　スイカの4本仕立て

図4.43　野菜の仕立て方．

（古川　一）

3. 観賞植物の仕立て方と整枝・せん定

観賞植物では，高生産性を達成できるよう，かつ望ましい草姿となるよう，頂芽優勢や部位間の競合を人為的かつ物理的に制御することで，分枝数や花数を変えたり，空間的な配置を修正することを仕立てるといい，その手段として整枝（training）・せん定（pruning）がある．

1）整枝・せん定の方法

（1）摘 心（pinching）：頂芽を除去することで頂芽優勢を崩し，側枝（lateral shoot）の発生を促すことを目的として行われる．切り花では収穫本数を増やしたり収穫時期を調節することが，鉢物では分枝数を増やしてボリュームを確保することが摘心の主たる目的である．通常数枚の本葉が展開してから行われ，発生した側枝を再摘心することもある．

（2）芽揃え：摘心後，あるいは自然に発生してきたシュートや芽を，望ましい位置で，望ましい生育段階のものを，必要な数だけ残すことを芽揃えと呼ぶ．これは，発生するシュートをすべて生長させた場合に空間的に混み合い，草姿が乱れたり，品質が低下することを防止すると同時に，シュートや花芽の生育段階を揃えるという目的をもつ．

（3）芽かき・摘らい（disbudding）：切り花では，しばしば収穫対象のシュートより高次の側枝あるいはそこに着生する花芽が頂芽（頂花）の生育を抑え，草姿を乱す原因となる．そこで，これらの側枝や花らいをなるべく早く除去することが必要である．特に，輪ギク，スタンダードタイプのカーネーションやバラでは，この作業は必須で，多大な労力を要する．一方，トルコギキョウやスプレーカーネーションなどの多花性の切り花では，小花の開花を揃えるため，最も生育の進んだ小花（頂花）が発達した段階で摘除される．

（4）葉かき（defoliation）：通常は，枯れた葉を除去する程度であるが，そのままにしておくと葉が混み合って切り花の生産性が低下するようなガーベラやアルストロメリアでは，まだ健全な葉やシュートを積極的に摘除する．

（5）切り戻し（cut back）：春まき一・二年草や多年生花卉においては，一度開花盛期を迎えた後の株を強く切り戻して再びシュートを発生させる．花壇植えのアリッサム，ペチュニア，ストックなどでは，切り戻しにより二度目の開花盛期（cut-and-come-again）をつくり出すことができる．トルコギキョウ，デルフィニウムなどでは，収穫後に残されたシュートを地際部まで切り戻して2番花となる新しいシュートの発生を促す．

（6）せん定：（1）～（5）はいずれも一種のせん定であるが，枝を切るという意味での狭義のせん定は，花木類や庭木で行われる．花木類では生産性を最大限に発揮できるような草姿をつくり出すことに主眼が置かれ，せん定の時期，強度，方法などもそれによって決まる．一方，庭木の場合には樹形をいかに維持するかが主たる関心事である．庭木の場合，冬季せん定が一般的であるが，花木では，次季の開花枝の確保にも十分な配慮が必要で，通常は開花直後で新梢に花芽が分化する前にせん定を完了しなくてはならない．

（7）誘 引：生育中にシュートの倒伏が起こるといわゆる腰折れ状態となって，茎が曲がり十分な長さの切り花が得られない．そこで多くの切り花では，ネットを何重かに張って，シュートの伸長とともにずらし上げて支持していく方法が採用されている．また，グロリオサ，スイトピーなどのつる性の切り花に対しては，ネットを垂直に張ったり，紐や糸で誘引して基部を徐々にねかせていく方法がとられる．鉢物における誘引は，倒伏を防止する以外に，草姿を整える目的が大である．鉢物では誘引に支柱（suppurt pole）を用いることが多く，それに枝や花茎を固定していく．鉢物の特殊な整枝法の事例としては，つる性植物のあんどん仕立てやキクの懸がい仕立てなどがある．

2）仕立て方の事例

（1）バラの切り花生産における整枝法：まず，苗を植え付けて摘心を数回繰り返し，茎葉量を確保する．当初未熟枝の先端を摘心する（ソフトピンチ）が，かわりに枝を折り曲げても側枝の発生が起こる．太いベーサルシュート（basal shoot）が発生したら，成熟を図った上で最上位の5枚葉の位置で熟枝摘心（ハードピンチ）する．不要な芽をかき，数回熟枝摘心を繰り返して骨格となる枝張りをつくり上げたうえで収穫を開始する．同時に15～20cm角，幅60cmのネットを数段に張って誘引の準備をする．慣行法では

秋から翌春まで連続して収穫し，収穫と同時にせん定を行う方法が採用されている．すなわち，収穫時に基部の5枚葉2枚を残して収穫し，その葉えきから発生するシュートを次の収穫枝とする．当然，この間のシュート数は株の状態や発生数に応じて調節し，収穫枝のえき芽除去も行う．また，発生してくるベイサルシュートは，新しい骨格として仕立てていく．この整枝法では，収穫位置が徐々に上がっていくので，夏季せん定（summer pruning）によって枝を60 cm程度にまで切り戻し，同時に折り曲げ誘引することで，秋の再生長に備える．

一方，バラではロックウール耕が普及しており，それとともにアーチング（arching）法と呼ばれる仕立て方が広く採用されている（図4.44）．アーチング法は，光合成を行わせる枝と収穫する枝を分け，弱いシュートはすべて株元で折り曲げて光合成シュートとし，その近辺から発生する強いベーサルシュートのみを伸ばして収穫するという仕立て方である．

(2) シンビジウム鉢物の仕立て方：シンビジウムは，通常メリクロン苗から栽培がスタートする．この苗の生育を長期間維持し，それから2本のシュートを発生させて花芽を着生させる1−2仕立てや，まず1本に制限し，それからリードバルブを2本発生させ，各2本ずつ花茎を着生させる1−1−2仕立て，あるいはその変形である1−2−3仕立てといった仕立て方が芽揃えを基本として行われる（図4.45）．各リードバルブからはなるべく同時期に発生した花芽を2本ずつ残し，伸長に応じて支柱に誘引していく．

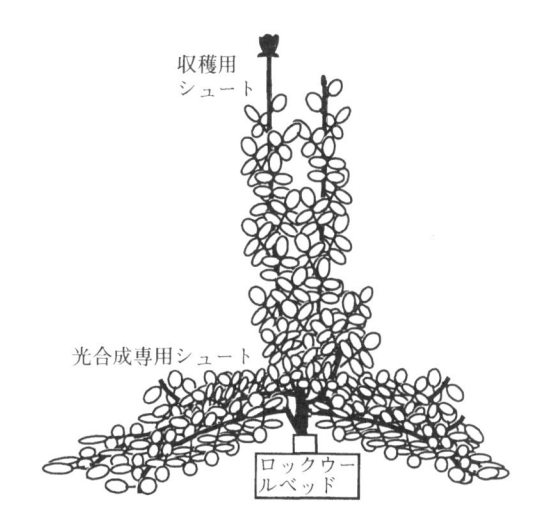

図4.44　バラのアーチング仕立て．

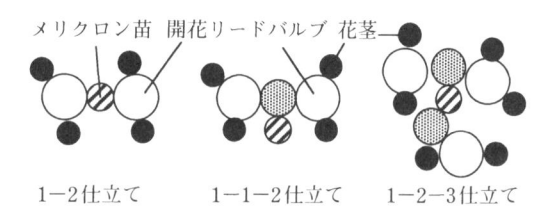

図4.45　シンビジウム鉢物の標準的な仕立て方．

（土井元章）

アーチング仕立て（土井元章原図）

4.8 人工受粉

　果樹や果菜類などの果実は，種子が形成されないと結実しないものが多い．また，1果実内の種子数が少なかったり，入り方が片寄っていると，果実の肥大低下や変形を引き起こして品質低下を招く．果樹や果菜類の花は大部分が虫媒花であり，開花期が低温であったり，施設栽培で，病害虫防除の農薬散布により訪花昆虫が減少している場合には，昆虫受粉のみでの結実の安定は望めないため，人工受粉が必要となる．加えて，自家不和合性あるいは他家不和合性（交配不和合性）を示すもの（ナシ，リンゴなど），健全花粉を持たないもの（一部のモモ品種など），雌雄異花あるいは雄雌異株のもの（カキ，キウイフルーツなど）などの果樹では，結実を安定させるために人工受粉を行う．また，自家和合性のものでも，花芽分化期の異常気温などにより花器の発達が不良な場合には，人工受粉が必要となる．なお，果菜類で人工受粉が行われているのは，スイカ，メロン，トマトなど一部のものにすぎず，施設に訪花昆虫を放ったり，ホルモン処理を行ったりして，この問題の解決を図っている．

1. 人工受粉の方法

　人工授粉には，①健全花粉のある品種の開やく時の花を摘み取り，直接花と花を合わせる方法，②解約した花から直接指，綿棒，筆，毛ばたきなどに花粉を付着させ受粉する方法，③あらかじめ採取しておいた花粉を使用して受粉する方法などがある（図4.46，花粉の採取についてはBox参照）．

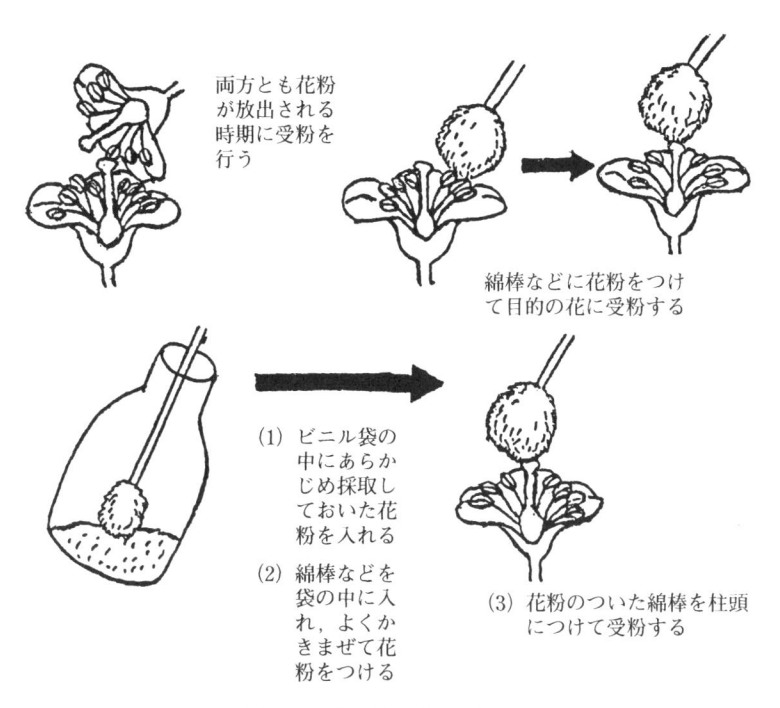

図4.46　主な人工受粉の方法．

2. 人工授粉の適期

　開花期の天候や植物の種類，栄養状態にもよるが，一般に雌ずいの受精能力は開花直後から3, 4日後ころまでが高い．多数の花が着生する植物では，各花の開花時期は斉一でない場合が多いので，受粉回数は満開期を中心に3～4回行う．

3. 人工授粉の留意点

綿棒などに花粉をつけて受粉する場合，柱頭上の粘液が付着するとべたついてくるので，それらの器具は数本用意しておき，こまめに交換する．

貯蔵花粉を用いるときは，結露を防止するため，使用する2～3日前に容器ごと冷蔵庫から取り出し，容器が室温になるまで開封せずに1～2時間放置する．その後室内に薄く広げておき，吸湿させて発芽率を高める．なお，使用前に発芽率の検定を行い，花粉稔性をチェックする．

4. 花粉希釈剤と受粉器

人工受粉を効率的かつ経済的に行うには，花粉希釈剤（増量剤）を用い，受粉器（図4.47）を利用するとよい．花粉希釈剤には石松子（ヒカゲノカズラの胞子），ジャガイモデンプン，粉乳などが利用されており，花粉の数倍～数十倍量を用いて希釈する．

図4.47 受粉器.

花粉の採取と貯蔵法

花粉は室温では数日程度の寿命しかないが，乾燥させた後に冷蔵庫で貯蔵すれば，1年以上にわたって発芽能力を維持するものが多い．一般的な花粉の採取法と貯蔵法を以下に記す．
① 開やく前の花を採取し，やくを分離した後，開やく器で開やくさせる．② 花粉を小分けし，薄い紙製の封筒など通気性のあるものに入れる．③ 密閉できる容器にシリカゲルなどの乾燥剤を花粉と同量以上入れ，②の花粉を入れる．④ 容器の口をテープやワセリンなどを用いて完全密封する．⑤ 花粉に残った水分を乾燥剤に吸収させるため，2～5日間5℃の冷蔵庫に入れる．乾燥が不十分だと，その後冷凍庫に入れた際に凍結により花粉が死滅する．⑥ −20℃以下の冷凍庫に移して貯蔵する．冷凍庫内は温度変化がないよう管理する．

（望岡亮介）

（望岡亮介）

4.9 結実管理

1. 果樹の結実管理

　着生する花や果実が多すぎると，養水分の競合による花の不全や果実の小型化，糖度・着色不足などの品質低下，生理落果の多発などが生じるので，商品価値の高い果実を生産するためには花数や果実数の人為的な調節が必要である．一方，着果数が不足すると収量が減少するだけでなく，新梢が徒長して樹形をみだす原因になる．着果負担が過多になると，次年度に着果不足をもたらすことが多いので，せん定や肥培管理とあわせて日ごろより樹体の栄養生長と生殖生長のバランスを保っておくことが必要である．上記のような結果調節に加え，着生させた果実を収穫時まで健康な状態に維持し，自然災害や病虫害による損傷をこうむらないように保護するとともに，着色向上など商品としての付加価値を高めることも結実管理の重要な項目である．

1）結果調節

（1）**摘らい・摘花**：開花前後につぼみや花を間引くことを摘らい・摘花（flower thinning）という．養分競合を緩和して充実した花による健全な受精と結実を誘導するとともに，人工授粉や後の摘果作業を容易にする効果もある．ブドウやビワの開花前の摘房・整房も同じ目的の作業である．後述の摘果よりも早い時期に行うだけに，不必要な花や果実による無駄な養分消費をふせぐ効果はより高いが，開花後に生じる生理落果によりある程度の果実は自動的に失われるので，このことを考慮して作業を行う．各果樹のおおまかな摘花基準は以下のとおりである．

　リンゴ：花そうの中心花を残す．

　ニホンナシ：花そう当たり約3花，2～5番果を残す．

　ブドウ：デラウエアでは開花前に各結果枝当たり2（枝の勢いによって±1）房に摘房し，岐肩を除去する．普通品種では結果枝当たり1（枝の勢いによって±1）房とし，岐肩と大きすぎる支梗および花穂の先端部を除去する．花ぶるいの強い品種では整房中心で摘房は弱すぎる枝の花房除去のみ行う．

　カキ：原則として1新梢に1個のつぼみを残し，他を除去する．

　モモ：上向き花を除去する．

（2）**摘　果**：果実を間引くことを摘果（thinning, fruit thinning）という．摘果時期が早いほど果実の細胞分裂と細胞肥大を促進して果実を大きくすることができる．また，袋掛けを行う果樹では袋の無駄を省くため，袋掛け前に最終着果数になるように摘果する．カキ，カンキツなど果実生育中期の生理落果の避けられない果樹では落果終息後すみやかに摘果を完了させる．急な果実数の減少が樹の生長バランスを乱すこと，および労力の分散を考えて予備摘果と本摘果，仕上げ摘果など数段階に分けて行うことも多い．摘果の程度は，全体としては単位面積あたりの果実数で，局所的には1個の果実を養うのに要する葉の枚数（葉果比）で考える．各果樹の標準的な摘果の程度は以下のとおりである．

　ウンシュウミカン：6月下旬～7月上旬より摘果を開始し，7月下旬～8月上旬に仕上げる．仕上げ摘果（7月下旬）の時点での葉果比は普通温州では20～25，早生温州では25～30である．

　リンゴ：早めに1果そうに1果を残す．早期生理落果（ジューンドロップ）終了時点（7月上旬）での葉果比は55～60.

　ニホンナシ：1果そうに1果を残し，袋掛け前に摘果を終了する．5月中旬時点での葉果比は20～30.

　ブドウ：満開後2週間～1カ月目までにデラウエアでは70～80粒，中粒品種では50～70粒，4倍体品種では25～40粒に摘粒する．

　カキ：生理落果終了時点（7月中旬）での葉果比は15～20.

　モモ：落花後2週間ごろに不受精果が落果するので果形の良否を見て予備摘果し，5月中下旬までに本摘果（葉果比15～20）を終了する．

2）果実保護

（1）**有袋栽培**：果樹では袋掛けが非常に有効な果実保護手段であり，病虫害，鳥害，農薬害，果実同士や枝との接触による損傷を避けるとともに，着色促進や貯蔵性改善効果が認められているものもある．反面，被袋と除袋の労力と資材費を要し，リンゴやナシ有袋栽培果は糖度において無袋に比べて劣るとさ

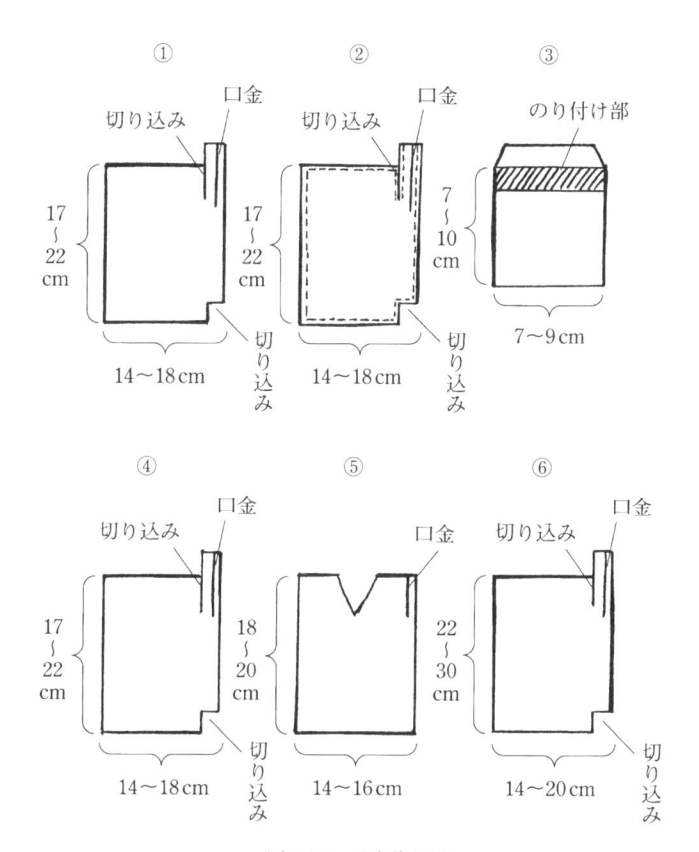

図4.48 果実袋の例.
① リンゴ（易着色性品種）用：ハトロン紙製，弱遮光性. ② リンゴ（難着色性品種）用：クラフト紙製の外袋に黒色パラフィン紙製の内袋の入った2重袋. ③ ニホンナシ（二十世紀）用小袋：パラフィン紙製. ④ ニホンナシ大袋：黄色パラフィン紙製. ⑤ モモ用：上部のV字の切り込みに結果枝を差し込みに，枝ごと巻いて留める. ⑥ ブドウ用.

れる．果実袋には果実の形態と被袋目的に応じて紙質，色，構造（口金の有無，挿入口の形態，1重と多重など）が選ばれている（図4.48）．主な果樹の袋掛け時期は以下のとおりである．

リンゴ：幼果期に降雨に遭遇するとさび病の発生しやすい品種では落花後10日以内に袋掛けを行う．着色促進のための袋掛けは7月上旬までに行い，収穫2週間前（陸奥では収穫1カ月前）に除袋する．

ニホンナシ：二十世紀では黒斑病対策のため満開2〜3週間後に小袋をかけ，6月下旬〜7月上旬に防菌処理をした大袋を重ね掛けする．

モモ：本摘果終了後（5月下旬〜6月上旬）に袋を掛け，収穫1週間前に破袋して着色を促進させる．

(2) 施　設：降雨や多湿によって病害が発生しやすい種類，生育中に土壌水分の制御を必要とする種類では，雨よけを目的としたハウス，テント，ビニル被覆などの施設下で栽培される．欧州系ブドウでは露地で栽培すると病害が発生しやすいうえ，新梢が徒長するので雨よけ施設下で栽培される．オウトウでは降雨にあうと裂果と病害が発生するのでハウス栽培が多くなりつつある．

防風林や防風網の設置は風による落果や枝の折損を防ぐとともに，枝，葉，果実がぶつかりあって生じた傷口から病原が侵入して発生する，病害を抑制する効果がある．鳥害や吸蛾類による害を防ぐために防鳥網・防虫網が設置されることもある．

（尾形凡生）

2. 野菜の結実管理

　花芽の分化・発達，受粉，受精および果実発育が正常に進まなければ，目的とする果実を得ることはできない．ところが，これらの過程は環境条件や株内での養水分の競合によって大きな影響を受け，そのことがしばしば果実を安定して生産することを困難にしている．そこで，これらの過程を人工的に調節して安定した生産と品質の向上・維持をはかることを結果管理という．
　結果管理には，花や果実を安定して着けさせる管理法と花あるいは果実数を減少させて品質を向上させる管理法がある．

1）花および果実を安定して着けさせる管理法

　花芽分化から果実発達にいたる生殖生長期は，減数分裂や受精などが起こる過程で，気温や株の栄養状態によって大きく影響を受ける．したがって，この期間は生育適温と適切な栄養状態を保つ管理が必要である．

(1) 花芽分化：ナス科の果菜類では個体の生長がある段階に達すると花芽が分化する．ウリ科の果菜類でも，雄花の着生はナス科と同様であるが，雌花は低温・短日条件下でより分化しやすくなる．イチゴの花芽分化は低温・短日で促進される．このような果菜類では，環境条件を調節することで花芽分化を図ることができる．例えば，イチゴでは，窒素栄養を制限すると同時に，山あげや夜冷育苗を行って花芽分化を早める方法が実用化されている．なお，生育適温から著しく離れた高温や低温に遭遇すると，いずれの果菜類でも花芽分化は起こらない．

(2) 花芽発達：花芽が分化しても，その後に高温や低温に遭遇すると花器の発育が阻害される．例えば，ウリ科の果菜類は低温で花芽の発育が阻害され落花や奇形果を発生させる原因になる．トマトやピーマンでは，高温によって花粉稔性が著しく低下して受精が阻害される．また，トマトでは，低温に遭遇すると子房形成が異常になり多心皮の乱形果を生ずる．

(3) 受粉・受精：キュウリは単為結果するので受粉しなくても結実するが，これ以外のほとんどの果菜類では受粉が行われることが果実発達の前提となる．しかし，施設栽培では訪花昆虫が少なく，通風も不良であるため，正常な果実発達を促すため，はけやバイブレーターで人工受粉を行ったり，ミツバチやマルハナバチにより受粉を行わせたりする．あるいは，植物生長調節物質による単為結果処理が必要になる．メロン，スイカ，カボチャなどでは人工受粉やミツバチによる受粉が行われる．トマトでは，バイブレーターによって花房を振動させて花粉をやくから強制的に出して花柱に受粉させる方法がとられてきたが，最近ではマルハナバチによる受粉も試みられている．

　人工受粉のためには開花時間，花粉とめしべの受精能力保持時間などを知る必要がある．ナス科の果菜類は時刻を選ばず開花するが，一般には早朝に開花する花が多い．ウリ科の果菜類は早朝に一斉に開花する．イチゴの開花は温度によって左右されるが，10℃以上の気温ならば午前中に開花する．開花後の花粉やめしべの受精能力保持時間は種によって異なる．ナス科の果菜類では花粉が1～2日，めしべが約3日，ウリ科の果菜類では花粉が4～5時間，めしべが1日程度，イチゴでは花粉が3～4日，めしべが約7日である．

(4) 果実発育：花粉が柱頭で発芽し，花粉管が伸長して受精が起こる場合にはその後に種子が発達してくる．この種子からは，果実発育に必要な植物ホルモンが分泌され，そのことで果実の肥大が促される．この受精や種子の発達に伴って生成される植物ホルモンを代替する生長調節物質を人為的に与える単為結果処理によっても果実の肥大を促進することができる．このような処理によって肥大した果実は，受精をともなわないので，胚や胚乳のある種子を持たない．

2）花あるいは果実数を減少させて品質を向上させる管理法

　株に着くすべての花を結実させると，果実間で養水分の競合が起こるため果実の発育が阻害され，商品価値が下がる．このため，適度に着花数あるいは着果数を減らして，養水分の競合を防いで果実の品質をそろえたり，あるいは向上させたりする技術が必要になる．

(1) 整枝あるい仕立て方による果実数の調整：野菜では，主に整枝あるいは仕立て方によって着花数を調節する．結果枝の数を決め，それ以外の側枝を摘芽することによって結実数を制限する．

(2) 摘果による果実数の調整：メロン，マクワウリ，スイカ，カボチャなどのウリ科野菜では，完熟

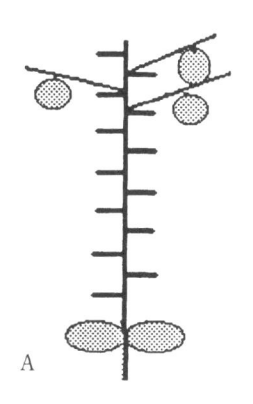

図4.49 果実の位置と形態の関係.

A メロンの着果節位と果実の形態の関係 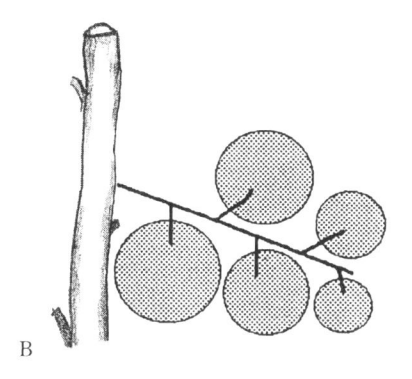
B トマトの果房上での位置と果実の大きさとの関係

間際の果実を収穫するので，はじめ収穫する果実数より多めに着果させ，形の悪いもの，発育の遅いものなどを摘果する．ネットメロンでは，主枝の10～12節の1次側枝を伸ばし，それぞれの第1節（小蔓）に一つの果実を着け，最終的に摘果して一つの果実だけを残す．残した果実の着果節位が高くなるほど，果実は大きくなるが，形は長楕円形になり商品価値が下がる（図4.49 A）．

一方，キュウリ，ナスでは，株が充実していない時点で第1果をつけると着果負担が大きく，また第1果は形も悪いので摘果することが多い．トマトは果房内で果実間に養水分の競合が起るため，大果品種では摘果によって1果房に着果させる果実を4～5程度にする．果実の大きさは果房の茎側の第1果から順に小さくなる傾向にある（図4.49 B）．

(古川 一)

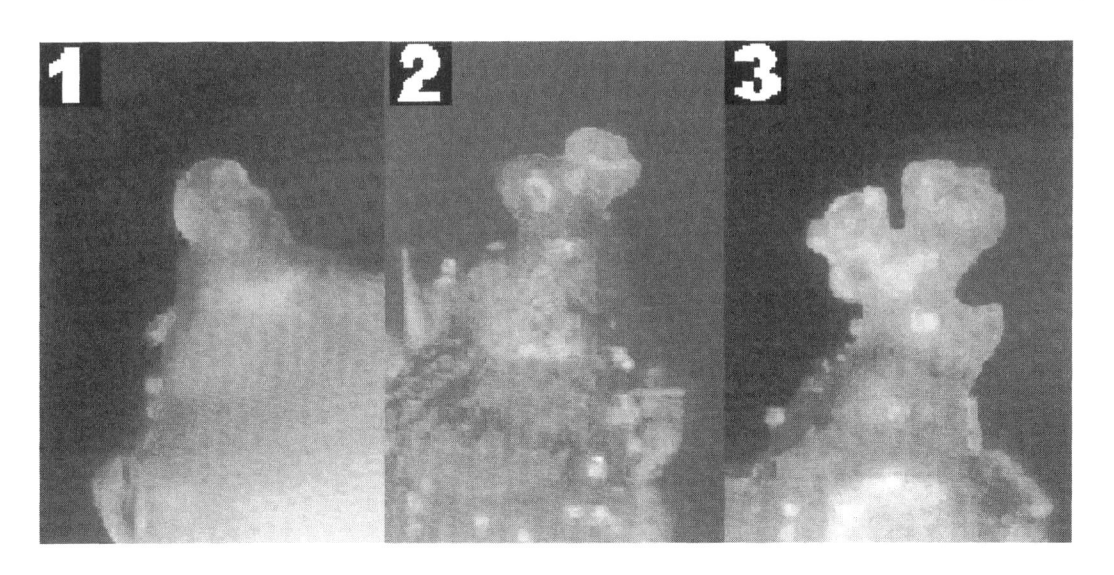

1：花床形成期, 2：花房形成期, 3：がく片形成期
トマトの花芽分化（北田圭司原図）

3. 単為結果

1) ブドウの無核化

'デラウェア'，'マスカット・ベリーA'，'巨峰'，'ピオーネ'などの品種では，ジベレリン（GA_3）を満開前や満開期の花穂へ処理することにより無核化し，満開後に再度処理することにより肥大生長を促して無核で高品質な果実を生産している．ただし，処理時期や処理濃度は品種により異なり，最適処理時期・処理濃度を誤ると，無核化率の低下や花穂軸の過剰な伸長・肥大をまねき，果房品質を損ねるため注意が必要である（表4.5）．

満開前処理は，図4.50に示したように花穂を整形した後に行う．市販のジベレリン処理専用のプラスチック容器にジベレリン水溶液を入れ，花穂を浸漬処理する．このとき，容器内で花穂を振るようにするとまんべんなく処理できる．処理もれがないかどうか確認するために，ジベレリン溶液に食紅を添加したり，'ピオーネ'や'巨峰'では整房時に岐肩を残し，処理した時点で岐肩を取り除いて目印とする．

表4.5 ブドウ各品種におけるジベレリンの処理時期と処理濃度

品　種	処理時期 無核化（1回目）	処理時期 肥大促進（2回目）	処理濃度（ppm）	備　考
デラウェア	満開12〜16日前	満開6〜13日後	100	
マスカット・ベリーA	満開10〜15日前	満開10〜15日後	100	1回目の処理にSM剤*200ppmを添加することでほぼ100％無核化される．
巨峰	開花始〜満開日	満開10〜15日後	10〜25（1回目）25（2回目）	巨峰，ピオーネともに処理時期が早すぎたり，濃度が高すぎる場合穂軸が肥厚し，収穫後の脱粒を引き起こす．
ピオーネ	満開2日後	満開10〜15日後	巨峰に準じる	

*SM ストレプトマイシン

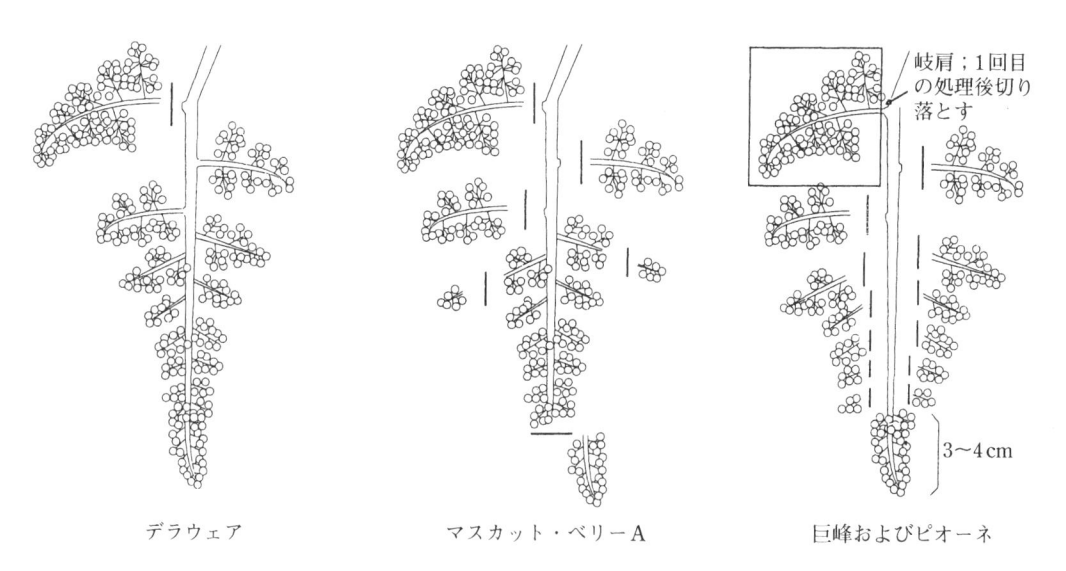

図4.50 ジベレリン処理前のブドウ花房の整房法．

デラウェア　　マスカット・ベリーA　　巨峰およびピオーネ

（塩崎修志）

2) トマト・ナスの着果促進

トマトおよびナスでは，オーキシン処理により着果を安定させ，果実肥大を促進することが一般的な技術となっている．訪花昆虫のいない施設栽培では，受粉が行われず，種子が形成されないため，果実が肥大しない．そこで，トマトでは振動授粉やオーキシンの果房処理が行われてきた．しかし最近では，消費者が化学物質の使用を忌避する傾向にあり，農家も省力化のためにトマト，ナスともマルハナバチの導入が進んでいる．

オーキシンによる単為結果は，特に低温管理に役立ち，暖房費の節減に効果がある．授粉・受精には，トマトでは12℃，ナスでは15℃以上の夜温が必要であるが，オーキシン処理を行うと，それよりも数度低い温度でも奇形果にならない．

ナスでは，2,4-Dが使われていたが，発ガン性が報告されたため現在では使用禁止になっている．ホルモン剤などを使う場合には，農薬登録を確認する必要がある．

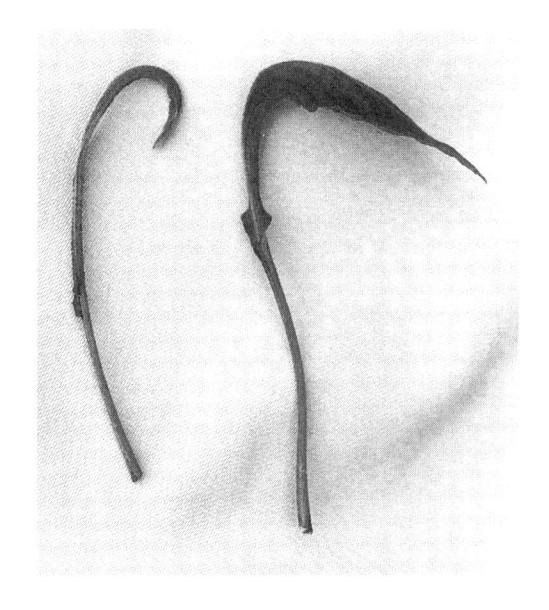

図 4.51 オーキシンによるトマト葉の奇形化．

(1) **トマトのオーキシン処理**：パラクロロフェノキシ酢酸0.15％液（商品名：トマトトーン）が最も一般的に使用されている．低温時は同液を50倍に，高温時は100倍に希釈して，開花前3日から開花後3日の花が一面にぬれる程度に噴霧処理する．一つの花房を1回で処理する場合は，3〜5花が開花した時期に噴霧する．10 ppmのジベレリンを混用すると空洞果の防止に効果がある．

このほか，クロキシホナック液剤（商品名：トマトラン）も登録されている．

(2) **ナスのオーキシン処理**：パラクロロフェノキシ酢酸0.15％液を温度に関係なく50倍に希釈して開花当日に単花処理する．噴霧処理量は，花が一面にぬれる程度とする．

クロキシホナック液剤も同様の効果が登録されている．

(3) **注意事項**：処理液が若い葉にかかると，針状の奇形となる（図4.51）ので，できるだけ茎葉や特に茎頂部にかからないように注意する．二度がけや処方以上に濃い液の噴霧も薬害の原因となる．

（小田雅行）

スイカの着果促進剤

スイカでは，交配後に果柄部にサイトカイニンを塗布すると着果が安定する．この場合，種子が形成されるので単為結果ではない．登録薬剤としては，ベンジルアミノプリン塗布剤（塗布用ビーエー，塗布用ベアニン）やホルクロルフェニュロン液剤（フルメット液剤）がある．

（小田雅行）

4.10 矮化処理

　果樹生産では結実までの年数を短縮しかつ栽培管理を容易にするために，花卉生産では草姿を整えるために，作物生産では倒伏を防止するために，さまざまな矮化処理が施される．また，苗生産において徒長を防止する目的で施される処理も，一種の矮化処理である．ここでは，遺伝的な矮化，台木を用いた矮化以外の，物理的，化学的方法について説明する．

1．薬剤処理による矮化

1）矮化剤の種類

（1）**ジベレリン合成阻害剤**：植物ホルモンであるジベレリンは茎葉の伸長生長を促す．矮化剤（growth retardant，生長抑制物質 growth inhibitor）として知られる多くの薬剤が，このジベレリンの生合成経路を植物体内で阻害することで矮化効果を示す．表4.6に示した登録薬剤のうちジベレリン合成阻害剤は，アンシミドール（鉢物花卉の矮化），イナベンフィド（イネの倒伏防止），ウニコナゾール（鉢物花卉の矮化），パクロブトラゾール（イネの倒伏防止，鉢物花卉の矮化），クロロメコート（コムギの倒伏防止，ハイビスカス鉢物の矮化），ダミノジット（果樹類の矮化，花卉の節間伸長抑制）など数種があげられる．

表4.6　矮化作用を示す主な薬剤と適用作物（登録薬剤のみ）

一般名	適用作物
アンシミドール	キク，ユリ，ポインセチア，チューリップ
ダミノジット	キク，ポインセチア，ハボタン，ペチュニア，アザレア，アサガオ
フルルプリミドール	西洋芝
イナベンフィド	イネ
クロルメコート	ムギ類，ハイビスカス
パクロブトラゾール	イネ，セイヨウシャクナゲ，ツツジ，ツバキ，ポインセチア，チューリップ，キク，ツゲ類，サザンカ，イヌカエデ，ヤマモモ，アベリア，カエデ類，モモ，オウトウ，ウンシュウミカン，西洋芝，非農耕地の雑草
ウニコナゾール	イネ，キク，ポインセチア，ツツジ，シャクナゲ
マレイン酸ヒドラジド	ホウレンソウ，ブドウ
ジケグラック	サワラ，イボタノキ他
エテホン	麦類
メフルイジド	日本芝

（2）**オーキシン移動阻害剤**：2, 3, 5-triiodobenzoic acid（TIBA），4-chlorophenoxyisobutyric acid（PCIB）などの化合物は，オーキシンの存在下でその作用を阻害し，矮化効果を示す．いずれも，実験的に使用されているだけで，農薬登録はされていない．

（3）**エチレン**：植物ホルモンであるエチレンには，横方向の細胞肥大を引き起こして，茎の伸長を抑制する作用がある．当然，植物体内でエチレンを生成するエテホンにも伸長抑制作用があり，ムギ類の節間伸長の抑制による倒伏軽減を目的として薬剤登録が行われている．

2）矮化剤の処理方法

　水溶液の葉面散布処理と土壌かん注処理がある．矮化させようとするシュートの伸長直前（鉢物では摘心後）から伸長期にかけて1～数回処理する．図4.52は，ポットマムの生産過程におけるダミノジットの処理時期を示したものであり，通常摘心後えき芽が伸び始めた頃に1回目を，先端の花らいを摘らいした後に2回目の処理を行う．

　葉面散布では，市販の原液を所定濃度にうすめ，界面活性剤を添加してから（原液に添加されているものは不要），噴霧器，ハンドスプレーなどにより葉全体がぬれる程度に散布する．晴天日の散布は夕刻に行うようにする．輪ギクに対する花首伸長の抑制とうらごけ防止を目的としたダミノジット処理では，発らい時点で上位葉のみに散布すればよい．

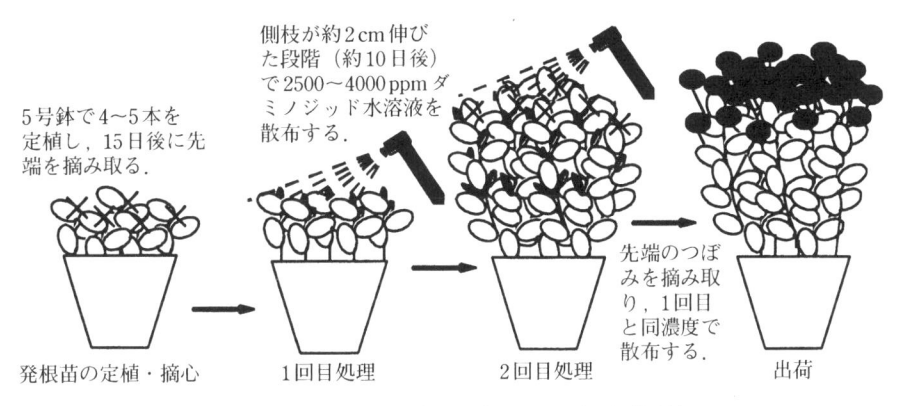

図4.52 ポットマムに対するダミノジッドの処理方法.

　アンシミドール，パクロブトラゾール，ウニコナゾールでは，土壌かん注処理も有効である．水田用には粒剤が市販されているので，面積当たりの所定量を均一に散布すればよい．鉢物花卉に対しては，水溶液を作成し，かん水代わりに鉢底から漏れ出る程度与える．土壌分解性が低い薬剤は，土壌中に長く残留し，後作にも影響を及ぼすので，特に施設土壌へのかん注はさし控えたい．ジベレリン生成阻害剤を使用して矮化効果が強く現れている場合，ジベレリン（通常 GA_3）を散布すれば，新梢の矮化を軽減することができる．

2. 物理的処理による矮化

1） 環境制御による矮化

(1) **DIF**（difference between day and night temperature）：平均昼温を低くして平均夜温との差である昼夜温差をマイナスにすることで矮化効果を得ることができ，施設下での苗生産や鉢物生産で利用される．具体的には，夜温を高く管理し，日の出直後に換気を行って施設の温度を下げることにより，昼温平均を低く管理する．ただし，長日期には効果が小さく，また，わが国の気候条件下ではこの技術を利用できる地域や時期が限られる．さらに，種類によって矮化効果に差があり，施設内の温度むらによる生育の不揃いや葉の黄化や垂れ下がりが問題となりやすい．

(2) **光質制御**：自然光中に含まれる赤色光（R：600～700 nm）と遠赤色光（FR：700～800 nm）の比は約1であるが，この比率をかえることで茎の伸長を制御することができる．通常 R/FR 比を2以上にすると矮化効果が現れ，施設生産では遠赤色光をカットするような被覆資材を用いればよい．ただし，これまでの資材では，光合成有効波長域の光も何割かカットされてしまうので，その影響に十分配慮する．

　一方，紫外線にも茎の伸長抑制効果があり，特に苗生産において胚軸の徒長を抑制して腰おれを防止する有効な手段となる．利用する波長は，UV-B域（280～315 nm）で，主としてこの領域の紫外線を放射する健康線用蛍光ランプ（FL20 S・E）を用いて子葉が露出し胚軸が伸び始めるころから0.8～1 m上方より1～3日間照射するとよい．

2） 環境制御以外の方法による矮化

(1) **根域制限・断根**：根域制限は，適切な矮性台木が得られないマンゴーやオウトウなどの果樹の施設栽培で樹高を低く維持するための方法である．土中に底のついたヒューム管などを埋め込み，その中に栽植することで根域を制限し，養水分の供給を制御して樹高を低く保つ．一方，断根は植えかえ時に根を切ることで根量を制限して，結果として地上部の生育を制限することを目的とした盆栽技術である．

(2) **接触・振動**：植物に接触したり，振動を与えると，内生的にエチレンが生成され，それが矮化効果をもたらす．イネの育苗時に徒長を防止する目的で接触刺激を与える方法が実際に行われている．

〔土井元章〕

4.11 開花調節

1. 光による開花調節

1日の明期と暗期の長さ（日長）によって生長や開花が制御される性質（光周性）をもつ植物では，人為的に日長を変えることによって開花時期を自然開花より早めたり遅らせたりすることができる（表4.8）．すなわち，長日植物は夜間電照することによって開花を早め，昼間遮光することによって開花を遅らせる．逆に短日植物では夜間電照によって開花を遅らせ，昼間の遮光によって開花を早める．また，長日は厳密な意味での花成誘導に働くだけでなく，次節で述べる休眠やロゼット化の回避や打破に働く場合があり，この性質もまた開花調節に利用される．

1）長日処理

日長処理による開花調節の際には，その植物が感応する明期あるいは暗期の限界時間（限界日長）を明らかにしておく必要がある．限界日長は，24時間周期のうち明期の時間で表される場合が多いが，多くの植物は暗期の長さを感じていることが明らかになっている．長日処理として，夕方から電照することにより明期を延長する（明期延長）方法と，深夜に4時間程度の照明を与える方法（暗期中断）とがある．

光源としては，短日性のキクの開花抑制では蛍光灯が，長日性のカーネーションやシュッコンカスミソウの開花促進には白熱灯の効果が高いといわれている．実用的な光源としては経費の安価な白熱灯が用いられる．また，実際上の照射強度は30 lx程度で十分とされる．反射笠をつけた100 W白熱灯1個の1.1 m直下で550 lx，水平1.8 m離れた場所で25 lxとなる．

2）秋ギクの電照による11月下旬出し栽培

キクの営利切り花栽培において，晩秋から初夏までの出荷には'秀芳の力'など品質のよい秋ギク，すなわち花芽分化と発達が短日条件下で進む品種群が多く用いられる．この秋ギクを年末年始の需要期に収穫するためには，電照により開花を抑制する必要がある．

(1) **挿し木**：7月中旬に挿し木を行い，苗を養成する．挿し木予定日の30日前に親株の最終摘心を行う．伸びてきた側枝を長さ5～6 cm，展開葉3枚程度に調整し，山砂に間隔3 cm，深さ2 cm程度に挿す．挿し芽直後は寒冷紗で遮光して，極端なしおれを防ぐ．2週間程度で発根する．

(2) **定　植**：8月初めに定植する．栽培床の幅は60 cm，植

表4.8　日長処理による開花調節が行われている主な花卉

利用される日長要求性	植物名	日長が作用する性質
長日	アスター（エゾギク）	花成誘導
	カーネーション	花成誘導
	球根ベゴニア	休眠回避・打破
	シュッコンカスミソウ	ロゼット回避・打破
	スイートピー	花成誘導
	スターチス・シヌアータ	花成誘導
	トルコギキョウ	ロゼット回避・打破
	デルフィニウム	ロゼット回避・打破
短日	カランコエ	花成誘導
	キク	花成誘導
	ソリダスター	花成誘導
	シャコバサボテン	花成誘導
	ブバルディア	花成誘導
	冬咲きベゴニア	花成誘導
	ポインセチア	花成誘導

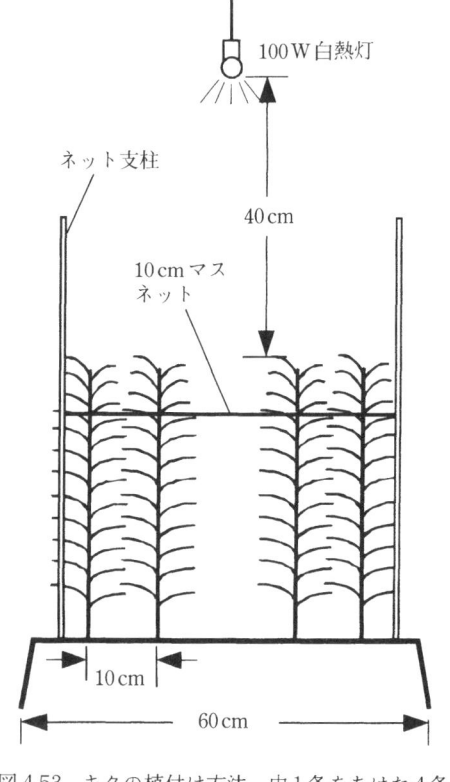

図4.53　キクの植付け方法．中1条をあけた4条植えとする．

付け間隔は10cmの4条植えとする（図4.53）．あらかじめ10cmマスのネットを張って，それにあわせて植え付けるとよい．また，電照用の光源を3m間隔でつり下げて，最低照度30lx程度を確保する．その際，植物の生育にあわせて上下できるようにしておく．
（3）施　肥：基肥として窒素15kg/10a，リン酸7.2kg/10a，カリウム14.4kg/10aを全層に混和する．追肥として1回あたり窒素7.2kg/10a，リン酸3.6kg/10a，カリウム7.2kg/10aを3回（電照終了2週間前と2週間後，出らい時）液肥または速効性粒状肥料で施用する．
（4）初期管理：定植直後は日中のみ遮光し，葉水を与えるなどしてしおれを防ぐ．また，施設の換気に努める．
（5）電　照：開花抑制のための電照は8月15日頃から開始し，深夜10時から2時までの暗期中断によって行う．光源の位置は，植物の伸長にあわせて，上部から40～50cmの高さに調節する．電照の終了は収穫予定の60～70日前（9月下旬）とする．ただし，急激な短日への以降は，舌状花数の減少や上部の葉の極端な小型化（うらごけ）を引き起こすので，これを防ぐため電照終了10～15日目から4～5日間の再電照を行う．
（6）後期管理：最低夜温を15～17℃に保つ．芽かき，側らいの除去に努める．

（稲本勝彦）

2．温度による開花調節

　温帯原産の種類を中心として，原産地の気候に適応した温度に対する生理ならびに形態的反応を持つ花卉は多く，これを利用した開花調節が広く行われている（表4.9，表4.10）．

1）休眠とロゼット化

　植物が生育好適条件に置かれているにも関わらず生長を停止したり，節間が伸長しない状態にある場合，前者を休眠，後者をロゼット状態にあるという．一般にこのような状態にある植物は開花できないか，開花しても異常な形態をきたしたり，品質が不良であったりする．したがって，生育の途上で休眠やロゼット状態を経過する植物の開花を促進したり，高品質な収穫物を得るためには，環境調節によってこれらの相に入らないようにするか，いったん入った後に打破してやる必要がある．

　休眠やロゼット化が誘導あるいは解除される要因は，(1) 内生リズム，(2) 温度，(3) 日長の三つが主で，乾燥が関わっている場合もある．また，短日が低温による休眠やロゼットの誘導に相加的に働く例も多い．休眠やロゼットは，植物が不良環境下で生き延びるための適応形態と考えられ，その植物が原産する気候と密接な関係がある．

表4.9　球根類以外の主な花卉の開花促進法

植物名	植物の状態	温度	処理期間	作用
アジサイ	花芽分化した株	4℃	40日間	休眠打破
キク	さし穂	1～3℃	40日間	ロゼット打破
スイートピー	催芽種子			春化
スターチス・シヌアータ	催芽種子	1～2℃	30日間	春化
デルフィニウム	実生本葉3枚～10枚の間	15℃以下		早期抽だい回避
デンドロビウム	新茎充実期（8月以後）	10～15℃	30～40日間	休眠打破・春化
ファレノプシス	葉数5～6枚以上	17～20℃	開花まで	花成誘導

表4.10　球根花卉の温度処理による開花促進法

植物名（品種）	方法の例	備考
ダッチアイリス（'ウェッジウッド'）	7月りん茎掘上げ→くん煙処理（花熟促進）→8～10℃6週間（春化）→植付け	
チューリップ（'ガンダー'，'ベンバンザンテン'）	6～7月りん茎掘上げ→17℃8週間（花芽形成適温）→5℃3週間（予冷）→15℃8週間（本冷）→植付け	低温は花茎伸長に必要
テッポウユリ（'ひのもと'）	6月りん茎掘上げ→47℃温湯処理30～60分間→9℃6週間（春化）→植付け	湿潤下で行う
フリージア（'ラインベルト・ゴールデンイエロー'）	6月りん茎掘上げ→30℃4週間＋エチレン処理（休眠打破）→10℃5週間（花芽形成適温）→植付け	

休眠やロゼットは，特に環境要因とは関係なく，時間の経過で解除されるもの（グラジオラス，球根ベゴニアなど）もあるが，一般に初夏～夏に休眠する種類（フリージア，ダッチアイリスなど）は高温を受けて，秋に休眠する種類（ダリア，キキョウ，アジサイ，モモなど）は低温を受けて休眠が解除される．また，ロゼットは低温遭遇により解除される場合が多い（キク，トルコギキョウ，デルフィニウムなど）．

多くの植物では，休眠やロゼットを解除するための低温として10℃以下，高温としては25～35℃の温度域が用いられる．処理期間は，植物の種類によって温度感受性が異なるためさまざまである．すなわち，休眠やロゼット化の制御による開花調節を図る際には，まず対象植物の休眠やロゼットに関わる温度の影響についてよく理解しておく必要がある．

2）春　化

生長中の植物が低温を感受することにより花芽を分化する現象を春化（バーナリゼーション）と呼ぶ．春化のための低温の要求量が満たされると，その時点では花芽が形態的に分化していなくても，その後高温に移動すると花芽を分化する．すなわち，低温は後作用として働き，単なる花芽の分化適温とは区別される．

植物の種類によって，種子の段階で吸水あるいは催芽状態にあれば，低温に感応して春化する種子春化型植物（スイートピー，スターチス・シヌアータなど）と，植物体がある程度以上の大きさに生長してはじめて低温に感応するようになる（緑色）植物体春化型植物（ダッチアイリス，テッポウユリなど）とがある．春化に有効な温度域は植物によって－5℃～15℃と幅があるが，適温は種子春化型で低く，植物体春化型で高い傾向がある．

低温遭遇直後に，極端な高温に置かれると，低温の効果が消去される現象がみられ，これを脱春化（デバーナリゼーション）と呼ぶ．十分な低温を受けた後，15℃程度の涼温でしばらく生育すると，低温の効果は安定化し，高温遭遇によっても消去されなくなる．

3）花芽分化の適温

カーネーションやバラは広い温度範囲で花芽を分化して開花し，花芽分化までに着生する葉数への温度の影響は小さい．一方，キク，チューリップ，スイセン，フリージアなどの花芽分化はある限界温度の範囲でのみ起こる．この場合，適温下で花芽分化の途中にある植物が適温外に移されると，ブラインドや奇形花が発生することが多い．

4）種子冷蔵による開花調節－スターチス・シヌアータの促成栽培

種子春化型植物であるスターチス・シヌアータは，催芽種子の低温処理によって抽だい・開花を早め，年内採花本数を増加させることが可能である．この種子冷蔵促成栽培には'アーリーブルー'など，早生品種を用いる．

（1）播種と低温処理：6月中旬から8月中旬に種子を育苗箱に入れたピートバンやセルトレイに播種し，種子が隠れる程度に覆土する．十分かん水し，図4.54のように箱の間に木片などをはさんで積み上げ，ひもでくくる．育苗箱を戸外で1日間（発芽が遅い品種ではやや長く）吸水・催芽させた後に1～3℃の冷蔵庫に30日間入れて低温処理を行う．冷蔵庫内では，直接冷風があたらないように，ポリエチレンフィルムなどで覆う．

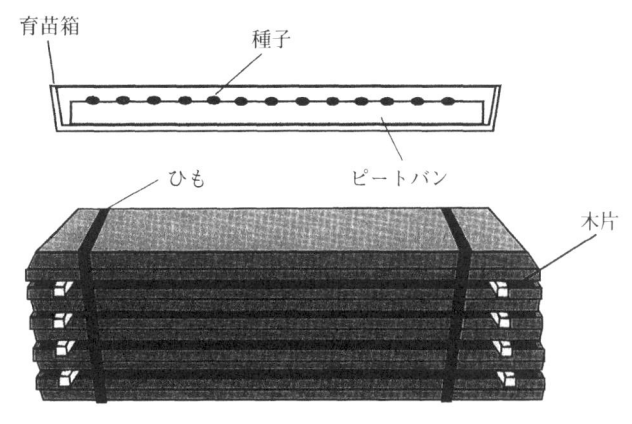

図4.54　スターチス・シヌアータの種子低温処理の方法．イネの育苗箱（58cm×28cm×3cm）を用いると，ピートバンが6枚入り，4～5mlの播種ができる．

（2）育　苗：低温処理の終了後1～3日で子葉が展開する．2～3週間育苗した後，本葉2～3枚で7.5cmポリポットに移植する．なお，スターチス・シヌアータは低温処理後ただちに最高気温30℃，最低気温20℃以上の高温に遭遇すると，脱春化して低温の効果が消失する．したがって，中間地以南で9月上旬以前に種子冷蔵が終了する場合には，その

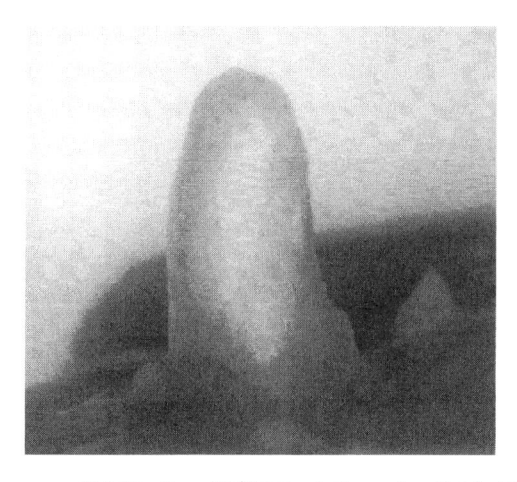

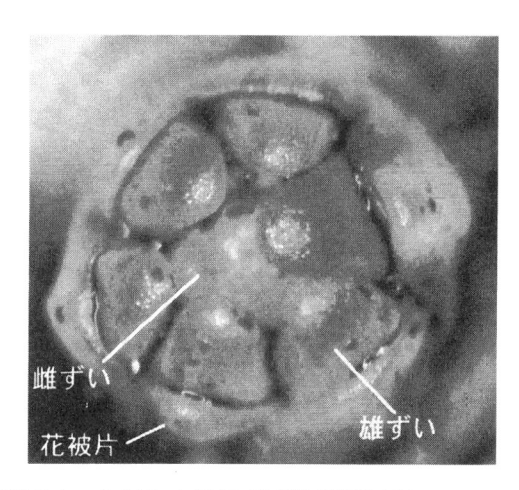

図 4.55　5mm 程度になったチューリップのりん茎内のノーズ（左）と雌ずい形成期の花芽（右）．花芽はコットンブルーで染色．

後昼温 25〜28℃, 夜温 15〜18℃に制御できる冷房ハウスあるいは高冷地で育苗する．
(3) 定　植：床幅 60 cm, 通路幅 30 cm の栽培床を作り, 基肥として窒素 7 kg/10 a, リン酸 15 kg/10 a, カリ 10 kg/10 a, 堆肥 2 t/10 a を施用しておく．また, 30 cm マスのネットをあらかじめ 1 段張っておく．ポットで 20〜30 日間育苗し, 本葉 8〜10 枚となった段階で 30 cm × 30 cm 間隔の 2 条植えで定植する．
(4) 植付け後の管理：昼温 20〜25℃, 夜温 8〜10℃で管理する．また, 灰色かび病が発生しやすいので, 日中換気に努める．追肥として窒素, リン酸, カリ, それぞれ 1 kg/10 a 程度を 1〜2 カ月に一度施用する．

5) 球根冷蔵による開花調節－チューリップの促成栽培

　多くの球根類は掘上げ後に温度処理を行うことにより開花を促進あるいは抑制することができる．外観的に変わりがないように見えても, 内生的な生理状態や頂端分裂組織の変化が生じており, 温度処理はそれらの状態変化に伴うように行われる（表 4.10）．
　チューリップは, りん茎内で花芽が完成した後, 低温に遭遇することが植付け後の順調な生育と開花のために必要である．年末開花をめざすには, 'ガンダー', 'ベンバンザンテン' など, 低温感応のよい促成適性のある品種を選ぶことが重要である．一方, 1 月〜2 月出しの場合には, 花芽の発達が遅く, 長期の低温処理を必要とする, より多くの品種を用いることが可能である．
(1) 花芽の発達：6〜7 月に花芽未分化のりん茎を入手し, ただちに 1 週間 30〜34℃の高温に置き, 続いて花芽の分化発達の適温である 15℃から 20℃の温度に置く．6〜8 週間で, 葉, 茎, 花からなるノーズが 5 mm 程度となり, 花芽が雌ずい形成段階に達する．しかし, この期間は品種や年次によって変動が大きいため, 必ず実体顕微鏡下で分解して雌ずい形成を確認し, さらに 2 週間経過してから低温処理を開始する（図 4.55）．
(2) りん茎の低温処理：まず, 15℃で 3 週間の予冷を行い, 根原基の発達を促す．本冷は 9 週間を基準に行うが, 品種により多少異なる．低温遭遇が不足すると開花が遅れたり, 花茎が十分伸長しない結果となり, 逆に過多だと花被が小さくなる．
(3) 植付け：栽培床は幅 120 cm, 通路 40 cm とする．基肥として窒素, リン酸, カリそれぞれ 5 kg/10 a, 苦土石灰 8 kg/10 a を施用する．所定の低温処理を行ったりん茎を, 根原基周辺の外皮を取り除いて植付ける．植付け間隔は 8 cm × 8 cm とし, りん茎の肩が見える程度に浅く植え付ける．
(4) 管　理：植付け後は昼温 20℃, 夜温 12℃を基準に, 換気, 保温をする．出らい後はやや低温で管理すると花色の発現がよい．表土が乾いたらかん水するが, 追肥の必要はない．
　なお, チューリップはエチレンに対する感受性が高く, エチレンへの遭遇は花飛びや伸長不良の原因となるので, りん茎の貯蔵ならびに栽培期間を通して換気に努める．

〔稲本勝彦〕

4.12 果実の成熟と着色促進

1. 果実の成熟促進

果実発育の最終段階である成熟期は，着色，果肉の軟化，糖の増加，酸の減少などの果実品質を大きく左右する物理的，化学的な変化が起きる時期であり，枝梢においては，その栄養生長が緩慢になる時期である．果実成熟は温度，日照量，土壌の養水分，樹体の栄養状態に影響され，成熟を促す栽培管理は，基本的には樹全体あるいは果実の受光体勢を整えて果実による光合成産物の利用率を高めること，土壌の養水分を最適に保つこと，樹勢の維持につとめることである．また，このような栽培管理を省力化するために，植物生長調節剤を用いた成熟制御技術が開発され，実用化されている．

1）着果量調節

着果負担が大きいと果実の成熟は遅れる場合が多い．生育初期に摘果を行った場合（4.9項）でも，その後の葉の発生量・果実の生育量，さらに気象条件などにより着果量を再調整する必要がある．摘果は，成熟のできるだけ早い時期に行い，生長・成熟が遅れている果実，受光体勢の悪い果実および葉数の少ない部位に着生した果実を摘除する．

2）整枝・せん定

一般に，冬季せん定は新梢の発育を旺盛にするが，夏季せん定は栄養生長を緩慢にし，果実生長にとって良好な樹勢にする効果がある．しかし，夏季せん定が強すぎると根の生長が抑制され，光合成量の減少による貯蔵養分の低下を引き起こし，次年度の果実生産に悪影響を及ぼす．したがって，夏季せん定は樹勢に応じて行い，過繁茂の原因である徒長枝などを除去する程度にとどめる．

3）環状剥皮・スコアリング・結縛

幹や枝の周囲を4～5 mmの幅で剥皮したり，鋸などで螺旋状に傷をつける（スコアリング）ことにより師部組織が切断され，光合成産物の基部側への移行が抑制される（図4.56）．その結果，樹勢が安定し，果実による光合成産物の利用率が高まり果実成熟が促進される．ただし，はぎ取る樹皮の幅が広いほど樹勢の低下も著しくなるため，主に強樹勢の樹に施す．一方，カキなどで行われている幹や枝を針金でしばる結縛処理は，剥皮処理に比べ樹勢に及ぼす影響は小さい．一般に，成熟促進をねらった環状剥皮は新梢生長が旺盛な6～7月上旬にかけて行う．

スコアリング　　　環状剥皮

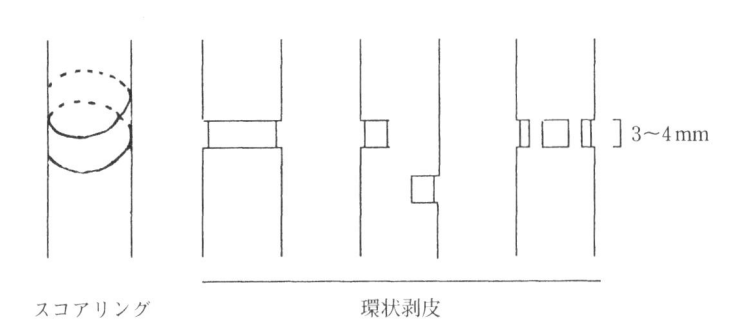

図4.56　環状剥皮とスコアリングの方法

4）袋かけと除袋

袋かけは外観品質の向上や病虫害の軽減のために行われる．リンゴでは着色困難な品種ほど遮光性の高い袋をかけ，地色の発達を抑制し，収穫前の除袋により鮮明な着色を促す方法がとられる．除袋は徐々に日に当てるように行い，収穫の2～3週間前の曇天日が2～3日続くような条件下で行う．1重袋の除袋は，寒冷紗で遮光した条件下で行い，除袋3日後に寒冷紗をはずす．2重袋の場合には，外側の袋をはずした後，果実表面が薄く着色した3～5日後に内袋をはずす．モモでは，仕上げ摘果が終了した満開50～60日後に袋かけをする．着色容易な品種はワックス袋などを用い，着色しにくい品種は2重袋をかけ，外袋を収穫の14～15日前に取り除く．

5) 植物生長調節剤を用いた成熟促進技術

果実の成熟は果実内の生長調節物質の作用により制御されている．したがって，成熟に関与する内生の生長調節物質やそれらに類似した作用を有する生長調節物質を果実に処理することで，果実成熟が制御できる．表4.11では，1995年現在，わが国で農薬登録されている植物生長調節剤のうち，果実の熟期（着色）促進のために実用化されている植物生長調節剤について，それらの使用対象果樹と使用方法について示した．

表4.11 植物生長調節剤を用いた果実の熟期促進

薬剤名 （商品名；成分％）	適用果樹	処理濃度 （希釈倍率）	処理時期と方法
フィガロン（エチクロゼート；40％）	ウンシュウミカン イヨカン	2000～3000倍 2000～3000倍	満開70～80日後もしくは満開50～60日後と 70～80日後の2回　立木全面散布
マデック（MCPB；20％）	リンゴ	3000～4000倍	満開後60～70日後と80～90日後の2回
ジベレリンペースト（2.7％）	ニホンナシ	20～30g/果実	収穫予定の20～30日前（着色促進） 満開30～40日後に果梗部に塗布
エスレル（エテホン；10％）	ニホンナシ		果径30～50mm
	豊水・二十世紀	4000倍	果径60mm以上
	幸水・新水	1000～2000倍	満開3週間後
	オウトウ　佐藤錦	2000倍	
	カキ		着色開始期
	富有	4000～5000倍	満開70～80日後
	平核無	5000倍	満開70～80日後
	モモ　白桃	4000倍	

2．カキの樹上脱渋

通常，渋ガキは収穫後アルコールもしくは炭酸ガスを用いて脱渋されるが，生育期間中にアルコールを用いて樹上で脱渋することもできる．樹上脱渋した果実は糖度が高く，着色も良好で，果肉にゴマ斑が入り収穫後の日持ちが良い．平核無の場合，脱渋処理は満開115～120日後の果実重量100g以上（直径6.5cm以上）の大果に行う．満開115日以前の処理や，処理適期中でも小玉果への処理は落果を引き起こし，満開125日以降の着色が進んだ果実に処理すると果皮障害が高率で発生する．

市販の固形アルコール（3g，エタノール含量30％）1個を入れた厚さ0.03mm，大きさ20cm×30cmのポリエチレン袋を用い，ヘタ部分をていねいに包み込むように枝の上で2重結びする．処理は3日間行い，4日目に袋の底を切り除く．しかし，日中の気温が30℃を越えるような時はヘタ枯れを確かめてから早い目に底切りをする．ヘタの褐変は脱渋の目安であり，ヘタに一部でも緑色が残っていると脱渋は不完全である．

（塩崎修志）

― 第4章　参考図書 ―

千葉弘見・山田晴美．1985．栽培総説．農業図書．東京．
鉢物栽培技術マニュアル編集委員会編．1994．鉢物栽培技術マニュアル1～4．誠文堂新光社．東京．
星川清親．1975．農業技術体系　作物編1．農山漁村文化協会．東京．
星川清親．1983．新編　食用作物学．養賢堂．東京．
稲山光男編著．1987．キュウリ生理と栽培技術．野菜栽培の新技術6．誠文堂新光社．東京．
伊藤　正監．1996．そ菜園芸．（社）全国農業改良普及協会．東京．
切り花栽培技術マニュアル編集委員会編．1994．切り花栽培技術マニュアル1～4．誠文堂新光社．東京．
小西国義他．1988．花卉の開花調節．養賢堂．東京．
村松安男他・1984．作型を生かすトマトのつくり方．農山漁村文化協会．東京．
日本施設園芸協会編．1998．四訂　施設園芸ハンドブック．園芸情報センター．東京．
野口弥吉・川田信一郎監．1994．農学大辞典．養賢堂．東京．
農耕と園芸編集部編．果菜類栽培技術マニュアル．誠文堂新光社．東京．
農作業試験法編集委員会．1987．農作業試験法．農業技術協会．東京．
斉藤　隆．1973．農業技術体系　野菜編2．農山漁村文化協会．東京．
昭和農業技術発達史編纂委員会編．1997．昭和農業発達史．農林水産技術情報協会．東京．
傍嶋善次．1983．農業技術体系　果樹編4．農山漁村文化協会．東京．
高井静雄．1969．稲の灌漑の理論と実際．農業図書．東京．
湯浅勇夫・牛田一男．1986．図解　新農業機械．農業図書．東京．
矢田貞美．1986．ラクラク作業　イネの機械便利帳．農山漁村文化協会．東京．

第 5 章　病害虫と雑草の防除

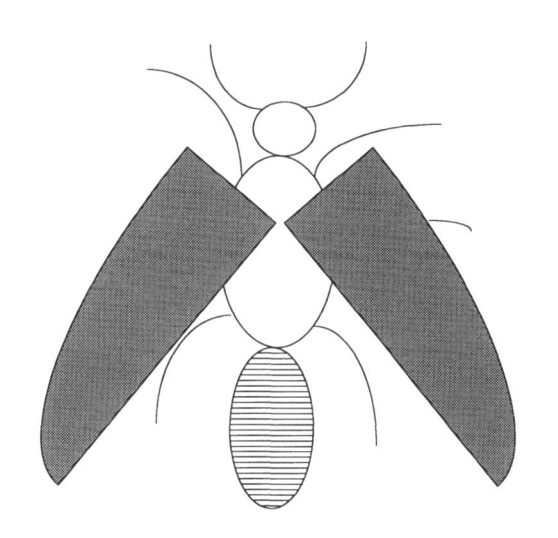

5.1 病害虫の発生予察

1. 病害虫の発生予察

農作物を加害する有害動植物の個体群変動を調査し，その動向を予測することを発生予察という．病害虫の発生予察は，1941年度から国の助成事業として開始され，都道府県の病害虫防除所を中心に現在まで継続して調査事業が実施されている．

1）調査対象病害虫

発生予察の対象病害虫は表5.1に示すものであり，これ以外で重要な病害虫についても調査するよう定められており，調査にはそれぞれの病害虫ごとに調査実施基準がある．

表5.1 主要作物の指定有害動植物（発生予察対象病害虫：一部）

寄主植物	害虫	病害
水稲	ウンカ類，ヨコバイ類，メイチュウ類，イネクロカメムシ，イネハモグリバエ，イネドロオイムシ	いもち病，紋枯病，白葉枯病
果樹	ヤノネカイガラムシ，クワコナカイガラムシ，ミカンハダニ，リンゴハダニ，ナシヒメシンクイなど	カンキツそうか病，カンキツ黒点病，リンゴ斑点落葉病，ブドウ晩腐病など
野菜	アブラムシ類，ハスモンヨトウ，ヨトウガ，コナガ，モンシロチョウなど	トマト疫病，トマト灰色かび病，キュウリべと病，キュウリうどんこ病，キュウリ斑点細菌病，スイカつる割病，ハクサイ軟腐病，キャベツ黒枯病，レタス菌核など

2）調査ほ場の設置

調査ほ場には，農作物の種類ごとに設置された府県予察ほ場と，農作物の栽培中心地区に設置された地区調査ほ場があり，定められたほ場を調査する定点調査（府県予察ほ場）と産地に設置されたほ場を巡回して調査する巡回調査（地区調査ほ場）がある．病害虫の発生を早く知るためには常発地の調査が必要で，各病害虫について代表的な常発地を調査することが重要になる．

3）病害虫の発生調査法

病害虫の発生予察における発生調査は，作物，病害虫の種類によって多少の差はあるが，発生の初期，発病の最盛期，発生の終期，発生部位，発病程度，被害状況，越冬状況をもとに行う．発生の情報は，発生時期の早晩（平年値と比較），発生量，発生面積，被害量の多少（平年値と比較）として提供される．

（1）害虫：害虫の調査方法には，予察灯，黄色水盤，フェロモントラップ，粘着トラップなどの害虫の生態的特徴を利用した捕捉法と，払い落としやネット捕獲など直接ほ場から害虫を捕捉する方法とがある（図5.1）．予察灯は，夜間白色電球または蛍光灯に飛来する害虫を，黄色水盤は，昼間黄色の水盤に飛来する害虫を捕捉する．フェロモンは，ニカメイガ，ハスモンヨトウ，シロイチモジヨトウ，モモシンクイムシ，コスカシバなどでは性フェロモンが，カメムシ類では集合フェロモンが利用される．また，検疫上重要なミバエ類の捕捉にもフェロモンによる誘因が利用される．

調査方法および調査時期は，作物，害虫ごとに異なり，発生程度を表す基準も害虫の種類によって異なる．水稲のトビイロウンカとナスのアブラムシについて調査事例を示す．

・水稲のトビイロウンカの調査法：成虫が梅雨期に海外から飛来，飛来成虫が発生源となる．
　予察では，予察灯および巡回調査により成虫飛来状況（時期，回数，量）を把握する．
定点調査：予察灯，黄色水盤などで初飛来日，性別飛来数などの調査（5～7日間隔で毎日）．
巡回調査：調査水田における払い落とし法（25株）により株ごとの生息虫数（成虫，幼虫数）を調査し，株当たりの発生程度を虫数から求める．

発生程度	無	小	中	多	甚
株当たり虫数	0	1～5	6～20	21～50	51以上

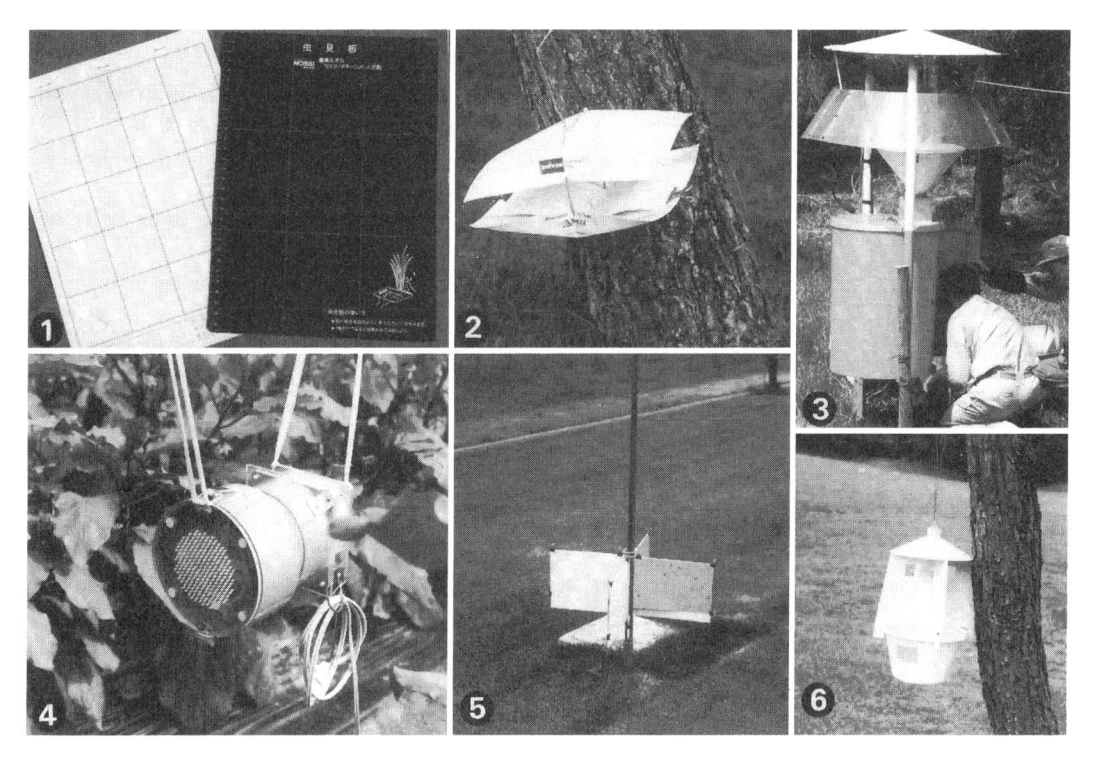

図5.1　病害虫調査用器具
1：虫見板（虫見板は，黒い虫見板上に稲の株をはたいて害虫を落とし，素早く虫数を読みとる），2：ウィングトラップ（フェロモントラップは，中央部のフェロモンに集まる虫を捕捉する），3：予察灯（予察灯は，光源の明かりに飛来する虫を捕殺する），4：胞子採取器（灰色かび用：ファンの回転により吸引し培地上に胞子を捕捉する），5：黄色粘着板による捕捉（黄色の粘着板に害虫を付着させる），6：コガネコール用の誘因器（コガネムシをフェロモンで誘因し底の部分に集める）

・**ナスのアブラムシ類調査法**：ナスにはモモアカアブラムシ，ワタアブラムシ，ジャガイモヒゲナガアブラムシなどが寄生し地域やほ場で優占種が異なる．種類別に発生量を調べ，多発時期を予測する．
定点調査：黄色水盤への種類別有翅虫数，および株当たり中上位5葉について種類別寄生虫数を，4～10月までの5日ごとに調査．
巡回調査：任意10株から100葉を選び，寄生虫数を4～10月までの15日間隔で調査．
発生程度別基準：虫数から発生程度を求める．

発生程度	無	小	中	多	甚
1葉当たりの寄生虫数	0	1～10	11～50	51～200	201以上

（2）**病　害**：病害調査は，病原菌の分布調査と病害の発生状況の調査が主になる．病原菌の分布調査には，回転式胞子採取器による浮遊胞子数の調査，代かき後の浮遊菌核数調査（水稲紋枯病）などがある．病害発生状況の調査は，定期的に調査ほ場を巡回し，病斑面積や株の被害状況を調査して，発病株率，発病度を算出する．

ウイルス病では発生状況調査に，抗血清やモノクロナル抗体によって感染率を調査することもある．また，発生予測については，水稲いもち病のように，アメダス（AMeDAS）データからいもち病菌の感染好適日を推定して発病を予測することもできる．予測には，発生予察モデルBLASTAMで好適感染日を予測し，シュミレーションモデルBLASTLで病勢進展を推定する．これらのプログラムでは，地域に適したパラメーターを設定し，使用にあたっては過去の発生状況への適合性を検討して使用する．

以下に，水稲いもち病およびキュウリうどんこ病の発生状況調査法の一例を示す．

- **水稲いもち病調査法**：育苗箱，葉・穂いもち病などで調査法が異なる．葉いもち病では，調査水田の水稲50株について，病斑面積または病徴を5段階の発病程度で評価して発病度を計算し，発生程度を求める．発病の進展をみるときには，病斑の種類を判定することが重要であり，急性病斑，慢性病斑の類別を行う．気象条件，品種，栄養状態などが発病の進展に大きな影響をもたらす．

> 発病程度の評価基準　0：病徴なし，1：病斑がわずかにある（病斑面積0.5％以下），
> 　　　　　　　　　　2：病斑をかなり認める（斑面積2％以下），
> 　　　　　　　　　　3：多数の病斑と軽いずり込みがある（病変面積10％程度），
> 　　　　　　　　　　4：下葉の枯死，著しいずり込み（病斑面積50％以上）
> 発病度 $= ((1 \times n_1 + 2 \times n_2 + 3 \times n_3 + 4 \times n_4) / (4 \times (n_0 + n_1 + n_2 + n_3 + n_4))) \times 100$
>
> | 発生程度 | 無 | 小 | 中 | 多 | 甚 |
> |---|---|---|---|---|---|
> | 発病度 | 0 | 1〜20 | 21〜40 | 41〜70 | 71以上 |

- **キュウリうどんこ病調査法**：初発時期および蔓延時期が早いと被害が大きい．初発および蔓延時期の調査を重点的にする．発病調査は，50株について全葉または株当たり25葉の発病程度（図5.2）を調査し，発病葉率から発生程度を求める．

> 発病程度の評価基準　0：病徴なし，1：病斑面積が25％以下
> 　　　　　　　　　　2：病斑面積が26〜50％
> 　　　　　　　　　　3：病斑面積が51〜75％
> 　　　　　　　　　　4：病斑面積が76％以上
> 発病度 $= ((1 \times n_1 + 2 \times n_2 + 3 \times n_3 + 4 \times n_4) / (4 \times (n_0 + n_1 + n_2 + n_3 + n_4))) \times 100$
>
> | 発生程度 | 無 | 小 | 中 | 多 | 甚 |
> |---|---|---|---|---|---|
> | 発病葉率（％） | 0 | 1〜25 | 26〜50 | 51〜75 | 76以上 |

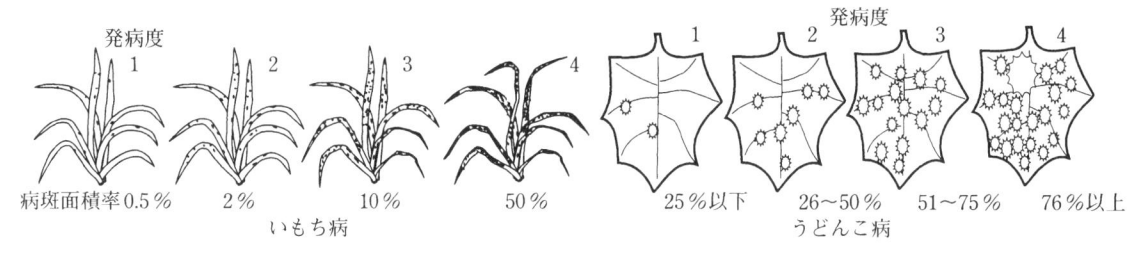

図5.2　水稲いもち病およびキュウリうどんこ病の発病程度（数値は発病指数を示し，無病徴は0とする）

4）情報の提供

　発生予察情報には，毎月の発生情報（発生予報），多発病害虫の情報（注意報），大発生が予測され早急に被害対応の必要な病害虫の情報（警報），新奇病害虫や特異的な病害虫の発生情報（特殊報）があり，テレフォンサービス（大阪府：0729-56-6442，京都府：0771-23-9512，奈良県：07442-2-6201など）やFAXで迅速に情報提供がなされる．また，府県によってはインターネットによって予察情報や病害虫の発生情報を提供しているところもある．全国の植物防疫に関するネットワーク（JPPネット）では，全国都道府県の病害虫発生情報が得られるようになっている．

〔草刈眞一〕

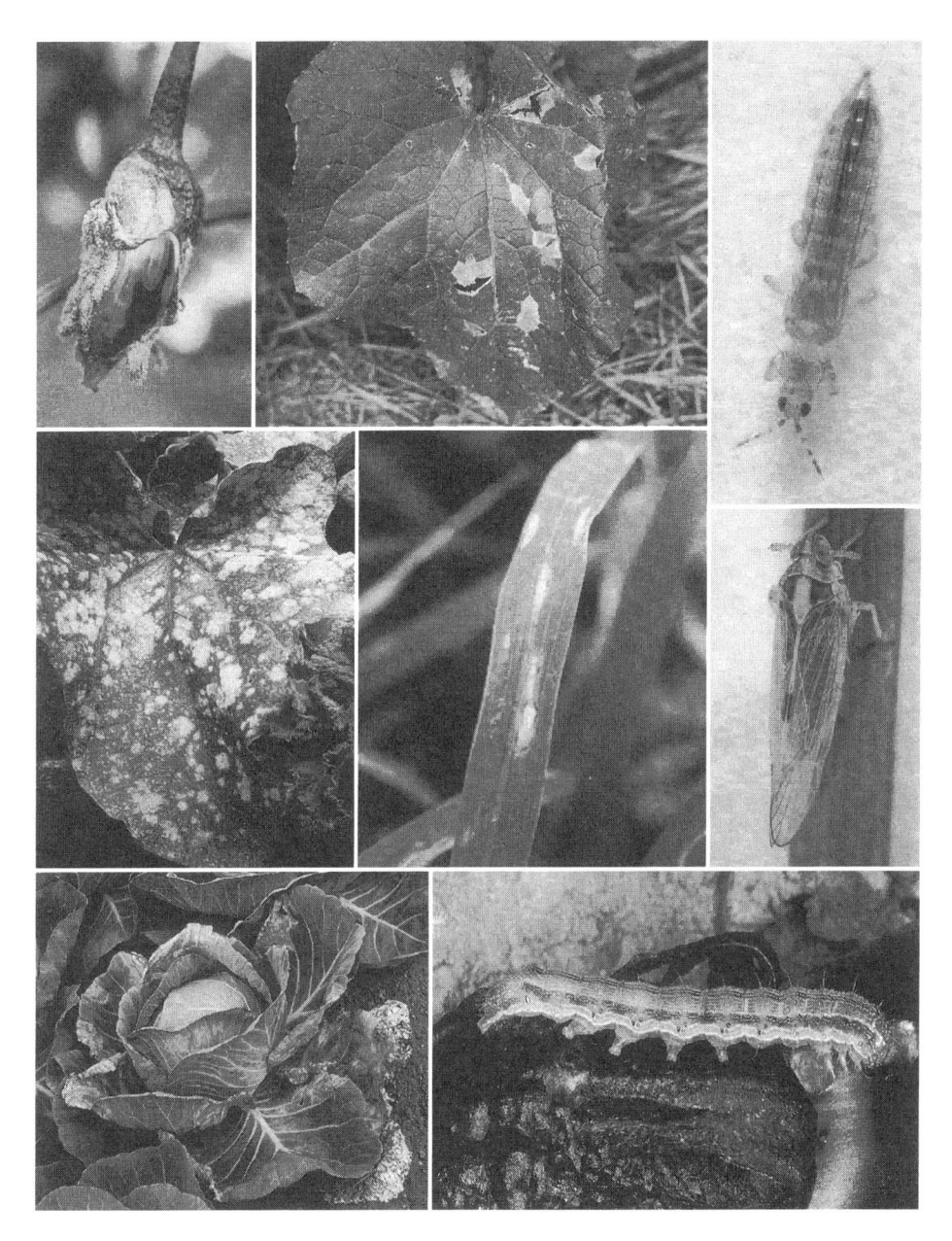

上左：灰色かび病に感染したナスの果実，上中：キュウリ炭そ病の病斑
中左：メロンうどんこ病，中央：水稲いもち病の病斑，下左：キャベツ黒腐病
上右：ミカンキイロアザミウマ，中右：セジロウンカ，下右：オオタバコガの幼虫
（右の上，中，下は柴尾 学，その他は草刈真一原図）

5.2 農薬散布による防除法

1. 病害虫の診断

1）病　気

病気の防除を的確に行うためには，対象とする植物がどのような病気にかかっているのかを正確に知る必要がある．病気の種類を明らかにし，病名を決定することを診断という．診断は対象とする病気が，例えば「タバコモザイク病」であることを明らかにすることである．植物の病気の診断には，ほ場診断と植物診断の二つがあり，正確な診断には両方が欠かせない．的確な対策のためには病種の診断も重要であり，病気が菌類によるのか，細菌，ウイルスによるのか，あるいは生理的なものかを，まず判断する．

ほ場診断では，病気が発生しているほ場で，発生の実態を把握して病気の種類を総合的に判断する．正確に診断するためには，ほ場全体における発生の状況やほ場の環境条件などを調べなければならない．また，ほ場の中の発病株の分布状況の観察によって，例えば虫媒伝染病や土壌伝染病，あるいは接触伝染性ウイルス病などの可能性が推定できることがある．

植物診断は植物個体を対象にして行う診断で，次のような多くの方法がある．

肉眼的診断では，病徴（萎凋，矮化，退緑，黄化，てんぐ巣，モザイク，斑点，腐敗，立枯れなど）や標徴（菌類病に感染した葉の上の菌糸の集まりのように，病原体そのものが肉眼的に観察されるもの）を肉眼で観察して診断する．細菌病の場合などには病気の植物体が発する臭気も診断の手がかりになる．

解剖学的診断は，病植物の内部病徴や組織内の病原体を確認するために，組織を解剖したり，顕微鏡で観察する方法である．

血清学的診断は，きわめて鋭敏な抗原抗体反応を応用した診断方法で，ウイルス病の診断で広く用いられている．

生物学的診断は，植物から病原体を分離し，別の健全な植物に接種して，病原性を確かめる方法である．菌類病や細菌病では普通病原菌を分離して培地上で純粋に培養し，その分離株が病原性をもつかどうかを接種によって確かめる．また，イネ白葉枯病などの細菌病では，水田の水中に分布する病原細菌寄生性ファージの量を測定することによって，病原細菌の発生程度を正確に推定できる．

最近では，遺伝子診断によって，ごく低濃度のウイルスやウイロイドなども検出できるようになった．

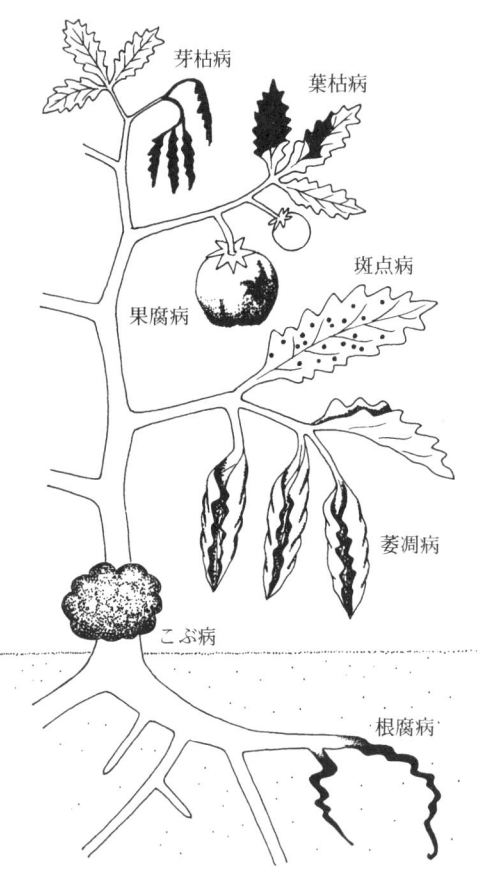

図5.3　作物の病気（模式図）

（大木　理）

2) 害虫

植物の病気の防除と同様に，害虫の防除を的確に行うためには，まずその害虫を正しく同定する必要がある．そのためには，それぞれの害虫の形態的な特徴を知っておかなければならないが，加害様式やその害虫がもたらす被害のようすについて知っておくことも重要である．

農業害虫は，主に口器の形態の違いから，吸収性害虫とそしゃく性害虫に分けられる．すなわち，害虫の加害様式の違いは，それぞれの口器の形態の違いを反映しているといえる．

吸収性害虫は，植物の葉・茎・根から吸汁するもので，カメムシ類（アブラムシ，カイガラムシ，コナジラミ，グンバイムシ，カメムシなど）やアザミウマ類，昆虫以外ではハダニなどが含まれる．吸収性害虫は集団で加害するものが多く，新葉の生育を弱めて萎縮させ，すす病を誘発したりウイルス病を媒介するものが多い．一般的には，植物の葉や茎に寄生するものが多いが，アブラムシやカイガラムシの中には根に寄生するものもある．

そしゃく性害虫は，植物の葉・茎・根を直接食べるか，あるいは組織内に侵入して加害するもので，その加害様式はさまざまである．葉をかじって食べるもの（アゲハチョウ，モンシロチョウ，コナガ，ヨトウガなどのようなチョウ・ガの幼虫，ハムシ，コガネムシなどのコウチュウ，ハバチの幼虫など），葉をまいて幼虫がそこに潜んでいるもの（ハマキガ，キバガなど），葉に潜るもの（ハモグリガ，ハモグリバエなど），茎に食入するもの（メイガ，コウモリガ，スカシバガ，カミキリムシなどの幼虫），根に食入するもの（ネキリムシなど）がある．

このように，害虫の種類によって作物を加害する部位や様式が異なっていることや，作物の被害のようす，害虫の脱皮殻・排泄物などから，害虫の姿が見えなくても，どのような害虫によって加害されたかを診断できる場合もある．

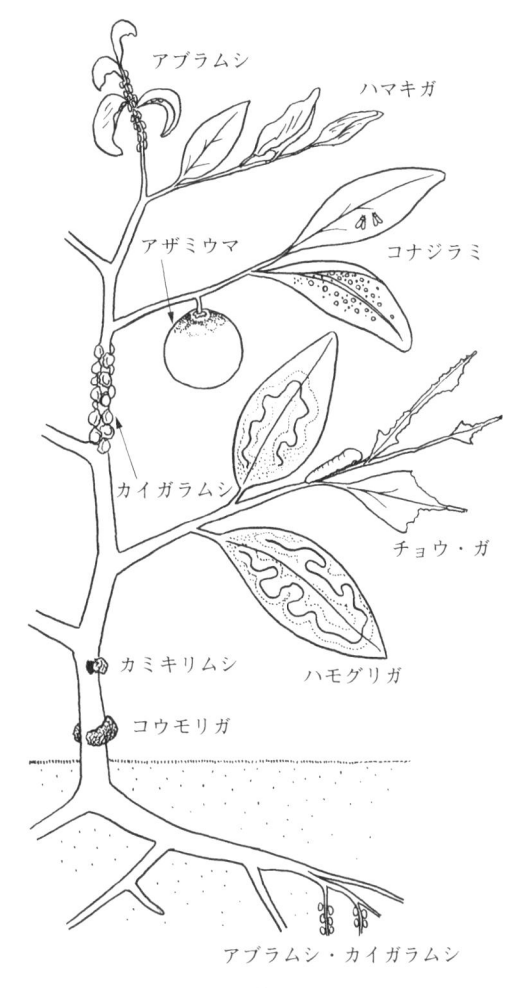

図5.4 作物の害虫

（広渡俊哉）

2. 病害虫の種類と農薬の選び方

1) 病　気

　菌類あるいは細菌によって生じる作物の病気を防ぐ薬剤を殺菌剤と呼ぶ．殺菌剤の使用に当たっては，発生した病気の種類と発生生態を調べ，最も効果の高い剤を選ぶ必要がある．殺菌剤は，化学成分によって以下に分けられる．

　銅殺菌剤（ボルドー液など）
　硫黄殺菌剤（石灰硫黄合剤，ジネブ剤，マンネブ剤，ポリカーバネート剤など）
　ポリハロアルキルチオ殺菌剤（キャプタン剤，スルフェン剤）
　脂肪族および芳香族ハロゲン化殺菌剤（臭化メチル剤，クロルピクリン剤，TPN剤，PCNB剤，クロロネブ剤）
　有機燐殺菌剤（ホセチル剤など）
　ベンゾイミダゾール系殺菌剤（ベノミル剤，チオファネートメチル剤）
　ジカルボキシイミド殺菌剤（イプロジオン剤，ピンクロゾリン剤など）
　カルボキシアミド殺菌剤（オキシカルボキシン剤，メプロニル剤，フルトラニル剤など）
　アシルアラニン系殺菌剤（メタラキシル剤，オキサジキシル剤）
　N－ヘテロ環系エルゴステロール阻害剤（トリアジメホン剤など）
　抗生物質（ブラストサイジンS剤，バリダマイシン剤など）
　その他（次亜塩素酸塩剤，シイタケ菌体抽出物剤など）

　同じ化学成分でも使用法（茎葉散布，土壌消毒，種子消毒）に応じて，さまざまな剤型（乳剤，水和剤，粉剤，粒剤など，農薬の調合の仕方の項を参照）があり，値段も異なる．また，予防効果に優れた殺菌剤と治療効果の高い剤がある．このような特徴を理解し，病気の発生程度や作物の生育の状態，被害の規模に応じて殺菌剤を選択する．府県や市町村の防除基準で推奨されている農薬を調べることも参考になる．以下，大阪府立大学内で毎年発生するイネ紋枯病とモモ縮葉病を例に，発生特性と防除法について述べる．

イネ紋枯病

　いもち病に次いで重要なイネの菌類病で，初め，水ぎわの葉鞘に暗緑色で不鮮明な小さな斑紋が形成され，次第に大きくなって，周縁が濃褐色で内部が淡緑色～灰色の長楕円形または縦長で不定形の病斑となる．大きさは10～20 mmのものが多いが，大きいものは40～50 mmに及ぶ．イネの生育中期までは株から株へと病気が広がり，多発生すると株全体が枯死する．病斑が古くなると白い菌糸が集まり，後に直径2～3 mmの褐色の菌核が形成される．これが翌年の伝染源となる．病原菌は担子菌類に属する*Thanatephorus cucumeris* (Frank) Donk（不完全世代は*Rhizoctonia solani* Kühn）である．7月から9月に発生し，高温多湿条件になるほど被害が大きい．バリダマイシン剤，メプロニル剤，フルトラニル剤などの粉剤や水和剤を出穂15日前頃に施用する．

モモ縮葉病

　初め，若い葉に火ぶくれ状の淡赤色の小さな病斑が形成され，葉の生長につれてそれが拡大し，赤や黄に変色すると同時に，葉の一部または全体が厚く肥大して凹凸ができる．病勢が進むと罹病葉は白い粉で覆われ，落葉する．同様の症状が新鞘や果実に発生することもある．病原菌は子のう菌類に属する*Taphrina deformans* (Berk.) Tul. である．発病は4月中旬から5月初旬で，気温が上がる5月下旬には，ほとんど発病しなくなる．病原は枝や冬芽の表面に付着している．これを発病前（3月）に殺菌することが最も効果的な防除である．無風の日を選んで，石灰硫黄合剤を枝や幹に十分に散布する．

（東條元昭）

2）害　虫

殺虫剤散布による害虫の防除は，効果が的確で速い反面，環境への影響や抵抗性の発現，リサージェンスなどの問題も抱えている．そのため，適切な種類の薬剤を適切な場面で使用し，量や回数をできるだけ減らすことが望まれる．

（1）害虫の種類：殺虫剤は殺菌剤と違って予防的に使われることは少ない．薬剤の選定に当たっては，まず対象となる害虫をよく観察し，正確に種類を知る必要がある．害虫の種類を誤ると，防除するどころかかえって被害を大きくすることになりかねない．

（2）殺虫剤の選び方：害虫が特定できたら，農薬適用一覧表（農薬検査所監修，日本植物防疫協会発行）や都道府県別に発行されている防除基準・防除指針などを参考にして，その害虫と作物に登録のある薬剤をピックアップする．現在，非常に多くの種類の薬剤が農薬登録されており，それらは，いくつかの系統に整理できる．主な殺虫剤の系統と対象となる作物・害虫は表5.2のとおりである．そこで作物の栽

表5.2　主要な殺虫剤の系統と対象となる作物および害虫

殺虫剤の系統	対象となる作物	対象となる害虫	抵抗性	効果
有機リン系	稲，野菜，果樹，茶など各種作物	広範囲の害虫	つきやすい	速効的
カーバメート系	稲，野菜，果樹，茶など各種作物	広範囲の害虫	つきやすい	速効的
ピレスロイド系	主に野菜，果樹，茶	広範囲の害虫	つきやすい	速効的
ネライストキシン系	稲，野菜，果樹，茶など各種作物	主に鱗翅目	ややつきにくい	やや遅効的
BT系	主に野菜	主に鱗翅目	つきにくい	遅効的
IGR系（昆虫成長制御剤）	稲，野菜，果樹，茶など各種作物	主に鱗翅目，半翅目	ややつきにくい	遅効的
ネオニコチノイド系	稲，野菜，果樹，茶など各種作物	主に半翅目，総翅目	ややつきにくい	やや遅効的
生物防除剤（天敵昆虫，天敵糸状菌）	主に野菜，果樹	天敵昆虫は半翅目，ハダニなど　天敵糸状菌は鞘翅目（カミキリムシ類）	つきにくい	遅効的

培様式，ほ場の面積，害虫の発生程度，他剤との混用や併用，価格などを考慮して，最も適切なものを選定する．殺虫剤の実際の使用に当たっては安全使用基準に従い，使用者や農産物の安全性を確保するとともに，周辺の環境に対しても注意を払わなければならない．また，近年では多くの害虫で薬剤抵抗性の顕在化や，薬剤散布後にかえって害虫が増殖してしまうリサージェンスが問題となっており，使用頻度や薬剤のローテーションを検討することも必要である．

（平井規央・田中　寛）

3. 農薬の調合

1) 農薬の種類

農薬の調合の仕方は製剤の種類によって異なる．農薬を製剤の違いにより大別すると，以下のようになる．

固体施用剤
　粉剤（微粉．45 μm以下が95％以上．有効成分以外の主な成分は鉱物質）
　粉粒剤（微粉～細粒．1700 μm以下．有効成分以外の主な成分は鉱物質と結合剤）
　粒剤（細粒．300～1700 μmが95％以上の粒子．有効成分以外の主な成分は鉱物質のみ，あるいは鉱物質と結合剤）
　水和剤（微粉．63 μm以下が95％以上の粒子）
　他に水溶剤，顆粒水和剤，錠剤，ジャンボ剤

液体施用剤
　乳剤（透明液体．有効成分以外の主な成分は有機溶剤と乳化剤の混合液）
　液剤（透明液体．有効成分以外の主な成分は水）
　フロアブル（白色液体．有効成分以外の主な成分は水，分散剤，増粘剤の混合液）
　油剤（透明液体．有効成分以外の主な成分は有機溶剤）
　マイクロエマルジョン（透明液体．有効成分以外の主な成分は水と乳化剤の混合液）
　マイクロカプセル（白色液体．有効成分以外の主な成分は水と高分子膜物質）

その他の製剤
　くん煙剤，くん蒸剤，エアゾル，塗布剤，ペースト剤など．

2) 農薬の調合の仕方

固体施用剤がそのまま散布機や手で散布されるのに対し，液体施用剤は水で希釈し，適切な濃度に調合して散布する必要がある．不適切な調合は薬害や散布むらをまねく．以下に液体施用剤の調合の仕方と注意点を述べる．

(1) 水の準備：水はできるだけ清浄なものを用いる．汚水，硬水，アルカリ性の水，海水を含んだ水は用いてはならない．また，水温は5～35℃が良い．低温では溶解しにくく，高温では有効成分が分解する場合がある．

(2) 希釈率の算定：液体施用剤の濃度は，重量で算定するのが原則である．例えば，比重1.3の薬剤の1,000倍液を調整するためには，水1 l に0.77 ml あるいは0.77 gの原剤を溶かすことになる．粉剤は原剤をそのまま使う場合が多いが，増量剤で希釈する場合には液体施用剤の算定法に準ずる．

(3) 乳　剤：乳剤は，水に融けにくい原体をキシレンなどの有機溶剤で溶かし，界面活性剤を加えて原体の粒子をむら無く分散させた薬剤である．原液を使用前に良く振って用いる．所定量の原液を，所定量の大量の水に徐々に加えて，よく撹拌し散布液をつくる．乳剤に沈殿が生じている場合には，温湯の中に容器を入れてあたため，沈殿を溶かしてから用いる．濃度を間違えると有機溶剤による薬害が出やすく注意が必要である．

(4) 液　剤（水溶液剤）：水に溶けやすく，加水分解のない有効成分を水に溶かし，これに界面活性剤や凍結防止剤を加えた製剤である．乳剤と同様に希釈する．

(5) 水和剤：水和剤は水に融けにくい原体を微粒子にし，界面活性剤を加えた粉状の薬剤である．所定量の水和剤の粉末を少量の水で溶かし，これを所定量の大量の水に入れてよくかき混ぜ，散布液をつくる．希釈後は沈殿しやすいため，散布時にはタンクの中の確認が必要である．

(6) フロアブル：フロアブルは，原体を水和剤よりも微小な粒子にして水に分散させた製剤である．乳剤と同様にして調整する．有機溶剤が含まれていないため，乳剤のような薬害の心配がなく，水和剤のように希釈後沈殿することもないので，フロアブル製剤の利用が増えつつある．

(7) 水溶剤：水溶性の有効成分を水溶性増量剤と混合した固体剤で，水に融けやすく，所定量の粉末を水に入れてかき混ぜれば，容易に散布液が得られる．

(8) 展着剤の添加法：液状の展着剤は乳剤の散布液と同様の方法で添加する．固体の展着剤は水和剤の

調合法に準じて，少量の水で溶かしてから散布液に添加する．

(9) **安全上の注意**：農薬散布の際の安全装備は当然であるが，調合の際にも防塵めがね，専用のマスク，手袋などの十分な装備が必要である．水和剤や粉剤は粉状であるため開封時に飛散しやすく，吸引したり，身体に付着したりする危険が高いので特に注意が必要である．野外で調合する場合には風向きに気をつけて，農薬を直接浴びないようにする．作業の後はうがいをし，手や顔などの露出部を石けんで良く洗う．

(東條元昭)

害虫の天敵と生物的防除

　害虫の天敵は，テントウムシ，ヒラタアブ，クサカゲロウ，ハナカメムシ・メクラカメムシ，ダニ類，クモ類などの捕食性天敵と，寄生バチ，寄生バエなどの捕食寄生性天敵に分けられる．捕食性天敵の利用例としては，イセリアカイガラムシの天敵ベダリアテントウ，ナミハダニの天敵チリカブリダニなど，捕食寄生性天敵としては，クリタマバチの天敵チュウゴクオナガコバチ，オンシツコナジラミの天敵オンシツツヤコバチなどが代表的なものである．また，最近では天敵微生物を用いた害虫の防除も試みられている．害虫の天敵としては，①ウイルス（核多角体病ウイルス，細胞質多角体病ウイルス，顆粒病ウイルス），②細菌（卒倒病菌「BT剤」など），③糸状菌（黒きょう病菌，黄きょう病菌など），④原生動物（微胞子虫など），⑤センチュウ（線虫）などがあげられる．

　オランダ，ベルギーなどの北欧諸国では，これらの天敵の多くが「生物農薬」として商品化され実用されている．しかし，日本では試験的な段階のものが多く，農林水産省に「生物農薬」として登録されているのは，1997年の段階でトマト用のツヤコバチとイチゴ用のチリカブリダニの2種にすぎない（和田 1997）．

　多くの侵入害虫の有力天敵の探索は，一般的にその害虫の原産地で行われる．そのようにして国外からの導入天敵を利用する場合，オンシツツヤコバチのように施設内で利用するのと，チュウゴクオナガコバチのように野外に放飼するのとでは事情が異なる．野外に導入天敵を放飼する場合には，土着性の天敵との種間関係によって導入が成功するかどうかが大きく影響されるので，あらかじめ土着性の天敵相を調査しておく必要がある．

　天敵を用いた生物的防除は，残留毒性がない，害虫に抵抗性がほとんど発達しない，効果に持続性があるなどの長所がある反面，効果発現に時間がかかる，導入天敵により生態系のバランスがくずれるなどの問題点を兼ね備えていることに留意しなければならない．

(広渡俊哉)

5.3 防除機械の種類と利用

農薬による病害虫の防除を能率的，省力的に行うためには防除機械の利用が不可欠である．防除機械は使用する農薬の剤型によって異なり（表5.3），また，液剤では単位面積あたりの散布量によっても使い分けられている（表5.4）．さらに農作物の種類，ほ場の条件（水田，畑，果樹園など），ほ場の規模などに応じてさまざまな種類の防除機械が考案されている．

1. 噴霧機（sprayer）

噴霧機は液剤をポンプによって加圧し，これをノズルの小孔から霧状に噴出させる装置で，人力式と動力式がある．人力噴霧機は手でポンプを動かすことによって薬液を加圧するもので，肩掛式や背負式等小型で持ち運びができるものが一般的である．一方，動力噴霧機はエンジンやモーターによって薬液を加圧するもので，背負式などの持ち運び可能なもの（図5.5）から，台車に設置してけん引するもの，トラクタに直装するもの（ブームスプレーヤ），果樹園などで用いられるスプリンクラー式のもの，ハウス内を自動走行する自走式スプレーヤなどさまざまな種類がある．

噴霧機のノズルには，噴出部の構造によってジェットノズル，渦巻ノズル，扇形ノズルなどに分けられ，さらに噴出口の配置や形状によって単口，単頭，調節，鉄砲，塊状，環状，スズラン，水平，畦畔ノズル，除草剤散布ノズルなどがあり，用途によって使い分けられている．

表5.3 農薬の剤型と主な防除機の種類

農薬の剤型	主な防除機
液剤	人力噴霧器，動力噴霧器，少量散布機，スピードスプレーヤ
粉剤	人力散粉機，動力散粉機
粒剤	人力散粒機，動力散粒機
燻煙剤	燻煙装置

植物防疫講座第3版編集委員会編（1997）
植物防疫講座第3版より改変．

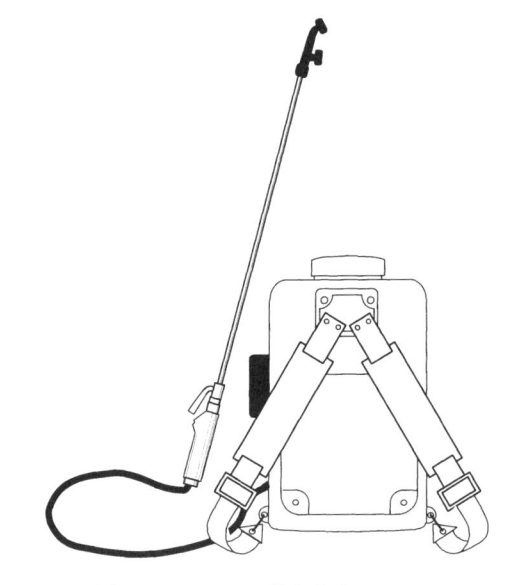

図5.5 バッテリー動力噴霧器

2. 散粉機（duster）・散粒機（granule applicator）

一般に粉剤，粒剤では液剤に比べて散布量が少なく，機械が軽量で使用法が簡単であるなどの特徴があげられる．散粉機・散粒機にも人力式と動力式があり，人力式は手持式，前掛式，背負式などのタイプがあり，安価で操作は容易であるが，大面積のほ場には向かない．動力式の背負動力散布機は，エンジンによって送風機を動かし，薬剤を散布するもので，簡単な部品の交換により粉剤，粒剤散布をはじめ，液剤のミスト散布も可能である．背負式動力散布機は低価格で高能率であるため，水稲栽培をはじめとして用いられる機会は多い．動力式の散粉・散粒機には，この他にもけん引式やトラクタ直装式もある．

3. その他

1） ミスト機（mist blower）（図5.6）

ミスト機は薬液を微粒子にし，送風によって散布する装置である．噴霧機に比べ，薬液の霧が細かく，液滴の飛散距離が広範囲であり，高濃度で使用するため，散布量は少なくてすむ．背負式ミスト機は動力散布機との兼用機であることが多い．

2） スピードスプレーヤ（air blast sprayer）（図5.7）

けん引型，自走型の大型のミスト機で，現在では自走型のものが多い．主として果樹園で利用されている．

3） 微量散布機（ultra-low-volume sprayer）・少量散布機（low-volume sprayer）

微量・少量散布機は，ミスト機よりもさらに希釈水量が少なく，高濃度の液剤を散布する装置で，背負式，トラクタ直装式などがある．また，近年では大区画のほ場用に，田植機に装着できる水稲用液剤少量散布機が開発されている．

4） 煙霧機（fog machine）

主として施設栽培で用いられる装置で，高濃度の薬液を煙霧化し，空間に充満させるものである．燃焼煙霧機と常温煙霧機がある．

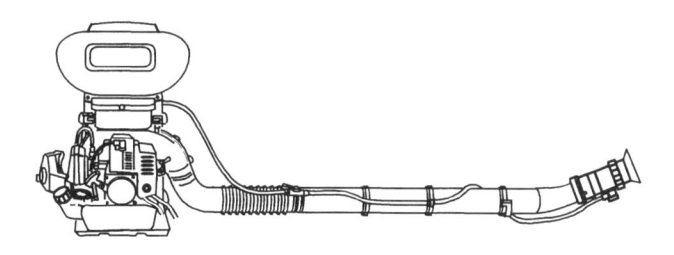

図5.6　背負型ミスト機

表5.4　散布量による液剤散布法の分類

散布法	散布量 (l/ha)	使用防除機
多量散布（high volume）	>500	噴霧器
準少量散布（semi low volume）	100〜500	ミスト機
少量散布（low volume）	30〜100	
過少量散布（very low volume）	6〜30	微量・少量散布機
微量散布（ultra low volume）	<6	

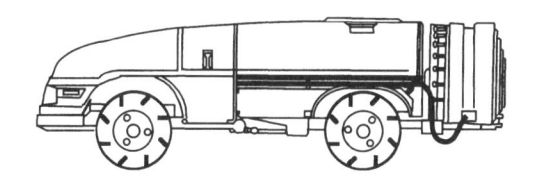

川村他（1991）新版農作業機械学より改変．

図5.7　スピードスプレーヤ

5） 空中散布（aerial application）

航空機を利用して薬剤を散布する方法で，わが国ではヘリコプターが一般的である．いもち病やウンカ・ヨコバイ類など，広域的に防除する際に利用される．また，最近では無人のラジコンヘリが用いられることもある．

（平井規央・田中　寛）

5.4 雑草の防除

1.雑草の種類と除草剤の選び方

　農業生態系における雑草は，畑雑草（耕地雑草）と水田雑草とに大別できる．畑地における作物と雑草の競合は，栽培期間の多くを湛水状態で経過する水稲栽培に比べて激しい．畑雑草には土壌処理剤，茎葉処理剤などが，水田雑草には初期除草剤，一発処理剤，中期除草剤，後期除草剤などが一般的に用いられている．いずれの除草剤も，使用濃度，使用方法を間違えると栽培植物に薬害が出るので十分注意する．なお，散布に際しては，手袋，マスク，長袖の作業着などを着用するようにする．また，除草剤抵抗性雑草の出現防止のため同一薬剤はなるべく連年使用しない．

2.畑雑草の防除法

　畑雑草の大部分は，種子から発生する一年生もしくは越年性雑草であり，土壌のごく表層から発生してくる場合が多い．雑草が最も弱いのは発芽直後から生育初期であるので，この時期に土壌処理剤を散布すると長期間雑草を防除できる．土壌処理剤を使用する場合には，雑草の発生前から発生初期の処理適期を失せずに，均一に土壌表層に処理層を形成させるようにする．そのためには，処理前に砕土，整地をできるだけ丁寧に行い，土壌表面を均平にしておく．

　雑草の非木化部分から吸収される茎葉処理剤には非選択性のものがよく用いられ，それらは図5.8に示した3種類に分けられる．第1グループは薬剤散布部位のみ速効的に枯らすジクワット剤，パラコート剤，第2グループは植物体内の移行性が優れるために多少のかけムラがあっても地上部全体を枯らすグルホシネート剤，ビアラホス剤，第3グループは根部まで移行し，植物体全体を枯らすグリホサート剤である．第1グループは20日程度で雑草の再生が始まることから，草刈りの代用として使用される場合が多い．第2グループは散布してから雑草が枯れるまで日数を要するが，人畜に対する毒性は低い．第3グループは効果が発現するまでに多くの日数を要するが，多年生雑草に対しても有効であり，雑草の発育抑制効果は30〜40日間期待できる．

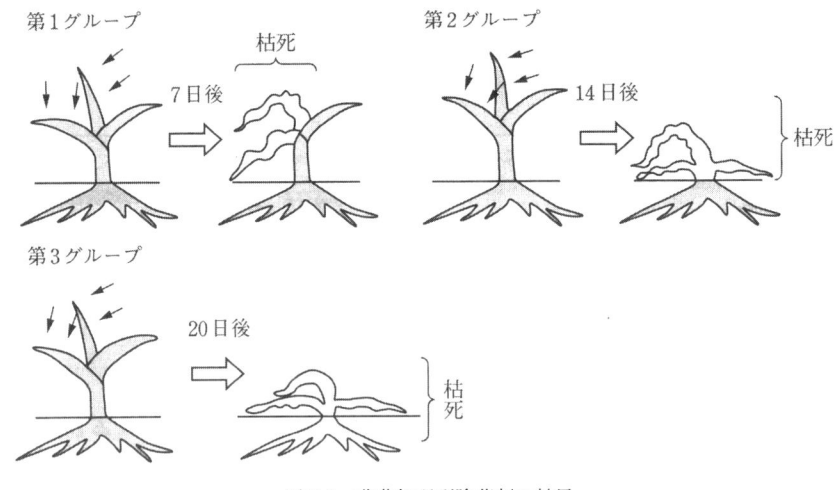

図5.8　茎葉処理型除草剤の効果
　↓：除草剤の散布部位
　雑草の白抜き部分は，枯死部位を示す

3. 水田雑草の防除法（本田の除草）

　水田の除草の一般的な注意事項は，除草剤使用後，湛水状態に保つ（剤によっては例外あり）こと，漏水田・強還元田や軟弱苗および異常高温時などの使用は薬害が発生するので避けること，などである．
　栽培地の気候条件により処理時期のズレがあるとは思うが，一例として大阪府の水稲除草剤の処理時期を図5.9に記した．一発処理剤は薬剤の持続時間が長いので，適期処理すると中・後期除草剤を省略できる．初期除草剤の注意点は，湛水状態で土壌全面に均一に散布し，散布後3～4日間は絶対落水しない

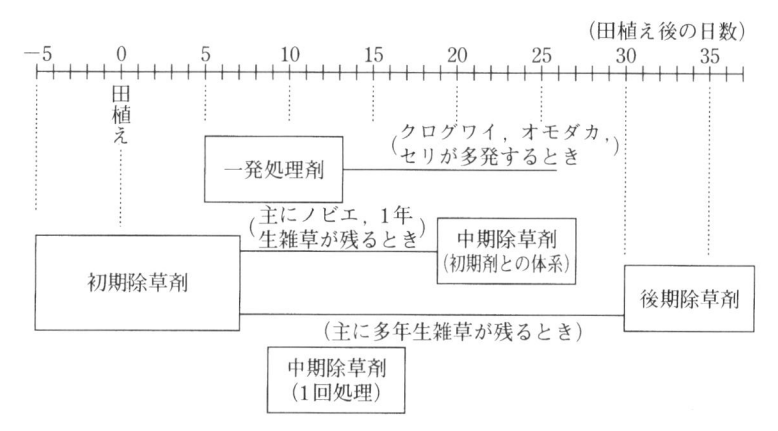

```
                        （田植え後の日数）
  -5   0   5   10   15   20   25   30   35
  田
  植
  え
              ┌────────┐
              │ 一発処理剤 │──────（クログワイ，オモダカ，
              └────────┘          セリが多発するとき）
                   （主にノビエ，1年   ┌────────────┐
                    生雑草が残るとき）│ 中期除草剤   │
  ┌──────────┐                      │（初期剤との体系）│    ┌────────┐
  │          │                      └────────────┘    │ 後期除草剤 │
  │ 初期除草剤 │                                        └────────┘
  │          │   （主に多年生雑草が残るとき）
  └──────────┘
              ┌────────┐
              │ 中期除草剤 │
              │（1回処理） │
              └────────┘
```

　注）1．除草剤処理時期の目安と体系処理の関係を示したもので，具体的な処理時期については各薬剤の使用基準を厳守する．
　　　2．体系処理では2薬剤以上使用するので，同一成分を含む薬剤の重複使用は絶対にしないように注意する．

図5.9　水稲除草剤の処理時期（大阪府農林水産部農作物病害虫防除指針）

こと，軟弱苗を移植した時や浅植え・深水では薬害が出やすいこと，などである．中期除草剤の注意点は，湛水状態で全面に均一に散布し，数日間は3～5 cmに水を保ち落水しないこと，使用時および使用直後に異常高温になると薬害が出やすいこと，などである．後期除草剤には湛水状態で使用する剤と落水してから使用する剤があるので，使用に際しては十分注意する．後期除草剤はいずれも有効分げつ期が終了してから用いる．
　なお，畦畔の除草は畑雑草の防除法に準ずる．

〔望岡亮介〕

環境保全型雑草防除法

　除草剤の使用をできるだけ抑え，環境への負荷を最小限にとどめる方法である．耕地に生育する雑草の中には，非常に小型であったり，発生の時期が作物の生育時期とずれていたりして，作物の生育にほとんど影響を与えないものがある．このような植物は，土壌表面を覆って環境変動を抑えたり，有益な微生物や小動物の生長に資源を提供して耕地生態系の維持に重要な役割を果たしている．なかには，作物と共存することによって作物自身の生長を促進するものもある．除草剤の連用は雑草自身に遺伝的な抵抗性を作る場合があり，かえって除草剤の使用量が増えるので，同じ系統の除草剤の使用を避ける．新しい除草剤の開発では，使用した耕地から流亡せず，耕地内で分解し無毒化する製剤に変わりつつあり，水田除草剤では魚毒性のような直接的評価だけでなく，エビやカニへ間接的に影響を及ぼす緑藻や珪藻への評価も行われる．除草剤や農薬自身の施用量を抑えて環境負荷を低くするだけでなく，耕地生態系全体を健全な状態に保ちながら，害になる雑草だけを抑制する．現状では，耕種スケジュールの適切な配備，選択性除草剤の適切な使用により目的を達成するが，特定の病原菌や昆虫を使って，生物的に雑草を抑制しようとする試みも進められている．また，作物に害を及ぼさない植物のうち，雑草にアレロパシーを示す植物を積極的に育てて雑草害を抑える方法も研究されている．

〔山口裕文〕

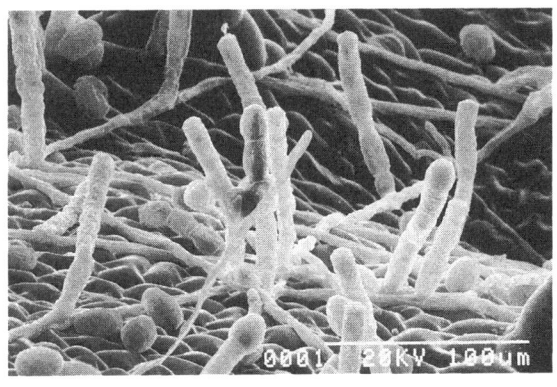

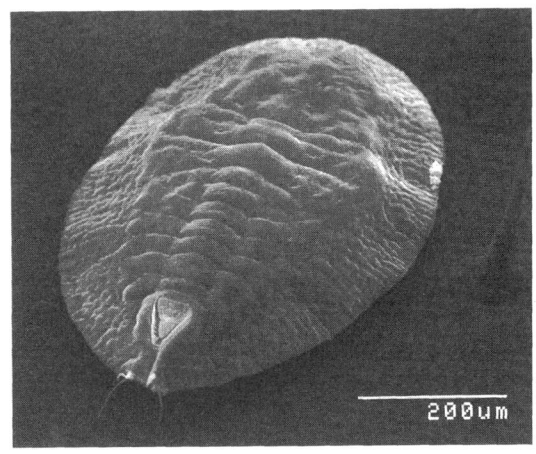

ブドウべと病　　　　　　　　　　キュウリうどんこ病

オンシツコナジラミ　　　　　　　サビダニ

(いずれも草刈真一原図)

－第5章　参考図書－

阿部清文．1997．病害虫の発生予察．植物防疫講座第3版．日本植物防疫協会．東京．
阿部清文・根本文宏．1999．JPP-NETを活用したいもち病の発生予察．植物防疫．53：12－16．
Agrios, G.N. 1997. Plant Pathology, 4th ed. Academic Press, New York, U.S.A.
岩崎力夫．1988．ピシャッと効かせる農薬選び便利帳．農山漁村文化協会．東京．
川村　登他．1991．新版農作業機械学．文永堂．東京．
小林彰一．1999．JPP-NETの情報を活用した資料作成．植物防疫．53：17－21．
草薙得一他編．1994．雑草管理ハンドブック．朝倉書店．東京．
日本機械学会編．1996．生物生産機械ハンドブック．コロナ社．東京．
農作物有害動植物発生予察事業調査基準．1986．農林水産省農蚕園芸局植物防疫課．
「農薬散布技術」編集委員会編．1998．農薬散布技術．日本植物防疫協会．東京．
植物防疫講座第3版編集委員会編．1997．植物防疫講座第3版．日本植物防疫協会．東京．
山口裕文編著．1997．雑草の自然史．北海道大学図書刊行会．北海道．
和田哲夫　1997．天敵昆虫利用の可能性－生態系とのかかわり．インセクタリゥム．34：350－355．

第6章　ハウスの組立てと環境制御

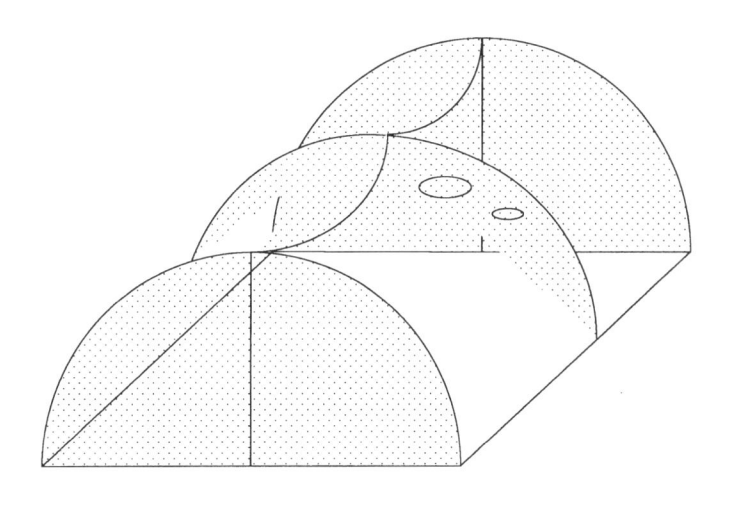

6.1 ハウスの組立て

1. トンネルの組立て

1) トンネル支柱用資材の種類

　以前，トンネル支柱用資材は竹が多く利用されていたが，現在ではFRP (fiberglass reinforced plastic) あるいはFRPを軟質プラスチックで被覆したものが使われる（図6.1）．一般に，小型トンネルでは丸形の棒，大型トンネルではパイプ型のものが使われている．支柱の長さは，トンネルの横幅の1.5倍に40～60 cmを足したものを目安とする．トンネルの大きさは，トンネル内の温度むらや葉焼けをなくすために，被覆資材が直接作物にふれない程度に余裕をもたせる．

2) トンネルの組立て

(1) **支柱立て**：うねの上部に30～50 cm間隔で支柱が半円形になるように挿す．挿す深さは，栽培中に抜けないように20～30 cmとし，必ず支柱が垂直になるようにする．うねの両端の支柱は，倒れ込まないように十字に挿す（図6.2）．

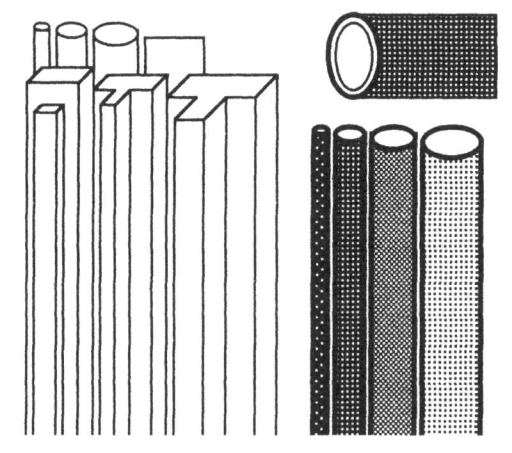

図6.1　トンネル用支柱
左：FRP，右：FRPビニル被覆

(2) **ビニル被覆**：ビニルなどでトンネルを被覆する．トンネルの両端に杭を打ち込み，それにビニルの両端を縛る．

(3) **押さえ**：最後に，支柱と支柱の間に一つ置きにビニルの上から(1)と同様に支柱を立ててビニルが風であおられないようにする．また，ビニルの裾が浮き上がるようであれば，ところどころに土を乗せて押さえる．

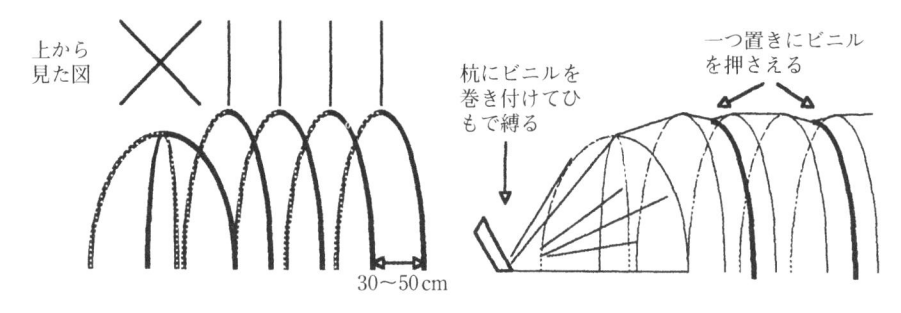

図6.2　トンネルの作り方

2. ハウスの組立て

1) ハウスの形状，大きさ，資材の選択

　図6.3にパイプハウスの基本構造を示す．肩は鉄骨ハウスでは軒というが，パイプハウスには軒がないので肩という．ハウスの大きさは，間口，肩高，棟高，奥行きで表す．間口は0.5間(90 cm)間隔で指定できる．肩高は間口の1/3～1/4が目安となるが，近年，作業性，ハウス内環境の均一性などから高くなる傾向にある．使用するパイプの太さは，間口4.5 m以下でϕ 19 mm，4.5～5.4 mでϕ 22 mm，5.4～7.2 mでϕ 25 mmを目安とする．それ以上の大きさのハウスは鉄骨で補強し，連棟とする．また，肩高を高くする場合や，台風などの強風，積雪が予想される場所では，より太いパイプを使用し，組立て時のパイプ間隔（通常50 cm）を狭くする．通常，ハウスのサイズを指定すれば，業者が適切な強度のパ

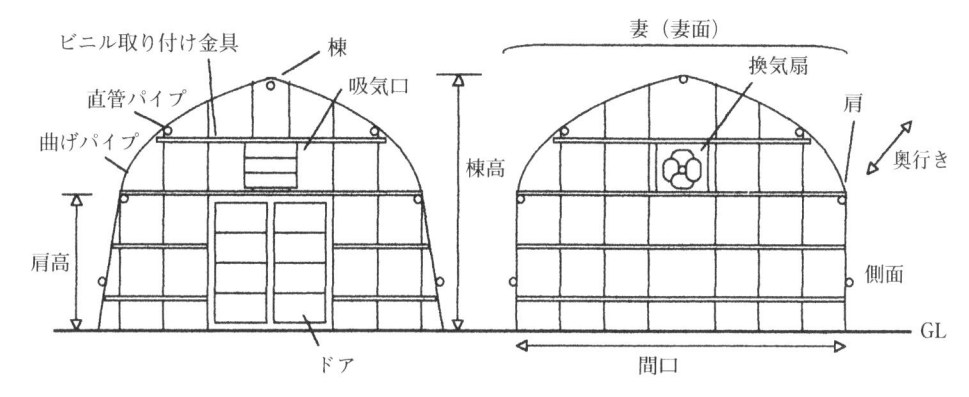

図6.3 パイプハウスの基本構造（左：従来型，右：直足）

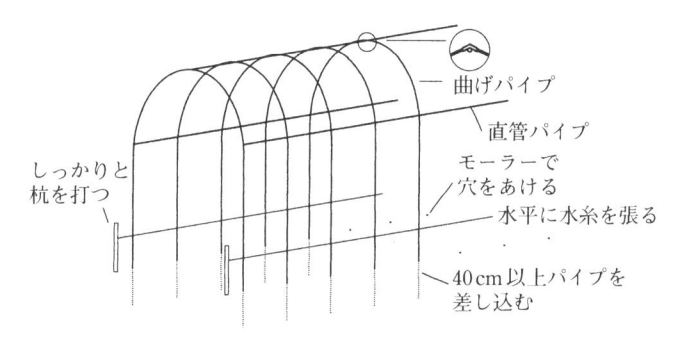

図6.4 パイプハウスの組立て

イプ一式を揃えてくれる．

2）ハウスの組立て（図6.4）

(1) **パイプの準備**：骨格となる曲げパイプの地中埋め込み部分に錆止め剤を塗布する．また，直管を止める場所にマジックで印を付けておく．

(2) **設置場所の準備**：地面はできるだけ水平かつ平らにしておく．ハウスの大きさに合わせて，正四角（平行四辺形や台形にならないように）となるように四隅に目印となる杭を立てる．この杭は基準となるのでぐらつかないようにしっかりと打ち込む．水準器などでレベルを取り，杭に印を付けて，たるまないように水糸を張る．

(3) **パイプの組立て**：ハウスの側面となる部分にメジャーを真っ直ぐに張り，打ち込むパイプピッチにあわせて，モーラー（図6.5）を使用するか鉄杭などを打ち込んでパイプ埋め込み深さのマイナス10 cm程度の穴をあける．棟の部分で2本の曲げパイプを外ジョイントで連結し，妻面より順に地面に開けた穴へパイプを差し込む．その際，パイプステップなどを用いるとパイプの差し込みが容易である．

(4) **妻　面**：妻面にパイプを打ち込み上部を曲げパイプと接続する．60～80 cm間隔でフィルム止め金具のレールを水平に取り付ける．

(5) **仕上げ**：側面に約2 m間隔でらせん杭を打ち込み，直管を通す．この直管はビニル被覆時の押さえひもを縛るのに用いる．最後にハウス内に雨水が浸入しないように，ハウスの周囲に溝を掘り，排水できるようにする．また，必要に応じて妻面にドアや換気扇・吸気口を取り付ける．

3）ビニル被覆（図6.6）

(1) ハウスの側面に下部から50～100 cmの高さまでビニルを張る（スカートと呼ばれる）．

(2) 天張するビニルを広げ，ハウスにかぶせる．内側の面には防滴などの加工が施してあるため，表裏を間違わないように外側からフィルム面の文字が正しく読めるようにして張る．妻面の曲げパイプ部分をパッカーで固定して，フィルム止め金具のレールにスプリングをはめて固定する．

(3) パイプの間に押さえひもを張る．この際，ビニルが破れるのを防ぐために，ビニル上でねじれない

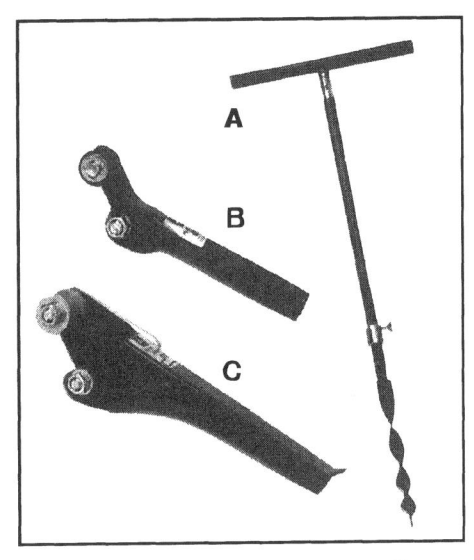

図6.5 ハウスの組立てに使用される道具
Aモーラー，Bパイプハンド，
Cパイプステップ

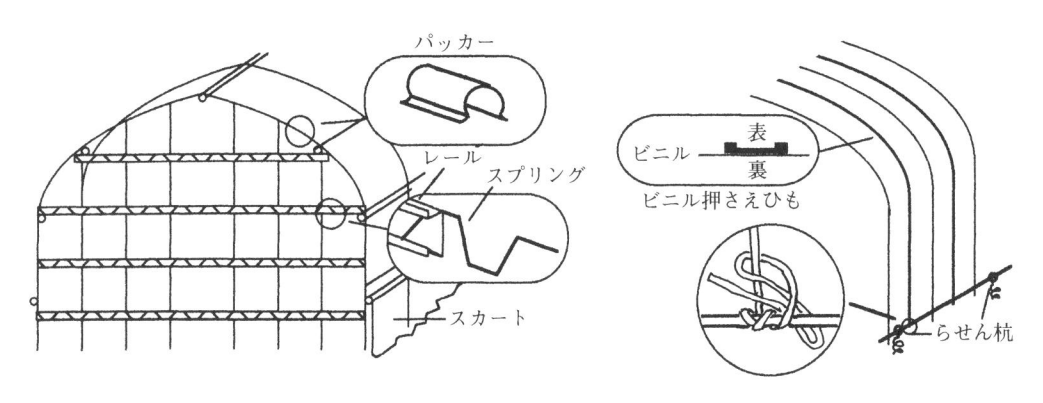

図6.6 ビニルの被覆方法

ように張る．また，できればバンドの表裏も考慮した方がよい．バンドはらせん杭に通した直管に十分に強く引っ張って縛る．
(4) ビニルのサイドに巻き上げ器を取り付ける．換気扇や吸気口，ドアの部分のビニルを固定し，カッターで切り抜く．

3.被覆資材の特徴と選び方

　農ビ，農ポリが最もよく使用される．これらは，塩化ビニルやポリエチレンに可塑剤を混ぜて耐候性をもたせ，また，赤外線透過率を低くして保温性を高くしたものである．主要な被覆資材を以下に示す．
1) 農　ビ（農業用ポリ塩化ビニル，PVC）
　保温性がよく，耐候性も高いので，屋外でのトンネル被覆やハウス被覆に用いられる．厚さは0.075〜0.01 mmのものが一般的である．通常，耐久性は1年限りである．さまざまな機能をもつ種類が市販されているが，代表的なものを以下に記す．
(1) 無滴・有滴：内側になる面に流滴加工をしたものを無滴もしくは流滴と呼んでいる．採光性がよく，最もよく使用されている．一方，育苗時等で光を和らげたいときは有滴が適する．
(2) 透明・梨地：一般に用いられるのは透明である．梨地は，すりガラスのように加工したもので，べたつきにくいことから，夜間のみ被覆するような開閉を頻繁に行う場合に，ハウス内トンネル用として

用いられる．梨地は，散乱光が得られるので，光むらが起きにくい．
（3）UVカット：紫外線の透過率を低くしたものである．生育促進や病害虫の防除に効果があるとされる．また，紫外線をカットしているために耐久性が向上している．ただし，着色に紫外線を必要とするナスの栽培やミツバチを利用する栽培には使用できない．
（4）耐久農ビ：耐候性，防塵性を高め，3～4年連続使用できるようにしたもの．

2）農ポリ（農業用ポリエチレン，PE）

農ビに比べて，耐候性，保温性が劣る．一方，軽量でべたつきがないことから，展張が用意で，主としてハウス内での内張りやトンネル被覆に用いられる．

3）農PO（農業用ポリオレフィン系特殊フィルム）

PEとEVA（エチレン・酢酸ビニル共重合樹脂フィルム）を多層構成として，赤外線吸収剤を配合したもの．透明度はやや劣るものの，農ビ同様の保温性があり，軽量で引裂強度，耐寒性が高く3～5年の長期展張が可能であることから，現在，設置面積は飛躍的に増大している．一方，摩擦強度が低いため，展張時はフィルム止め金具を用いて固定し，押さえひもはあまり使用しない．

（和田光生）

パイプハウスとトンネル

パイプハウスは簡易な組立温室であるが，一方で，トンネルを大型化したものでもあり，それらの境界は明確ではない．しかし，ハウスは"人が腰をかがめることなしに出入りできる"という定義でトンネルと区別されている．両者の境界としては棟高が1.6～1.8 m程度と考えられる．棟高が1.8 m程度で内部に小型トンネルを作る大型トンネルといわれるものがある一方で，棟高が1.6 mでミニカルハウスと呼ばれるハウスもある．そこで，実用的には，立ったまま中に入って作業するための施設をハウス，外から手を伸ばしたり，しゃがんで中に入って作業するように作ったものをトンネルと呼ぶ．

温室とハウス

被覆材としてガラス板を用いた温室をガラス室もしくはガラス温室，プラスチックフィルムで被覆した温室をプラスチックハウスといい，これらを総称して温室と呼ぶ．しかし，一般には，ガラス室を温室，プラスチックハウスを単にハウスと呼ぶことが多い．温室とハウスとは，骨組みに関係なく，被覆資材の種類で区別されるのである．

（和田光生）

トンネル栽培（小田雅行原図）

6.2 ハウス内の環境制御法

ハウスはプラスチックハウスあるいは塩化ビニルハウスの略称として用いられ，栽培施設の約95％を占める．これらハウスでは栽培作物の生長を妨げる環境要因に対し，経済性を考慮した環境制御が行われ，高品質な作物生産とその効率化が図られている．制御対象となる環境要因には，温度・湿度・光・CO_2 などがある．そして，これらの制御手段として最も基本的な換気をはじめ，保温，暖房，冷房，遮光および CO_2 施用などの方法がとられている．

1. 環境制御のための計測方法

商用ハウス内の温度計測には，アルコールあるいは水銀棒状温度計，最高，最低温度も計測できるU字型最高最低温度計などを使用する（図6.7）．最高最低温度計では右側の水銀柱の先端が現在温度，二つの青い指標の下端の右側が最高温度，左側が最低温度を示す．指度の読みとりでは，液体アルコールの場合には凹部の下を，水銀の場合には凸部の上を，目の高さを温度計に直角にして読む．温度計は体を近付けると指度が変化するので，先に 0.1 ℃ の位をすばやく読み，次に 1 ℃ の位を読むようにするとよい．計測位置はあらかじめハウス内の温度分布を求め，平均的な値を示す代表点で行う．しかし，一般にはハウス内中央部高さ 1.5 m で計測することが多い．なお，感部には直接日射が当たらないようにアルミホイルをはり付けた通風性のある筒状の放射除けなどを用いる．相対湿度は簡易乾湿球湿度計の乾球温度と湿球温度の差から求める．ただし，湿球部の水の補給とガーゼの交換が必要になる．CO_2 濃度は吸引ポンプに CO_2 用の検知管を取り付けたガス検知器により，空気を吸引後，管内の変色した試薬の長さから求める．この際，ポンプによる吸引に時間を要するため，測定者の呼気が計測値に影響を与えないようにする．これらはいずれも計測のために人手を煩わせることになるが，ハウスの裾の開閉などの人為的な環境制御，制御機器の動作確認および栽培管理などに必要な情報を提供する．なお，温湿度の計測にはサーミスタや高分子抵抗変化型湿度センサを利用したデジタル温湿度計も比較的安価に利用でき，読みとり誤差もなく，これらの中には一定間隔でデータを記録できるものや制御信号を出力できるものもある．一方，自動化では種々のセンサによる計測値に基づき，換気扇，暖房機，CO_2 発生装置などの制御が行われる．センサとしては温度にサーミスタ，白金測温抵抗体，熱電対，湿度に乾湿球，高分子抵抗変化型，セラミック抵抗変化型，光に太陽電池型，フォトダイオード，光量子，CO_2 に赤外線ガス分析型などを用いる．そして，各々の機器はコントローラやコンピュータなどからの命令にしたがって，タイマ，オンオフ，比例積分，フィードバックなどの制御方法により，単独もしくは複合的な動作を行う．

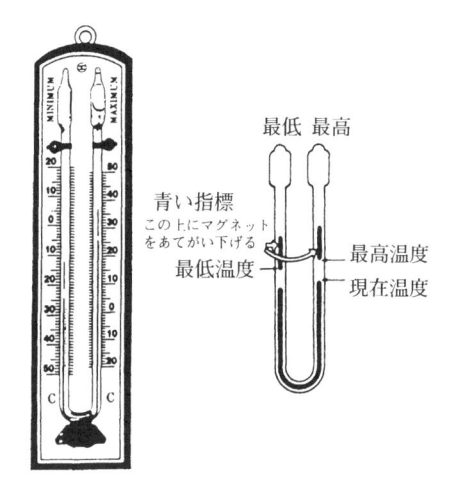

図 6.7　U字型最高最低温度計

2. 換　気

換気は，簡易なパイプハウスにおいても実施可能で，高温抑制のための最も容易な手段として活用されている．さらに，換気は湿度の調節，室内気流作用，CO_2 の外気からの補給などの効果もある．換気には天窓，側窓などを開放する自然換気と換気扇による強制換気がある（図6.8，6.9）．自然換気は

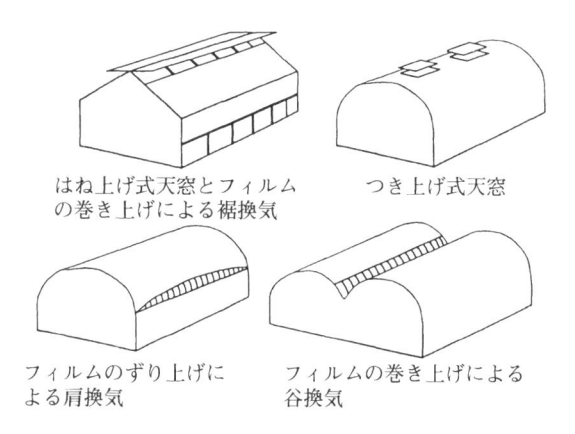

図 6.8　自然換気の種類

開口部の面積や位置を適切に選べば，比較的大量の換気が可能で，室内の気温分布の均一化も図りやすい．このため，側窓はフィルムの巻き上げなどを利用して開放度を高められるように工夫されている．ただし，外部の気象条件（風向，風速など）の影響を受けやすい．強制換気は，換気扇にサーモスタットを連動することで，安価で容易な温度制御法となる．しかし，高温期の内部温度を下げるためには多数の換気扇が必要であり，この時期は自然換気に切り替えて管理しているのが現状である．

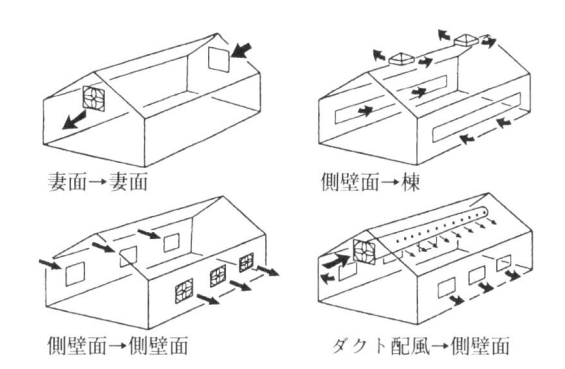

図 6.9 強制換気の種類

3．温　度

冬期のハウス内温度を栽培作物の生育適温（表 6.1）に近付けるためには，保温の強化や暖房が必要になる．内（外）張りあるいはカーテンとして被覆資材を重ねて温室内に空気の層を作ると，保温性が高まる．保温は被覆資材の特性を理解することが必要で保温性の高い資材を選択しなければならない．保温しても温度低下が避けられない場合には，灯油または重油を燃料とした暖房装置が利用される．温風暖房は温水暖房に比べて装置が簡易，安価で，燃焼熱の利用効率が 90％以上と高いため，現在，最も多く利用されている．小面積の暖房では，家庭用のファンヒーターなどを用いる例もあるが，多くのハウスでは，温度分布を均一にするためにダクトを取り付けた専用の暖房機が用いられている．この際，暖房は省エネルギーの観点から保温と同時に行われるのが普通である．そして，図 6.10 のように 1 日 24 時間を複数の時間帯に分け，作物の生理作用の適温に合わせて暖房を制御する変温管理を行う方法もある．

夏期の高温対策は，周年化を目指す施設生産において最も重要な課題である．高温の抑制手段としては，遮光や換気が普及している．また，送風により蒸散作用を高め，葉温を下げたり，床面への散水により，蒸発時の潜熱として温度低下を図る方法もある．しかし，ハウス内を外気温以下に下げるには，ハウス内への日射エネルギーを小さくするための遮光と気化冷却法（細霧冷房，パッドアンドファン，ミストアンドファンなど）やヒートポンプなどを併用した冷房が行われている．現在，このような冷房が導入されているハウス面積はわずかである．

表 6.1　作物別生育適温

区別	気温（℃） 昼間	夜間	地温（℃）	種類
高温	24〜30	18〜20	21〜25	メロン，スイカ，ナス，ピーマン，キュウリ，日本カボチャ，サトイモ，サツマイモ
中温	18〜26	13〜18	18〜21	トマト，西洋カボチャ，インゲン，エダマメ，トウモロコシ，バラ，キク
低温	15〜20	8〜15	15〜18	イチゴ，エンドウ，ホウレンソウ，ハクサイ，キャベツ，ダイコン，タマネギ，ジャガイモ，ユリ，フリージア，チューリップ，カーネーション，シクラメン

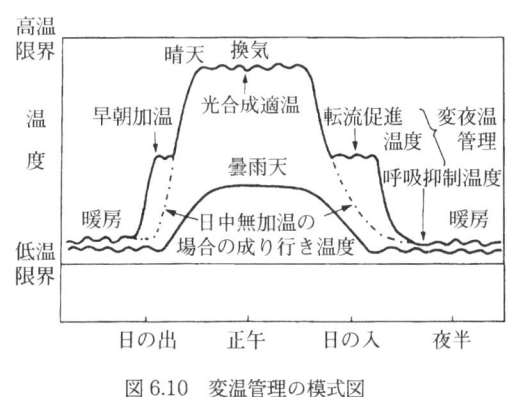

図 6.10　変温管理の模式図

4．光

ハウス内における光環境の制御法の分類を図 6.11 に示した．光スペクトルの内，フィルムの劣化を軽減するために含まれる紫外線吸収剤により，紫外線が遮断されるとアントシアニンの形成は阻害され，ナス，紫・青系統の花などの発色が悪くなる．また，交配用のミツバチの活動も妨げられる．一方，害虫

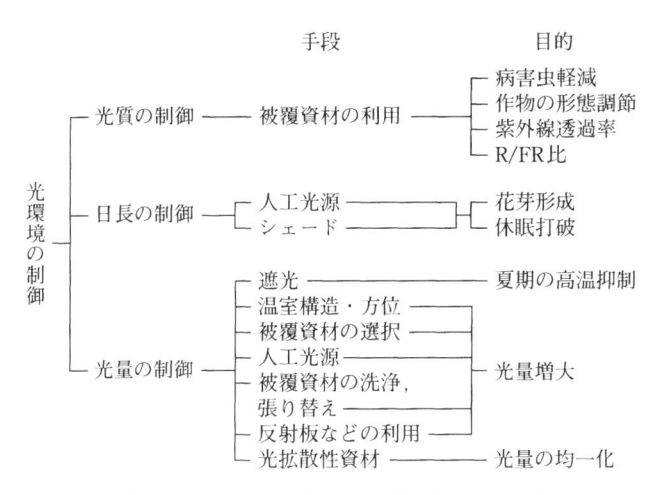

図6.11 ハウス内における光環境制御法の分類

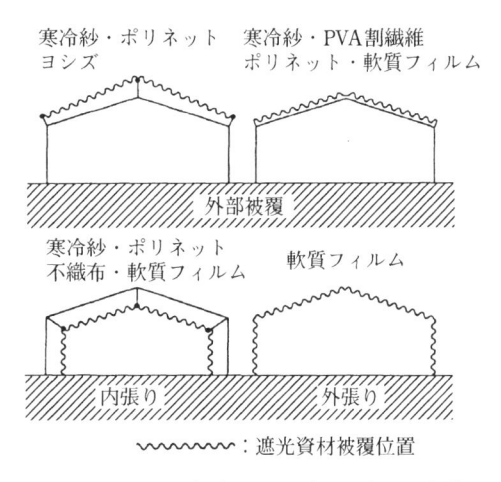

図6.12 遮光資材の被覆方式と適合する資材の種類

忌避および糸状菌による病害防除に対しては有効である．赤色（R）や遠赤色（FR）の透過スペクトルのR/FR比を調節できるフィルムなどを利用すると，作物の伸長制御が可能である．日長の制御は休眠および花芽分化などに影響し，長日処理および短日処理が行われている（4.11参照）．長日処理は白熱電球による日長延長，光中断などが行われ，キク，イチゴの電照栽培として実用化している．短日処理（シェード）は被覆資材により完全に遮光された暗黒が利用される．これに対して夏期の適度の遮光は温度の上昇や受光量を抑制し，作物の保護や品質の向上をはかるために行う（図6.12）．その遮光率は野菜20～50％，花き30～70％が標準である．被覆資材はフィルム面から30～40 cm離して使用すると高温抑制に有利であるが，風の被害を受けやすい．短日処理や遮光は省力化のため，自動開閉装置の利用が進められている．冬期の光量増大には東西棟のハウスが優れている．しかし，年間を通して利用する場合には，単，連棟ともに光分布の均一な南北棟が一般的である．また，被覆資材の汚れが目立つようになると冬前に洗浄するか張り替えを行う．さらに，人工光源，反射板などを利用して光量を増大させる方法もある．

5. 湿　度

湿度の制御は，作物の生育に与える影響よりも，病害の発生を防止することに主眼がおかれている．うどんこ病は空気が乾燥すると発生しやすいが，灰色かび病，菌核病，べと病など多くの病害では，冬期の密閉ハウス内でおきる多湿条件下で発生が助長される．したがって，施設内をできる限り適湿に保つための工夫が必要となる（図6.13）．適湿の範囲は相対湿度50～90％とされ，好適湿度は70～80％である．多湿の場合には，被覆資材内面で結露した水滴による作物のぬれが病害発生に好適な条件を与える．湿度の低下やぬれ防止のために，マルチング，被覆資材，吸湿資材，除湿器などを利用する．なお，相対湿度はかん水によっても変化するため，その方法や量などに注意する．

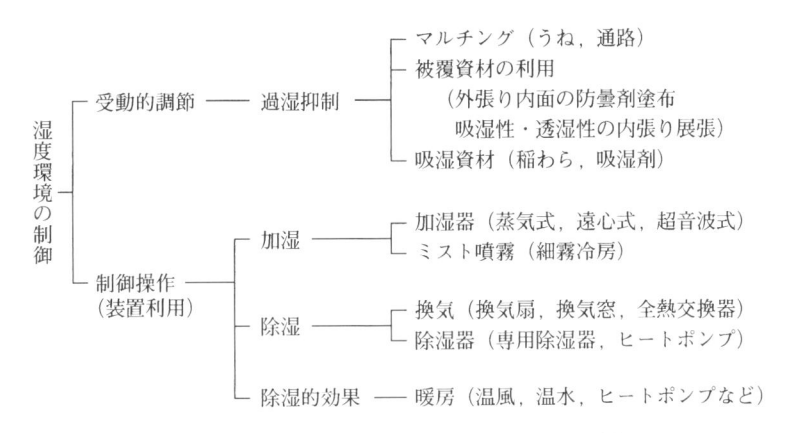

```
                                        ┌ マルチング（うね，通路）
                        ┌ 過湿抑制 ──────┼ 被覆資材の利用
          ┌ 受動的調節 ──┤              │   （外張り内面の防曇剤塗布
          │             │              │    吸湿性・透湿性の内張り展張）
          │             └ 吸湿資材（稲わら，吸湿剤）
湿度環境   │
の制御    ─┤             ┌ 加湿 ─┬ 加湿器（蒸気式，遠心式，超音波式）
          │             │       └ ミスト噴霧（細霧冷房）
          │             │
          └ 制御操作 ────┼ 除湿 ─┬ 換気（換気扇，換気窓，全熱交換器）
            （装置利用） │       └ 除湿器（専用除湿器，ヒートポンプ）
                        │
                        └ 除湿的効果 ── 暖房（温風，温水，ヒートポンプなど）
```

図6.13 ハウス内における湿度環境制御法の分類

6. CO_2

 密閉したハウス内では日の出後30分ほど経過すると，作物の光合成により，CO_2濃度が低下する．メロン，キュウリ，トマト，イチゴ，バラなどでは，この時点から換気が行われるまでの間，室内のCO_2濃度を約750 ppmに高めると，品質の向上と収量増が図れる（図6.14）．換気は室内のCO_2の不足を解消するが，CO_2濃度を人為的に高めようとする場合には障害となる．そこで，CO_2の損失を防ぎ，光合成速度を上昇させるため，昼間のハウス内温度を高めに管理する．一方，春と秋には換気損失が多くなるので，CO_2濃度は500 ppm程度に下げる．CO_2は液化CO_2を直接利用するか，不純物の少ない灯油，プロパンガスなどをCO_2発生装置で完全燃焼させて作る．また，CO_2は土壌への有機物投入によっても補給することができる．

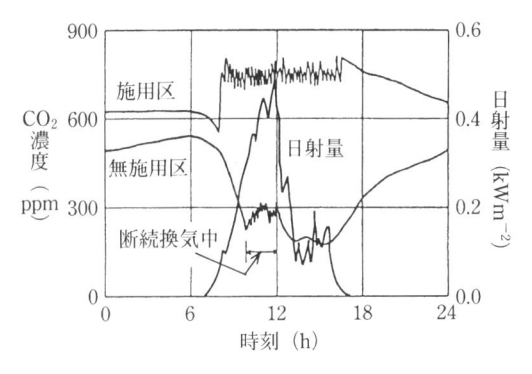

図6.14 ハウス内におけるCO_2濃度の推移

（平井宏昭）

テッポウユリのハウス栽培（森　源治郎原図）

－第6章　参考図書－

古在豊樹他．1992．新施設園芸学．朝倉書店．東京．
日本農業気象学会編．1997．新訂農業気象の測器と測定法．農業技術協会．東京．
日本施設園芸協会編．1998．四訂施設園芸ハンドブック．園芸情報センター．東京．
小澤行雄・内藤文男．1993．園芸施設学入門．川島書店．東京．
湯浅勇夫・牛田一男．1986．図解　新農業機械．農業図書．東京．
安井秀夫．1990．施設栽培学．川島書店．東京．

第7章　収穫・ポストハーベスト

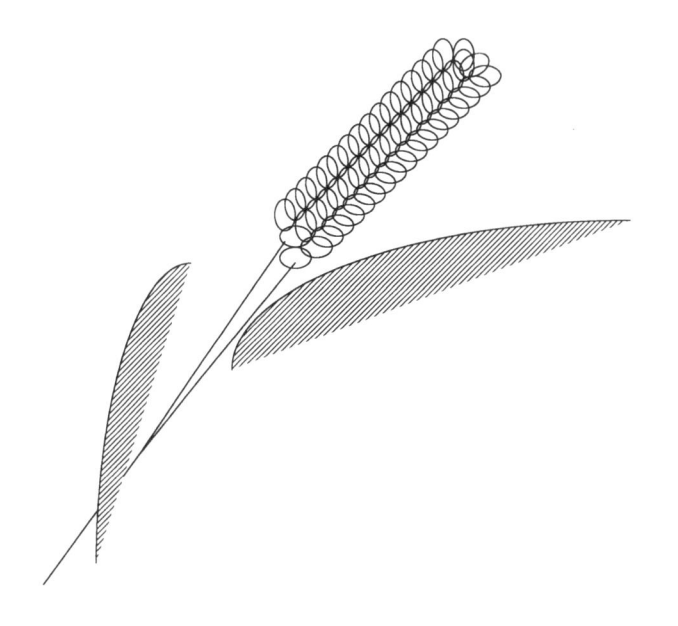

7.1 果 樹

1. 収 穫 (harvesting)

　果実の収穫適期は，熟度の進行につれて起こる果皮色や硬度の変化，加えて糖，デンプン，有機酸，香気成分といった果実内成分の変化をもとに総合的に判断される（表7.1）．また，成熟に要する期間は品種によりほぼ一定であるため，満開後の日数も収穫適期を判断する指標として用いられる．

　実際には，それぞれの果実の成熟特性や栽培地の気象条件，さらに収穫果実の用途や貯蔵方法に基づき収穫適期は決定される．西洋ナシやキウイフルーツのような樹上で成熟しない果実や，レモンのように樹上で完熟させるより早採りして追熟させる方が品質が良好となる果実は早期に収穫される．加工用果実はそれぞれの加工に適した時期に収穫され，生食用でも市場までの輸送に長時間を要する場合や，出荷調整などのために貯蔵期間が長い場合には早めに収穫される．ハッサク，ネーブル，イヨカンなどは完熟期まで樹上に置くと，寒害に遭い落果やす上がりを起こすため，降霜前の12月中に収穫される場合が多い．

　一般に，高温期に収穫されるナシ，モモ，ブドウ，イチジクなどの果実は，果実温度が高い時に収穫すると貯蔵力が低下したり，果重が軽くなるため，気温が低く果実の呼吸や蒸散量の低い早朝から10時頃までに収穫する．リンゴやミカンなどの秋季から冬季にかけて収穫される果実の場合，収穫時刻に留意する必要はない．また，降雨時や果実上に雨滴の残っている時に収穫すると貯蔵中に腐敗果が増加するため，晴天日を選んで収穫する．

　リンゴ，ナシ，モモ，スモモ，ウメなどは手もぎで収穫し，果実を手のひらに入れて引き上げるか軽くひねって収穫する．イチジクは果梗に指をかけ持ち上げてもぎ取る．クリはきゅう果を打ち落とすか，きゅう果の裂開後自然に落果するのを待って収穫する．カキやカンキツは，鋏を用いて収穫する．この時，果梗部が長いと収穫箱の中で他の果実を傷つけるため，果梗は短く切りそろえる．ハッサクは鋏を用いて果梗を付けたまま収穫しても，荷造りや貯蔵中に果梗がはずれるため，手もぎで収穫される．

（塩崎修志）

表7.1 果実の種類と収穫適期

果実の種類	収穫適期の判定基準
ウンシュウミカン	甘味比（solid-acid ratio，糖度/酸含量）が早採り果実で8〜10，最盛期で13以上
リンゴ	フジでは糖度13度以上，蜜入り程度が貯蔵用で果実横断面積の10〜30％，即売用で30％以上　果肉硬度は貯蔵用が約6.8kg/cm^2，即売用で約6.3kg/cm^2
ブドウ	デラウェアでは糖度18度以上，巨峰では17度以上．着色良好で糖度が高くても酸含量が高い場合には酸含量の低下を待って収穫
ニホンナシ	果点コルクの隆起が目立たなくなり，果実表面の光沢が増加．赤ナシでは果底部の色が地色（果実表面のコルク層を除いた部分）用のカラーチャート*値で3〜4
カキ	果頂部とヘタ部の平均着色部位のカラーチャート*値が5〜7
イチジク	収穫適期は他の果実に比べ非常に短い．果実は着色始めから下垂し始め，4〜6日後に完熟
キウイフルーツ	デンプンの分解始期，糖度が6〜7度
モモ	果皮の地色が抜け，果肉硬度が2kg/cm^{2}前後で，完熟より少し前に収穫．糖度は早生種で約9度，中生種で11度以上
オウトウ	早生種では満開後30〜35日後，中生，晩生はそれぞれ10日，20日程度遅れて成熟
ビワ	茂木で満開約160日後，長崎早生は茂木より10日から2週間早く成熟
ウメ	緑色が薄れ，陽光面の着色が開始した時期に収穫．梅酒用の収穫はそれより早く行う
クリ	きゅう果の刺毛が黄変してきゅう果が裂開し始めた頃

*農林水産省果樹試験場基準のカラーチャート．上記の他，カンキツ，ブドウ，リンゴ，モモ用がある．

2. 選　果 (fruit sorting)

　選果は，果実の新鮮度（重量，みずみずしさ，つやおよび果梗の変色），果形（大きさ，ゆがみ，玉ぞろいおよび花あと），果皮の状態（色沢，白粉，厚さ，剥皮の難易，凸凹，しわおよび浮皮），果肉の状態（かたさ，ペクチン，繊維，歯ざわり，色沢，香り，甘味，酸味および色調），病虫害の有無および農薬とワックスの有無の各項目について行う．いずれの種類の果実にも全国規格が設定されており，それらは品位基準による等級，果実の大小による階級からなる．品位基準は，主に果皮の着色の程度と傷の有無に基づいた外観の良否に対する規格である．着色程度により秀，優，良および並の各等級に果実を選別する．リンゴの例を表7.2に示した．また，玉ぞろい，傷の有無，重欠点果および軽欠点果の割合から果実を秀，優，良および並の各等級に分ける．　果実の大小を示す階級は，果実の直径と重さを基準に3～6階級に分けて，L，M，Sで表示する．ウンシュウミカンの例について表7.3に示した．収穫された果実は，共同出荷組織や出荷業者の選果場に送られ，出荷される．選果場では荷受け，前処理（洗浄，除袋，へた切りおよびワックス処理など），等級選別，階級選別，箱詰め，包装，仕分けの作業を行う．図7.1に選果場での作業の流れを示した．前処理のうち洗浄は，果実に付着した薬剤や汚れを除去する作業であり，水を用いる湿式洗浄と水を用いない乾式洗浄がある．まず等級選別を行い，次いで階級選別に移る．階級選別は，大きさ，長さ，太さなどによる形状選別と重さによる重量選別に大別され，カンキツ類の果実では一般に大小の穴から果実を落とし，穴の径に合わせて選別する．リンゴ，ナシ，モモ果実では，てこ式の重量選別機を用いて重量選別する．

表7.2　リンゴ（有袋栽培）の品種別，等級別の着色程度

品　種	等級別着色程度		
	秀	優	良
つがる，ふじ，ジョナゴールド	70％以上	50％以上	30％以上
紅玉	80％以上	60％以上	40％以上
陸奥，デリシャス	60％以上	40％以上	20％以上

表7.3　ウンシュウミカンの階級選別基準（井上，1986）

階　級	果の直径
2L	7.3cm以上
L	6.7cm以上～7.3cm未満
M	6.1cm以上～6.7cm未満
S	5.5cm以上～6.1cm未満
2S	5.0cm以上～5.5cm未満

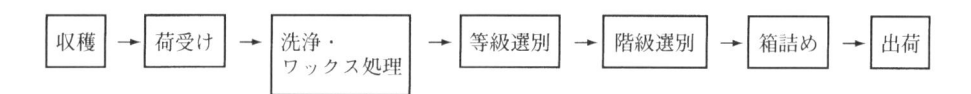

収穫 → 荷受け → 洗浄・ワックス処理 → 等級選別 → 階級選別 → 箱詰め → 出荷

図7.1　選果場での作業の流れ

3. 貯　蔵 (storage)

　果実の貯蔵法を大別すると，常温貯蔵，低温貯蔵（cold storage），CA貯蔵（controlled atmosphere storage）およびプラスチックフィルム包装貯蔵（MA貯蔵，modified atmosphere storage）などがある．果実の種類や品種によりその貯蔵性は大きく異なっており，その特性に合った貯蔵法を選ぶことが必要である（表7.4，表7.5）．ここでは，いくつかの果実の実際の貯蔵法について示した．

1）ウンシュウミカン

　3月までの1～2カ月の短期貯蔵は常温で行われ，収穫用コンテナに果実をバラ詰めにして入れ，換気口のある貯蔵庫で貯蔵する．庫内湿度は85％になるように換気により調節する．庫内の風通しをよくするためコンテナ間を5～10cmあける．また，湿度低下を防ぐため貯蔵庫一杯にコンテナを入れるようにし，コンテナは2m前後の高さに積み上げる．コンテナが少ない場合にはコンテナの上にビニールシートをかける．貯蔵量は1m^2当たり100kgが標準であるが，短期貯蔵ではこれより増やしてもよい．1～2月の低温期は換気による冷気で低温障害が発生する恐れがあるので注意する．

表7.4 果実の最適貯蔵環境と貯蔵可能時期および貯蔵障害

種類	貯蔵適温度 (℃)	貯蔵適湿度 (%)	貯蔵可能期間	貯蔵障害
カンキツ類				
ウンシュウミカン	5	85	3〜4カ月	低温障害
アマナツ	3〜7	90〜95	3〜3.5カ月	果皮の過湿障害
ハッサク	4〜6	90〜95	4〜5カ月	こ斑症，ズル症
リンゴ	−1〜0	85〜95	3〜8カ月	ヤケ病，内部褐変
ニホンナシ	0〜1	85〜90	45〜60日	内部褐変
ヨウナシ	0〜1	80〜85	2〜3カ月	果心部褐変
ブドウ	0〜5	85〜95	4〜5週間	果穂の変色，脱粒
モモ	0〜1	85〜95	14〜30日	果肉褐変，粉質化
スモモ	1〜5	90〜95	2〜4週間	腐敗果
カキ	0	100	5カ月	果実の軟化，腐敗
クリ	0	85	1カ月	腐敗果
キウイフルーツ	2〜3	80	6〜7カ月	腐敗果

表7.5 果実の最適CA貯蔵条件

種類	酸素濃度 (%)	二酸化炭素濃度 (%)
ウンシュウミカン	10	0〜2
リンゴ	2〜3	1.5〜3
ニホンナシ		
二十世紀	5	4
新興	6〜10	3以下
ヨウナシ	3〜4	2〜3
モモ	3〜5	2.5〜4.5
アンズ	3〜5	3〜4
カキ		
富有	2	8
平核無	3〜5	3〜6
ブドウ	7	3
クリ	3	6〜10
キウイフルーツ	2〜5	3〜8

3カ月以上の長期貯蔵では換気扇や冷凍機を備えた貯蔵庫が必要である．貯蔵最適温度は5℃，最適湿度は85％である．長期貯蔵で庫内湿度が高くなる場合には，果実重量の3〜4％減を目安に70〜80％の湿度条件に1〜2週間置く予措を貯蔵前に行う．出庫の際，低温貯蔵庫から気温の高いところに移すと，果実に水滴がつき腐敗しやすくなるので徐々に果実品温を上げて水滴がつかないようにする．

2）リンゴ

リンゴは，早生品種を除き比較的貯蔵性の高い果実であり，普通貯蔵，低温貯蔵，CA貯蔵およびプラスチックフィルム貯蔵の各貯蔵法を用いて貯蔵する．

冷涼なリンゴの産地では冬期凍結温度以下となるので，断熱性のある室や地下室に入れて保温貯蔵する．

冷蔵庫を用いる低温貯蔵では，一般に貯蔵温度を0℃，貯蔵湿度を85〜90％とする．果実の入庫する4〜5日前に庫内温度を−1℃まで下げておく．収穫した果実をプラスチックコンテナに入れて，低温庫で冷却し，この果実を逐次選果荷造りして段ボール箱に入れて貯蔵する．'紅玉'や'ゴールデン・デリシャス'などの低温障害を受けやすい品種では貯蔵温度に注意する．低温貯蔵庫内での積荷は，貯蔵庫の側壁から10〜15cm，天井から30cm以上間隔を離す．低温貯蔵庫内は乾燥しやすいので，プラスチックフィルム包装を併用して果実の水分損失を防ぐ．

CA貯蔵は通常低温貯蔵との併用で行う．CA貯蔵時の酸素濃度は2〜3％，二酸化炭素濃度は1.5〜3％とし，酸素濃度は1.5％を下まわらないこと，二酸化炭素濃度は3％を上まわらないことが重要である．'フジ'，'スターキング'の場合では二酸化炭素濃度を低めに設定する．収穫期の遅れたデリシャス系品種の蜜入り果実は，CA貯蔵に不向きである．

プラスチックフィルム包装は，'ゴールデン・デリシャス'では0.04mm，'スターキング・デリシャス'，'つがる'および'ジョナゴールド'では0.05mmの厚さの軟質ポリエチレンフィルムを用いる．長さ90cm，幅95cmのポリエチレン袋に大きさと熟度をそろえた果実を詰め，二酸化炭素障害防止のため消石灰100gを封筒に入れて封入し，吸湿紙を果実の上部に入れる．袋の口をひもで縛った後，直ちに低温貯蔵庫に入れる．

3）ニホンナシ

ニホンナシは，低温貯蔵，CA貯蔵およびプラスチックフィルム貯蔵の各貯蔵方法を用いて貯蔵する．

低温貯蔵での貯蔵最適温度は0～1℃である．庫内の冷気の循環をよくするために積荷の間隔は15～20 cmとり，コンテナを用いた時は，積荷の最上段は凍結防止のために蓋をする．貯蔵最適湿度は85～95 %の高湿度であるので，直膨方式の冷却装置を使用する場合には加湿器を併用する．

CA貯蔵は通常低温貯蔵と併用する．'二十世紀'では酸素濃度を3～5 %，二酸化炭素濃度を0～4 %とする．過熟果や未熟果の貯蔵は避ける．

プラスチックフィルム貯蔵では厚さ0.03～0.05 mmの高圧低密度ポリエチレンフィルムを用いて，低温貯蔵と併用する．'豊水'，'幸水'および'新水'ではポリ折り込み包装を行う．コンテナに厚さ0.03 mmのポリシートとスチロールネットを敷いた上に果実を並べ，四方から折り込んで低温貯蔵庫へ搬入する．

4）モ モ

モモは果肉が軟弱でしかも夏季高温期に収穫するので貯蔵に難点が多い果実の一つである．完熟果は貯蔵適温0～1℃，湿度85～95 %で貯蔵を行う．しかし，未熟果では低温障害を生じるので10℃で追熟を進行させながら貯蔵する．

4．荷造りと輸送

1）荷造り（packing）

果実は選果後箱詰め，封かんする．箱にはJIS規格Z1516で定められている外装用複両面ダンボール第1種以上（ビワ，スモモは第2種）または両面ダンボール第3種（ブドウ，モモおよびカキは除く，オウトウは第1種，スモモは第2種）を使用したダンボール箱を主として用いる．ダンボール箱にはひれ合せ，箱側面の継ぎ目，手掛け穴が設けられており，果実の種類に合ったダンボール箱を準備する．最近では，出荷容器としてプラスチック容器も用いられており（図7.2），ダンボール箱が使い捨て容器であるのに対し，プラスチック容器は再利用可能な容器としての利点がある．形状はJISにより規格化されており，主にスタッキング形とネスティング形の2種がある．また，リンゴ，モモおよびナシなどの果実は，振動や衝撃に対して損傷を受けやすいので，内装材や緩衝材を封入する．

ウンシュウミカンは一般に15 kgまたは10 kg入りダンボール箱にバラ詰めし，ステープラーによって封かんする．5段以上積み重ねると最下段の箱内の果実が変形し，砂じょうの破壊が起こるので4段以内にとどめる．

リンゴはダンボール箱を主に用いるが，木箱や発泡スチロール製箱も使用され，1段5 kgをパック詰めにして2～3段重ねて詰める．発泡スチロール製箱はCA貯蔵の長期貯蔵リンゴに適しているが，密封状態で常温に置くと，呼吸熱で果実温度が上昇してヤケ病が多発しやすくなるので注意する．内装材は短期貯蔵では塩ビ製パックを，長期貯蔵ではモールドパックを用いる．

2）予冷・輸送（precooling and transportaion）

夏場の高温期の果実輸送では，輸送前に収穫物を目的の温度まで下げるために予冷を行う．予冷には冷水冷却予冷，強制通風予冷，差圧通風冷却予冷および真空冷却予冷の方法がある．果実では強制通風予冷が最も広く用いられているが，冷却効率が低く，冷却に長時間を必要とする．15℃以下の予冷が必要な場合や大量に予冷する必要がある場合には，差圧通風冷却予冷が効果的である．

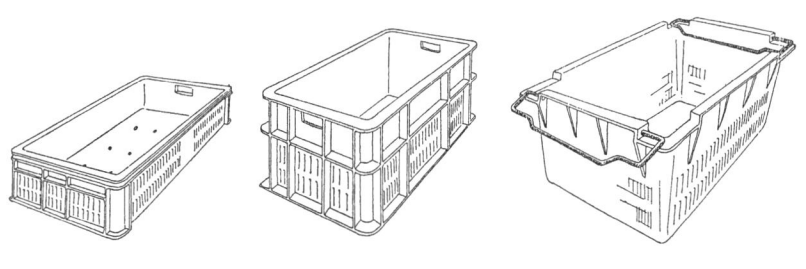

スタッキング型　　　　　ネスティング型

図7.2　出荷用プラスチック容器

果実の輸送には大別して常温輸送と低温輸送がある．低温輸送は夏場の高温期の輸送に適しており，ニホンナシ，モモなど夏季に収穫される果実では低温輸送が行われる．

果実の輸送の多くは，現在トラック輸送で行われている．しかし，トラックの走行中の振動衝撃が果実の荷いたみを引き起こす原因となる．

場合によっては種類の異なるいくつかの果実を混載して輸送する必要が生じる．この時，あらかじめ混載する果実ごとの最適温度，最適湿度および最適環境ガス濃度，またエチレンに対する反応性の違いについて調査し，混載する果実同士の適合性をチェックしなければならない．

(今堀義洋)

カラリング

エチレンを用いてカンキツ類の果皮を黄色に着色することをカラリング(催色処理)という．アメリカ合衆国ではレモンで実用化され，日本ではそれが早生ウンシュウミカンの着色促進に応用されている．カラリングには1～1,000 ppmのエチレン，15～20℃の温度および酸素を必須条件とし，いずれの条件が欠けても効果が現れない．効果的ないくつかの処理法を紹介する．

1. トリックル法

流量計を用いてエチレンを連続的に少量ずつボンベから補給するか，またはエチレンを吸着させたモレキュラーシーブを処理室内に置いて，処理室内のエチレン濃度を1～10 ppmの濃度に保つ．一方，新鮮な空気を連続的に取り込み，果実から発生した二酸化炭素を常に室外に排出して，室内の二酸化炭素濃度を1%以下に保つ．この方法は大規模処理に適している．装置が小型の場合には新鮮な空気を機械を用いて送らず，処理室内の密閉度を下げて，新鮮空気を自然に流入させてもよい．

2. ショット法

果実を処理室に入れて密閉し，エチレンを急速に20～40 ppmの濃度まで室内に入れる．果実の呼吸により処理室内の二酸化炭素が1%まで上昇したら，処理室を開放して，新鮮な空気を入れる．その後再び処理室を密閉状態にし，エチレンを室内に入れる．果実が着色するまでこの作業を繰り返す．

3. 北川式簡易法 (15時間簡易法)

果実を密封状態の処理室または密封できる容器に入れ，それに1,000 ppmのエチレンを注入する．15時間後に開放して，果実を新鮮な空気にさらす．果実がエチレンにさらされてる間は，酸素不足のためほとんど葉緑素の分解は生じないが，開放後2～3日で急速に分解する．果実をコンテナに詰めて積み上げ，その上にビニールシートをかけ，周囲に砂袋を置くか，水で密封すれば処理室がなくとも簡易に行える(図7.3)．

(今堀義洋)

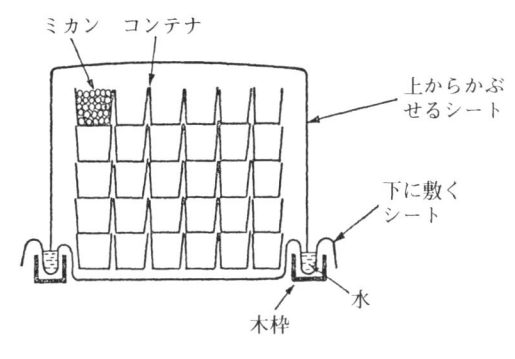

図7.3 北川式簡易催色処理法 (樽谷・北川, 1982)

青果卸売市場（小田雅行原図）

花卉卸売市場（土井元章原図）

7.2 野菜

1. 収穫

1) 収穫適期

野菜は収穫適期を逃すと商品価値がほとんどなくなる．このため，収穫の時期は厳密に決定される．葉菜類・根菜類は，生産物の大きさ，長さあるいは重量が集出荷団体や卸売市場などで決められており，その基準にあわせて収穫する．果菜類の収穫基準は，主に開花後の日数で決まるが，果実の成熟は品種，作型あるいは栽培期間の気象状況によって変動するので，果実の着色程度や試し切りなどによって収穫期が決定されることが多い．また，流通中に熟度が進むため，これをみこして早めに収穫するのが一般的である．

ホウレンソウ，パセリ，アスパラガスなどは生育途上の比較的早い時期で収穫するので，出荷規格にあった時点で収穫する．一方，キャベツ，ハクサイ，タマネギなどは収穫が生育後期になるので未熟なうちに収穫しないよう注意を要する．

表7.6 野菜の収穫適期

種類	開花後の日数	重量 (g)	その他の判断基準
ナス科			
トマト	30〜100	200〜230	果実全体が着色したとき
ナス	15〜20	60〜120	
ピーマン	15〜25	30〜40	
ウリ科			
キュウリ	6〜10	100	果実の長さ20〜22cm
ニホンカボチャ	25〜30	1000〜1200	
メロン	55〜60	1200〜1500	
マメ科			
サヤエンドウ	15〜20	—	莢の長さ6〜8cm
サヤインゲン	15〜20	—	莢の長さ10〜13cm
エダマメ	30〜35	—	
その他の果菜類			
イチゴ	40〜70	12〜18	
スイートコーン	25〜30	380〜400	
葉菜，花菜類			
キャベツ	—	1300〜1800	
ハクサイ	—	1500〜3500	
レタス	—	400〜500	
ブロッコリー	—	300〜400	
カリフラワー	—	500〜900	
根菜類			
ダイコン	—	1000〜2000	根長30〜40cm
ニンジン	—	200〜250	根長18〜20cm

ほとんどの果菜類では未熟な果実を収穫している．例えば，オクラの収穫は開花後2〜4日目である．完熟果実を収穫するものは，メロン，イチゴ，スイカといったフルーツとして取り扱われるものであり，これらは収穫までに要する日数が1カ月から2カ月にも及ぶ．表7.6に主な野菜の収穫適期を示した．

2) 収穫方法

(1) 手作業による収穫：野菜は水分が多くてやわらかいので収穫時に傷がつきやすい．傷は野菜の商品としての価値を著しく低下させるので，収穫物に傷をつけないように，イモ類を除き収穫はもっぱら手作業によって行われる．また，野菜は萎れやすいので，収穫作業中に収穫物が直射日光や高温にさらされないよう覆いをかけるようにする．

以下に野菜の収穫方法や収穫時の注意点をまとめた．

①果菜類

果菜類はハサミなどで株から一つ一つ切り取って収穫する．これは，果皮に傷があると特に商品価値が低下するからである．例えば，キュウリでは果実のイボが欠損しやすく，イチゴは果実が軟らかく，ナスは果皮の傷が目立ちやすいので，取り扱いには特に注意が必要である．また，果実に残った果柄は他の果実を傷つけることもあるので，収穫後の果実も丁寧に取り扱う．

トマトやイチゴのように果実が着色するものでは，果実全体が均一に発色しているかどうかをチェックする．イチゴでは，発色期に果実を回転させて発色をそろえることもある．温室メロンでは，果実の焼けを防ぐために，果実肥大期に果実全体に覆いをする場合がある．ネットメロンでは，ネットのでかたが商品評価に大きく影響するので，集荷規格にそった判断が必要となる．病虫害を受けた果実や尻腐れ果・乱形果といった奇形果は商品価値がないので，収穫しても出荷しない．なお，スイカやイチゴなど糖度が高いものは午前中の低温の時間帯に収穫する場合が多い．

②葉菜類

　葉菜類は，根ごと引きぬくか，地際部で根を切断して収穫するものが多い．アブラムシや昆虫の幼虫などがついていると商品価値がなくなるので，これらをチェックしながら収穫する．葉菜類は蒸散によって萎れやすいので，直射日光をさけ，収穫したものには必ず覆いをかける．水耕した葉菜類は特に萎れやすいので，収穫直後にプラスチック袋に密閉する方法がとられる．

③根菜類

　葉を持ち，引き抜いて収穫する場合が多い．ダイコン，ニンジン，カブなどでは，裂根の有無を確かめる．ニンジンなどでは，収穫中に萎れが生じるので，葉を切り落として蒸散を低下させたり，プラスチックの袋に入れたりする．ゴボウのように根の長いものは専用の掘り取り機が利用されつつある．

（2）**機械による収穫**：ジャガイモやタマネギなどでは機械による収穫が行われており，ニンジンやダイコンでも収穫機が考案されている．このように土壌中の野菜を掘り起こして収穫する機械は考案されているが，果菜類のように，果実が空間的に異なる位置に配列され，さらに，収穫適期が果実ごとに異なるものでは，実用的な収穫機はまだ開発されていない．

〔古川　一〕

2．選　別

　収穫された野菜は出荷に先立ち一定の基準に従って選別を行って市場に出荷される．この選別の基準を規格という．

　規格には，品位を示す「秀，優，良，並」や形や重量を示す「LL，L，M，S」があり，「秀」はさらに「特秀，秀A，秀B」に区分されることがある．しかし，全国的に統一された規格はなく，野菜の種類別に産地や生産者が独自の規格を設定している．

　野菜の選別は手段や規模によって表7.7のように分けられる．図7.4の写真はトマト産地における規格の一例で，ここでは産地全体のトマトを集め，着色程度や大きさを機械で測定して共同選果している．

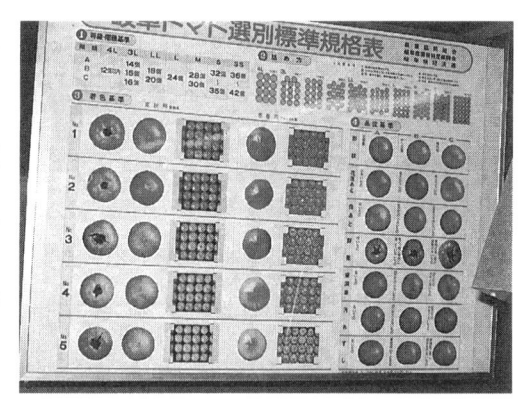

図7.4　トマト産地における規格

表7.7　野菜の選別方法とその特徴

方　法	特　徴
手選果	重さ，形状，色調等を人間の感覚で判断して選別する．少量の生産物を取り扱う．
機械選果	重さ，形状，色調，成分含量などを機械で測定して選別する．選ばれたものにばらつきが少ない．多量の生産物を取り扱う．
個人選果（個選）	生産者単位で収穫物を選別する．
共同選果（共選）	数軒の生産者や産地全体の生産物をすべて集荷して，一定の基準で選別する．大規模になり，機械選別が多い．

3．荷作り

　わが国では，野菜の市場価格が競り（セリ）で決められることが多く，野菜の荷姿は生産者の収入に大きく影響する一因である．したがって，出荷に先立つ荷作りは生産者にとって非常に重要な作業となる．

　荷作りに関しても全国的な基準はなく，野菜の種類や産地によって特徴的な荷作りが数多くあり，その特徴が価格形成上生産者に有利に働いていることが多い．

荷作りに必要なものとしてまず包装資材がある．包装は，流通過程における物理的損傷の防止や蒸散による水分損失の軽減などの効果があるし，細かいものを一定量にまとめることもできる．そのために包装資材の選択は非常に重要である．よく使われる包装資材の特徴は表7.8のとおりである．図7.5の写真は，野菜の包装の代表的な例であるが，品質保持効果のある包装資材を使い，野菜の優れた外観が一目でわかるように荷作りされている．

表7.8 野菜の包装資材とその特徴

資材	特徴
段ボール	軽量で入手しやすい材料，サイズが多く，汎用性がある．印刷や表示などで産地の特徴を出すことができる．
発砲スチロール	軽量で，持ち運びに便利である．ある程度の保温性があるが，不要となったときの処理に問題が残る．
木材	過去によく利用された材料である．衛生面や経費の問題などがある．小量で高価で取り引きされる芽物などに利用．
プラスチックフィルム	水分損失を抑制し，簡易CA条件を作りやすいことなどから，品質保持効果は大きい．種類も多い．
プラスチック網	包装内のガス環境を調節しにくいが，エダマメのように小さい野菜をまとめるのに便利．段ボールなどと併用．

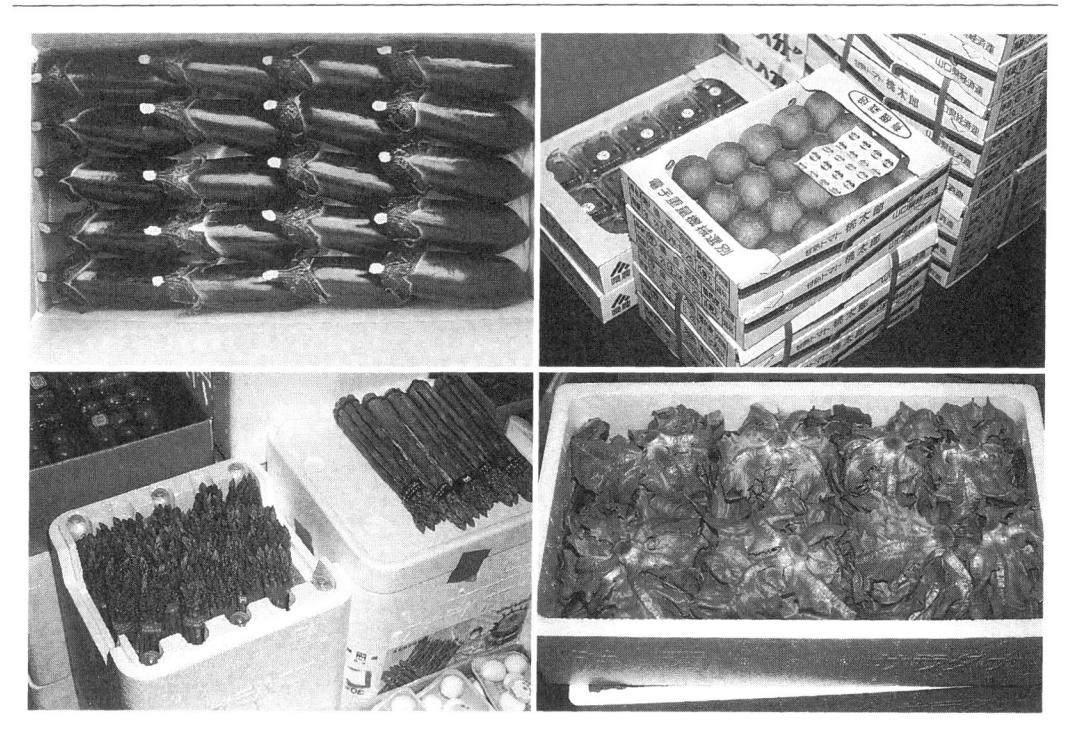

図7.5 野菜の特徴的な荷姿
左上：ナス，右上：トマト，左下：アスパラガス，右下：レタス．

4. 予冷と出荷

タマネギ（つり貯蔵および低温貯蔵），ジャガイモ（γ 線を照射した後貯蔵），ニンニク（CA 貯蔵）など，一部の野菜は貯蔵しておき，市場の需要に合わせて適宜出荷することがあるが，果菜や葉菜を長期間貯蔵することは少ない．

出荷に先立ち野菜に予冷を施すことやコールドチェーンによって野菜を流通させる技術が普及している．図 7.6 の写真はホウレンソウの予冷施設であるが，夏期高温時に収穫したホウレンソウはこの施設で真空予冷を行ってから市場に出荷され，流通過程おける水分損失や黄化などの品質低下を遅らせている．図 7.7 の写真は蓄冷材を使って品質保持を図っている状況であるが，流通期間が短い場合や少量の単位で包装した野菜では，このような蓄冷材の利用はある程度の品質保持効果が得られる．

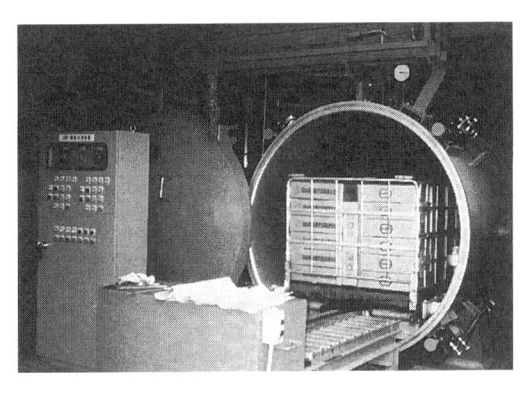

図 7.6 ホウレンソウの予冷施設　　　　図 7.7 蓄冷材を使ったラディッシュの包装

本項に関する実習事項としては，収穫した野菜を外観によって「秀，優，良，並，規格外」や重さや大きさで「LL，L，M，S」に分け，栽培条件などの違いによってこれらの割合にどのような差異が生じるのかを調べる．また，貯蔵に伴う水分損失が大きい軟弱野菜（ホウレンソウ，シュンギクなど）を用いて，有孔ポリエチレン包装した後に一定温度で貯蔵し，無包装との差異を観察する．そのことによって包装の重要性を理解する．

さらに，野菜を簡易包装した後に異なる温度下に貯蔵して外観の変化などを観察し，低温貯蔵の効果を調べたり，ナスやピーマンでは低温障害の程度や症状を観察する．

（阿部一博）

イモのキュアリング

サツマイモやジャガイモは比較的長期間の貯蔵が可能であるが，貯蔵に先立ちキュアリング処理を行うことが多い．この処理を行うとイモの表皮がかたくなったり，収穫時の物理的損傷箇所のコルク化が促進されるため，貯蔵中の腐敗の発生（黒斑病など）を抑制し，水分損失も軽減される．

処理は倉庫内で行い，収穫後可能な限り早く，イモを風が通りやすいようにバラ積みかコンテナー詰めの状態で積む．

サツマイモでは，イモの品温が 32〜36 ℃になるように電熱や蒸気で加熱する．湿度は 100 ％が望ましく，4〜5 日間処理を行う．処理後はなるべく早く貯蔵最適温度である 12 ℃まで品温を下げる．

ジャガイモでは，品温を 13〜15 ℃とし，1〜3 日間は湿度 85〜90 ％，その後 10〜15 日間は湿度を 95 ％に高め，$30 \mathrm{~m}^3 \cdot \mathrm{ton}^{-1} \cdot \mathrm{hr}^{-1}$ の送風を行う．

（阿部一博）

7.3 観賞植物

観賞植物に関しては，種類が多く，それぞれに収穫の仕方やその後の取り扱い方が異なる．ここでは，切り花について，収穫とその後の流通，ならびに品質保持剤処理に関する一般的な技術を解説する．

1. 切り花の収穫と流通技術

1) 収穫

切り花が収穫される段階を切り前（harvest maturity）と呼び，その後の切り花品質に大きく影響する．切り前は，その切り花が収穫後どの程度観賞価値を発揮できるかということ以外に，用途や取り扱いやすさも加味して決定される．表7.9は，主要切り花の標準的な切り前を示したものであるが，キク，バラ，ユリなど花弁が着色して開花が始まった段階の前後で収穫するものが多い．完全に開花した段階で収穫するものは，スタンダードカーネーション，スターチス・シヌアータ，ガーベラなどごく一部の品目に限られる．

収穫は，日中を避けて温度の低い朝夕に行うことを心がける．できるだけ長い切り花となるようにはさみや鎌で切り取るが，二番花の収穫を期待する場合には，そのシュートの発生位置に配慮して切り取りの位置を決めなくてはならない．チューリップ，フリージア，ダッチアイリスなどでは球根ごと引き抜いて収穫するほうが効率的である．バラやブーバルディアのように萎れやすい品目では，収穫後ただちに水にさす．

表7.9 主要切り花の適正切り前の目安

品目	適正切り前の目安
輪ギク	最外層舌状花の花弁が離れる
スプレーギク	第1花がほぼ開花
バラ	花弁がゆるみはじめる
スタンダードカーネーション	最外層花弁がほぼ開く
スプレーカーネーション	1～3花が開花
ユリ	1～2花の花被が着色開始
トルコギキョウ	2～3花が開花
シュッコンカスミソウ	小花の30％が開花
スターチス・シヌアータ	がく片が全て開く
ハイブリッド・スターチス	全スパイクで小花の開花が開始
リンドウ	先端の小花の1つが開花
アルストロメリア	岐散花序第1花が開花
ストック	小花の2/3が開花
チューリップ	花被がほぼ着色完了
フリージア	第1花がほぼ着色
ダッチアイリス	着色花弁が出現
グラジオラス	2～4小花で着色花弁が出現
ガーベラ	管状花の1/3が開花

2) 調整・選花・箱づめ

水あげについては，次項を参照されたい．高温期にはまず，収穫した切り花の品温を下げることから始める．萎れやすい品目は水または品質保持剤にさした状態で，そうでないものはネットで束ねた状態で冷蔵庫に入れる．以後箱づめまでの作業は10℃以下で行うことが望ましい．

品温が十分に下がったら冷蔵庫から取り出し，下葉，不要な枝や花らいを除去しながら選花（grading）作業に入る．選花の基準は品目によって異なるが，多くの切り花で長さおよびボリュームが最も重要な要素である．それ以外に，開花の程度，茎の曲がり，花らい数，花や葉の色，バランスなどを基準として視覚的に判断する．まず重量選花機で分け，さらに視覚的に細かい等級分けを行うと効率的である．選花後は通常10本を1束として結束し，長さを揃え，必要に応じてセロファンなどでスリービング（sleeving）を行う．これを水や品質保持剤にいけて再度十分に水あげを行い，箱づめまで冷蔵庫で保管する．

箱づめは予冷の直前に行うことが望ましい．バケツを用い基部から水や品質保持剤を吸収させながら輸送する方法を湿式輸送（wet transport）という．しかし，わが国では横づめの段ボール箱を用いた乾式輸送（dry transport）が一般的である．キク100～200本，カーネーション，バラ100本，シュッコンカスミソウ50本が標準的な詰め本数である．切り花が箱の中で動き，輸送中に花首が折れることのないよう，同じ等級のものを集めしっかりと箱詰めし，場合によっては切り花を箱に固定する．給水ゲルを切り花基部につける箱づめの湿式輸送法も開発されている．箱の側面に，生産者，品種，等級，本数，発送先などの必要な情報を記入する．これらの情報は，バーコード管理することもできる．

3) 貯蔵

卸売市場の表日（月，水，金曜日）に出荷しようとするため，数日の貯蔵を行うことがあり，この場合，箱詰め前の水あるいは品質保持剤にさした状態で1～5℃に置く．これに対して，長期貯蔵は盆，正月をターゲットとしたキク，母の日をターゲットとしたカーネーションで一部行われているにすぎない．カー

ネーションの長期貯蔵では，つぼみ段階で収穫した切り花を殺菌剤と STS を処理してから箱づめし，1℃で貯蔵する．これを取り出し，殺菌剤とショ糖を含む溶液を用いて開花させたものを出荷する．

4）予冷・輸送

切り花に対しては，差圧通風予冷が最も効果的かつ効率的な予冷法である．図 7.8 は，差圧通風予冷装置の一例であるが，段ボール箱の両端に穴をあけ，そこに圧力差を生じさせて箱の長軸方向に冷風が流れるようにしたものである．この方法では 1 時間以内に品温を雰囲気の気温とほぼ同じにすることができる．温帯性の切り花で 5℃，熱帯性の切り花で 10℃程度にまで品温を下げる．

予冷を完了したケースはそのまま低温状態に保ち続け，十分に冷却したトラックコンテナに積み込む．予冷が不十分で，あるいはその後の取り扱いが悪くて品温があがっていると，コンテナをいくら冷却してもなかなか切り花自体の温度は下がらない．

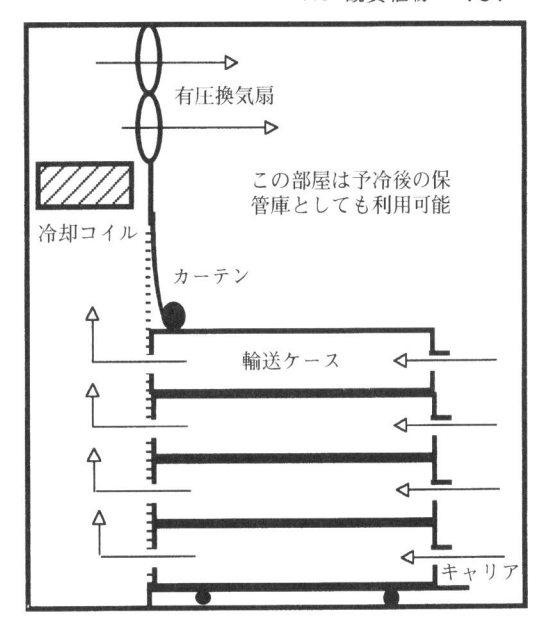

図 7.8 差圧通風予冷装置の構造模式図

5）市場流通

わが国では，切り花流通の大半が市場流通であり，卸売市場，仲卸し，小売店を経て消費者に届く．この間の物流過程でコールドチェーンがしばしば途切れること，商流と物流の分離に対する法的規制が厳しいこと，情報の逆流が少ないこと，小売店での流通ロスが大きいことなどが問題点としてあげられ，物流，商流，情報といった流れをチェーンシステム化する必要に迫られている．なお，予冷・輸送以降，流通に関する実習では，常にスケールの問題が伴い，現地へ出向いて視察，調査するような実習形態をとることが望ましい．

(土井元章)

2. 水あげと品質保持剤処理

切り花がポストハーベスト上，他の園芸生産物と異なる点は，輸送の短期間を除いて水を与え続けなければならないことにある．一方で，このことを利用してさまざまな段階で品質保持に有効な薬剤が吸水を通じて切り花に与えられる．

1）水あげ

(1) 水あげの方法：切り花の新鮮さ (freshness) を保つには，水にいけて吸水を促し，切り花にかかる水ストレスを軽減する必要がある．この目的で生産者が行う収穫直後の水あげを hydration，輸送後に小売店や消費者が行う水あげを rehydration として区別している．基本的には両者は同じであるが，後者の方が切り花の老化が進行していたり，茎中に気泡や細菌が入っていたりするので，水があがりにくい．

切り花の水あげに用いるいけ水 (vase water) には，軟水の上水道あるいはこれより純度の高い水を用い，クエン酸などを添加して pH を 4 程度にまで下げる．これは微生物の発生を抑えるためで，表 7.10 にあるような殺菌剤を添加してもよい．あらかじめバケツ，花瓶といった水あげを行う容器も十分に洗浄して殺菌しておく．

水があがりにくい切り花では，水切り (recut under water) が広く行われる．水中ではさみや電動カッターを用いて切り花基部数センチを切り取り，これをただちに準備したバケツにさせばよい．また，深水といって下葉まで水につける方法があるが，切り花全体をぬらす方がより効果的である．湯あげも切り枝や水のあがりにくい切り花の水あげ法として有効で，茎基部を熱湯に 10 秒程度つける方法と，35～40℃の湯で水あげする方法がある．水温が低いと吸水速度が低下するが，湯あげを冷蔵庫の中で行うと品温を下げながら同時に水あげをすみやかに行うことができる．

水あげの際に注意したいのは，単に吸水量を多くすればよいというわけではなく，その目的が切り花

表7.10 切り花の品質保持剤によく添加される薬剤とその濃度範囲

種類	物質名	略号	使用濃度範囲
殺菌剤	8-hydroxyquinoline sulfate	8-HQS	100-600ppm
	8-hydroxyquinoline citrate	8-HQC	100-600ppm
	硝酸銀	$AgNO_3$	10-200ppm
	Thiobendazole	TBZ	5-300ppm
	四級アンモニウム塩	QAS	5-300ppm
	次亜塩素酸ナトリウム[z]	NaClO	50-400ppm
	次亜塩素酸カルシウム[z]	$Ca(ClO)_2$	50-400ppm
	緩効性塩素化合物[z]	−	50-400ppm
	硫酸アルミニウム	$Al_2(SO_4)_3$	200-300ppm
エチレン阻害剤	silver thiosufate	STS	0.2-4mM
	aminoethoxyvinyl glycine	AVG	5-200ppm
	aminooxyacetic acid	AOA	50-500ppm
	α-aminoisobutylic acid	AIB	50-500ppm
糖類	ショ糖	−	0.5-20%
	果糖	−	2-10%
	ブドウ糖	−	2-10%
生長調節物質	6-benzylamino purine	BA	1-100ppm
	gibberellic acid	GA	1-100ppm
	abscisic acid	ABA	1-10ppm

[z] 有効塩素濃度

の水欠差を小さくすることにあるという点である．蒸発散量が多くなるような条件，すなわち相対湿度が低かったり光があたっていたり風速が強いといった条件下での水あげは望ましくない．また，水があがった後もこのような条件下での保管は避ける．

(2) **いけ水の管理**：小売店や消費者段階でのいけ水の交換は，その中に発生した微生物の濃度を下げるという目的が大である．いけ水中で微生物が10^7 cfu・cm^{-3}レベルにまで繁殖すると吸水不良を引き起こすとされ，室温で置く場合には，ほぼ毎日交換が必要となるが，その際バケツや花瓶，切り花基部を十分に洗浄しないと交換が意味をなさない．このいけ水の交換を行わないですますには，8-hydroxyquinoline sulfate (8-HQS)，四級アンモニウム塩化合物，緩効性塩素化合物などの殺菌剤をいけ水に添加しておけばよく，いずれも有効成分で50〜300 ppmの濃度範囲で使用される．

2) 品質保持剤の処理

生産者が切り花の水あげを兼ねて出荷前に行う処理を前処理（pretreatment, pulsing treatment），小売店や消費者が主として切り花の栄養となる成分や殺菌剤をいけ水に加えて与え続ける処理を後処理（continuous treatment）と呼ぶ．

(1) **前処理の方法**：前処理剤には，殺菌剤の他，エチレン阻害剤，糖，蒸散抑制剤，界面活性剤，生長調節物質などがその目的に応じて添加される．このうち，エチレンの作用阻害剤であるチオスルファト銀錯塩（silver thiosulfate anionic complex, STS）は，クライマクテリック型の老化様式をとるカーネーション，シュッコンカスミソウ，ハイブリッド・スターチスや，落花が問題となるスイートピー，キンギョソウ，デルフィニウムなどの切り花には必須の前処理剤である．

市販のSTS溶液は，水道水で薄めることができるが，試薬で調合する場合には脱塩水を用い，硝酸銀とチオ硫酸ナトリウムをモル比で1：4〜8の割合で混合する．標準的な使用濃度は0.2 mMであるが，濃縮液を作成し冷暗所に貯蔵すればよい．STSが効果を発揮するには，多くの切り花で生体重100 g当たり1〜2 μmolの銀が吸収されている必要がある．ただし，処理液の吸収量は切り花の状態や環境条件によって大きく異なるため，適正処理量を濃度と時間で示すことはできない．そこで，処理にあたっては出荷作業のどの段階で前処理を組み込むかを決定して，その段階の切り花を用いて，処理前後の前処理液の減少量から切り花100 g当たりの吸水量を算出してみる必要がある．0.2 mMのSTS溶液を用いる場合，切り花重の10％の重さの処理液が吸収されると100 g当たり2 μmolの銀が吸収されたことになる（図7.9）．通常，この量の10倍程度までは薬害が発生することはない．

一方，糖は，シュッコンカスミソウ，ハイブリッド・スターチス，グラジオラスなど未開花小花を多くもつ切り花で，その開花を促す効果が高い．普通，ショ糖が用いられ，2〜15％の範囲で処理液に添加される．前処理ではなるべく多く吸収させたいので，最初は10％程度の高濃度で，水あげが進むにつれ6％程度にまで濃度を下げて与える．STSとの混用では殺菌剤は不要であるが，そうでない場合には殺菌剤を同時添加する必要がある．

(2) **後処理の方法**：小花の開花に必要な量の糖は，前処理だけでは与えきらない場合が多い．そこで切り花中の炭水化物レベルを維持する目的で2％程度の濃度でショ糖がいけ水に添加される．同時に殺菌剤として100〜300 ppmの8-HQSや四級アンモニウム塩化合物が添加される．糖以外では，切り花の水分

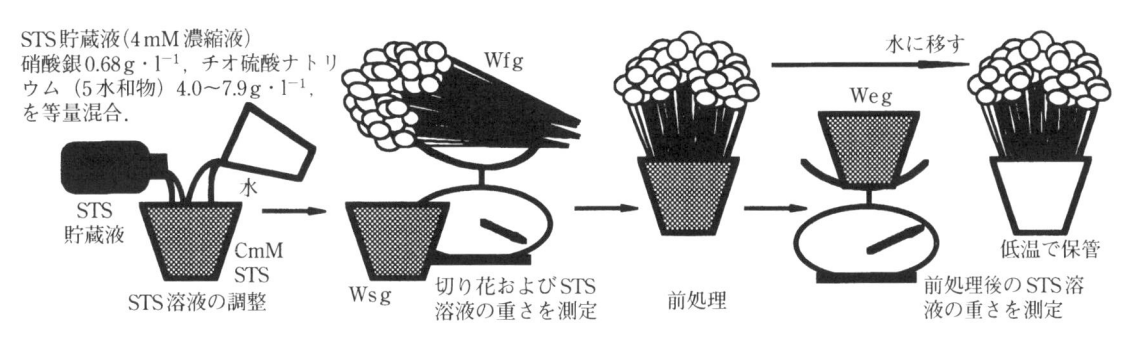

図 7.9 STSの前処理法と処理量の把握
切り花100g当たりの銀吸収量（μmol）は，$100C \times (Ws - We) / Wf$で計算される．

状態を良好に保つ目的で硫酸アルミニウムがバラやブーバルディアといった水ストレスを受けやすい切り花で使用されることが多い．

(土井元章)

鉢物の収穫と出荷

鉢物では，切り花と比較して積極的に品質保持技術が適用されている例は少ない．以下鉢物の収穫後の品質低下を防止するための留意点について述べる．

1. 収穫前の管理
店頭や消費者のもとでは，鉢物が弱光下に置かれることが多い．栽培段階で窒素過多や過湿条件下で管理された鉢物は徒長や病害が発生しやすくなり，それによる品質低下がみられる．特に観葉植物では栽培における仕上げの段階で窒素施用とかん水を控えた栽培（ハードニング）を行うことが推奨されている．

2. 出荷時期
鉢物の収穫適期は，種類によってさまざまであるが，観賞価値が発生し，消費者に渡ってからもそれが維持できる段階と考えることができる．例えば，シクラメン（中鉢）では十数輪のつぼみがあがり，そのうち数輪が開いた段階，ポインセチアでは2～3の花が開いた段階，ファレノプシスでは2～3のつぼみを残して花が開いた段階である．

3. 荷造り・包装
まず，枯れたり黄化して見苦しい花や葉を取り除く．出荷・輸送時における損傷を防ぐため，鉢から葉までを覆うようにプラスチックや紙製のスリーブで包装する．高価な洋ラン類では，柔らかい紙で花を一輪ずつ包装することもある．

鉢を能率的に移動するため，出荷に際して数個～十数個まとめて運べるプラスチックトレイや段ボール箱に入れる．段ボール箱は輸送中の急激な温度変化を防ぐ効果もある．

4. 物流過程における温度管理
一般に，物流過程において低温で管理する方が品質の低下が小さくなる．同時にエチレンによる品質への悪影響も小さくなる．多くの植物では10℃前後で管理することにより品質が良好に保持されるが，熱帯・亜熱帯性の種であるインパチェンス，コリウス，ケイトウ，ジニア，ビンカ，ベゴニア，ハイビスカスのように15℃以下では低温障害を受けるものもある．輸送には温度制御が可能なコンテナを用いることが望ましい．また，店頭で鉢物を低温で管理することは，実際には困難であるが，採光や通風の改善により，極端な品温の上昇を防ぐよう努める．

5. エチレンによる品質低下
鉢物の中には，インパチェンス，ハイビスカス，キンギョソウ，サルビア，カーネーション，ゼラニウム，ベゴニアなど，エチレンに敏感に反応する品目がある．これらでは，エチレンを含む空気に曝されることにより，落花や花弁の萎凋などの障害が発生し，品質が急激に低下する．エチレンの発生源として，自動車の排気ガス，石油・ガス暖房器などがあげられるとともに，植物の腐敗，あるいは老化の進行により植物自身から発生する場合がある．したがって，エチレン感受性が高い植物品目の輸送では，コンテナ内に排気ガスが流入しないように注意する．また，換気・通風を図る，不用意な振動を与えないなどの点に留意する．ガス体のエチレン作用阻害剤である1-methylcyclopropeneなどをコンテナ内へ注入する方法も実験的に試みられている．

7.4 水　稲

1. 収穫適期

青米（green rice kernel）と胴割れ米（cracked rice kernel）の数が最小になるような時期，つまり完全米（perfect rice grain）の割合が最も多くなり玄米（brown rice）の品質が最も高まる時期が収穫適期である．この時期は籾および穂軸の2/3が黄色に変化して，穂首にはまだ緑色が残っている時期に相当する．青米は米粒の色が全体に緑色をしており，早刈りした場合に遅れ咲きの籾がこれになる．胴割れ米は米粒にひび割れができているもので，遅刈りした場合や，乾湿の変化を頻繁に受けた場合，生籾を高温で強制的に乾燥した場合に多く発生する．登熟が進むほど籾重が増えて収量増となるが（図7.10），籾の水分含量が低下して胴割れ米が発生しやすくなるとともに，倒伏の危険性が増加する．

また，玄米の透明化程度をみる方法でも収穫適期を判定できる．穂の中央部の一次枝梗の先端粒が，図7.11に示したように透明部分5.5～6.0程度になる時期を収穫適期とする．なお，出穂後収穫適期までの日数として早生品種では40日，中生品種では45日，晩生品種では50日が目安となるが，この日数は出穂後の天候，特に気温によって影響を受けやすい．

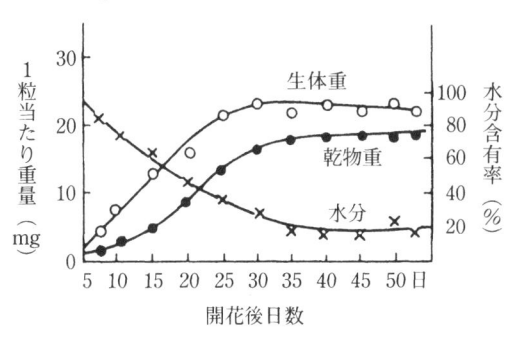

図7.10　コメの粒重の変化と水分含量の関係
（星川清親，1972）

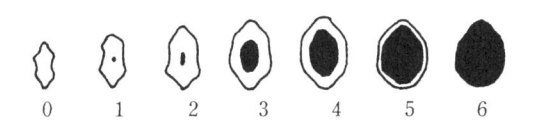

図7.11　玄米横断面の透明部分による登熟度の分級
（松島省三ら，1960）

2. 収穫方法

1）刈り取り

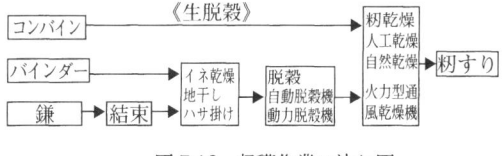

図7.12　収穫作業の流れ図

イネの刈り取りから籾すりまでは，図7.12に示したように大半の水田で一連の機械化された工程で進んでいく．バインダは刈り取り・集束・結束を自動的に行う．コンバイン（図7.13）は刈り取り・脱穀を自動的に行い，脱穀後のわらを結束あるいは放出したり，切断して散布する装置を備えたものもある．機械で刈り取りを開始する前に，機械の回転場所である水田の四隅を手刈りしておくことが多い．また，棚田のように機械が利用できない場所や機械で刈り取ると効率が悪いところは手刈りする．

正常な姿勢のイネをコンバインで刈る場合，田植えされた条にしたがって，それぞれのコンバインの機種によって定まった条の範囲内（"そり"の部分と"デバイダ"の部分の間が刈り取り可能な条）で直進の条刈りを行う．コンバイン操作としては，適度な刈り取りスピードあるいは刈り取り条数を保つことが大切である．刈り取り，脱穀およびわらの処理（結束あるいは切断）機を同時作動させ，無理なく滑らかに作動しているか，エンジンに負担がないかといった点検を行いながら，脱穀，走行，刈り取りレバーを中心にして操作する．また，車のハンドルに対応するのがサイドクラッチレバーで，前後進の方向を変える際に操作する．

倒伏したイネに対する刈り方としては，対地角（地面とイネがなす角度）が45°以下の場合には向かい刈りはせず，倒伏方向に直角か追い刈りとする．対地角が30°以下の倒伏イネになると，刈り取り作業能率が半減し，脱穀位置が高くなるなどして作業精度も落ちる．したがって，栽培中の管理として，倒伏を起こさせないよう肥培管理に留意する．コンバインによる刈り取りの場合，籾に雨水あるいは朝露

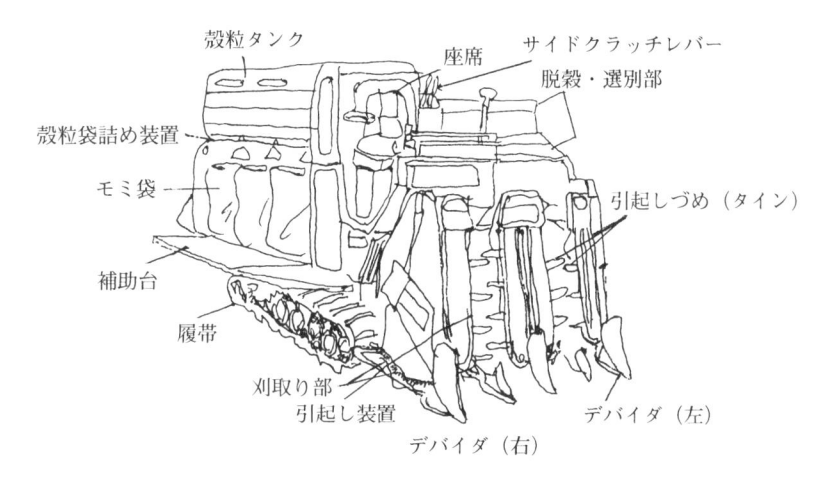

図 7.13 自脱コンバイン

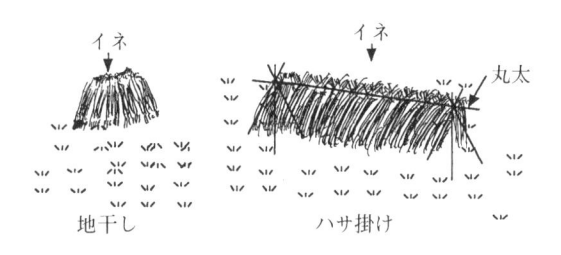

図 7.14 イネの地干しおよびハサ掛け

がついていると脱穀に支障をきたすので，できるだけ籾が乾いた状態で刈り取りを行うことが望ましい．また，イネの草丈や登熟度合などに生育むらがあると，刈り取り，脱穀，乾燥の作業能率が下がる．

機械による刈り取りでは，水田内の順調な走行ができるようにするため，早期落水を行いがちであるが，早期落水による収量や品質の低下が起こることもあり，作業能率と収量品質の両面から収穫前の栽培管理を考えていく必要がある．

自走式コンバインの走行部は，地面に接する面積を広げ地面を押す圧力を小さくしてぬかるみでも走行できるように，ゴム製の履帯を備えている．左右のデバイダは分草板とも呼ばれ，刈り取り部と未刈り取り部との仕分けをしている．引き起こし装置（つめ）は脱穀部へ脱穀しやすい形でイネを送り込むための姿勢を整える重要な部分である．刈り取り部には頑丈かつ鋭利な刃が付いており，点検や修理の際にはけがをしないよう十分注意する必要がある．

2) 脱穀前の乾燥

手刈りおよびバインダにより刈り取ったイネは，脱穀作業が順調にできるように脱穀前の天日乾燥を行う．この乾燥は暖地では1週間，寒冷地では1カ月ほどかかるが，風量，気温などによって乾燥時間は異なる．この乾燥によって籾の水分含量が15～17％にまで下がる．乾燥方法は，地域性が強く多様であるが，代表的なイネの乾燥方法として，地干しやハサ掛けがある（図7.14）．この乾燥段階で注意しなければいけないのは，直射日光が当たる籾と当たらない籾との乾燥具合の違いである．この違いを最低限に抑えるには，干す稲束を小さくしたり，稲束の反転回数を増やす工夫が必要である．また，雨水に当たると胴割れ米の発生が多くなるので，ビニールなどをかぶせてできるだけ雨がかからないようにすることも必要である．しかし，天日乾燥だけでは籾の乾燥が不十分であり，また含水率にむらが生じているので，脱穀を済ませてから乾燥機を使って短時間の籾の再乾燥が必要となってくる．

3) 脱　穀

籾をわらからこき落とし，しいなや屑籾を除いて精籾を残す作業を脱穀という．脱穀には動力脱穀機を用いる．こき歯がついたこき胴の回転中に稲束の籾部を入れると，受け網とこき胴との間で，穂切れ，のぎなどが処理され，受け網の網目から落ちた籾やわら屑をとうみで風選するという一連の流れで脱穀される．こき胴の回転は早くするほど脱穀能率は高まるが，もみの損傷が多くなる．毎分500～550回転が標準である．種籾の脱穀は，400回転以下で行うのがよい．

4) 籾の乾燥

コンバインによる脱穀では，刈り取り後自動的にチェーン上で流れてきたイネを脱穀機に送り込む形

をとっている．この方法では，生籾として脱穀されるため，24％前後の水分を含んでおり，ただちに籾を乾燥する必要がある．コンバインによる脱穀直後の袋詰めされた籾は，戸外の直射日光にあたるような所に置いておくと袋内が35℃以上にもなり，変質が急激に起こる．そのため，風通しのよい日陰で開封して置き，収穫後少なくとも5時間以内に乾燥機に入れて送風しなければならない．乾燥機に入り切らなかった籾はムシロの上に薄く広げて陰干しにする．乾燥機に入れるのが遅れたり，戸外で長時間放置したままにしておくと，籾内部にまで菌が侵入することにより，でんぷんが変質してきて，その結果，焼米（斑紋米）が発生して品質・食味とも低下してしまう．

最終的に，脱穀した籾の水分含量を籾すりのために14～15％に仕上げ乾燥する必要がある．この籾の乾燥には乾燥機を使う．乾燥機には通風型，火力型，あるいは両者の混合型があり，一般には混合型の火力通風乾燥機が

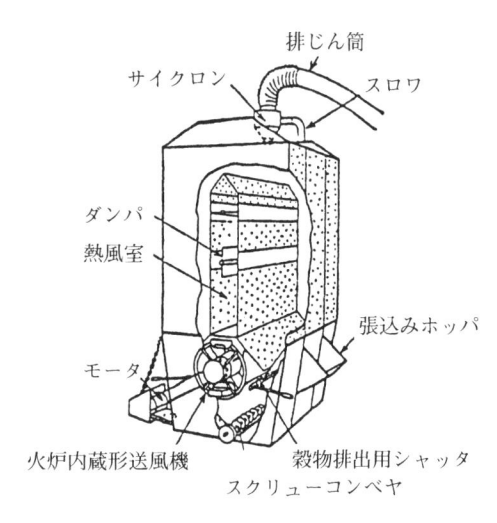

図7.15 火力通風乾燥機
（親編農業機械ハンドブック，1984）

多く用いられている（図7.15）．

乾燥機の使い方として，張り込み口から籾を乾燥機内へ入れ，張り込み量と含水率から乾燥温度および乾燥時間を決定する．バーナーに着火し，送風機により乾燥した暖かい風が籾に均等に当たるように，籾を上下方向にはバケットエレベーターで，縦横方向にはねじコンベヤーで動かし，籾を乾燥機内で循環させる．時々，燃料の残量を点検して補給し，籾の含水率を測定して規定の水分になるまで乾燥機を作動させる．高温で急激な乾燥を行ったり，乾燥しすぎる（13％以下）と，胴割れ米が発生して食味・品質が悪くなる．できるだけ低温でゆっくりと乾燥することが望ましい．

現在，普及している火力通風型機種では，マイコン制御により，張り込み量と目標とする籾の含水率を入力しておけば，セットした籾の含水率になると自動的に乾燥が停止するので，昼間刈り取った籾を夜間乾燥機に入れて，無人で乾燥させることができる．

5）籾すりと調製

籾すりとは，籾から籾がらを取り除き（脱ぷ），玄米にすることである．籾すりには自動籾すり機（図7.16）を使う．籾すりの原理として，2方式があり，一つは同径で回転速度の異なる2個のゴムロールの間を籾が通過する際の圧力と摩擦力により脱ぷする方法であり，もう一つの方法は高速で回転する盤によって外周方向へ玄米を繰り出し，外周壁に衝突させて脱ぷする方法である．現在ではゴムロール式が大半を占めている．

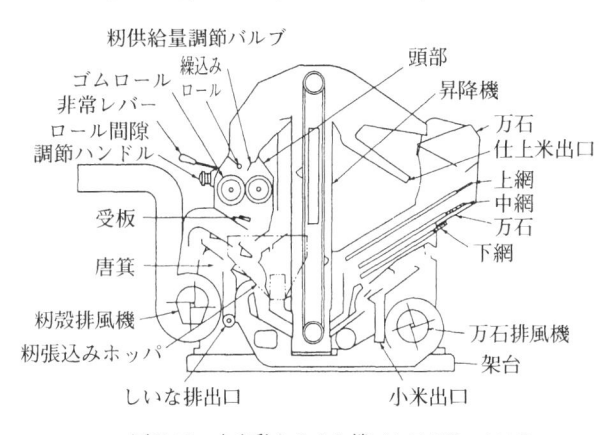

図7.16 全自動もみすり機（矢田貞美，1989）

籾すり機の操作は，まず電源を入れ，脱ぷ部に乾燥済みの籾を投入し，開閉板の開閉程度によってロールに送り込む籾の量を調節する．送りこまれた籾はゴムロールを通り脱ぷされ，とうみ部で風選されることにより，しいな，籾がらは除去されて排出され，それ以外の玄米は，昇降機で万石漏斗まで運び上げられる．仕上げ米はここで排出され，それ以外はふるい目の大小によって選別されて最小の粒をくず米および砕け米として排出する．脱ぷされていない籾は再度脱ぷ部に戻る．

調製とは，コメとしての商品価値を高める最終仕上げの選別の工程である．選別は籾すり機によっても行うが，さらに精度よく選別するため，選別のみを目的とした米選機を使う．この米選機によって分け

られた玄米を30 kgあるいは60 kgに計量し，袋詰めして出荷する．計量には自動計量機を利用するのが普通で，計量機は米選機から送られてきた玄米を一定の重さ分紙袋に入れる機能をもった装置で，作業は機械が正常に作動しているかチェックするだけでよい．決められた手順で袋の上部を折曲げ，最後にヒモを結んで密封する．その後出荷までは，玄米の品質ができるだけ変化せず，しかも出荷の手間が少なくてすむ所で保管する．

(簗瀬雅則)

コメの等級検査

1969年以降，コメの品質は外観的粒質を重視する検査等級と，食味性を重視した産地品種銘柄によって決まる類別の二本立てで格付けされる．前者の玄米品質の評価に当たっては，食糧庁が定めた等級規格 (表7.11) に準ずる．各等級ごとに容積重と整粒歩合の最低限，水分，被害粒，死米，着色粒，異種穀粒，異物の混入率の最高限度が定められている．等級が高いほど整粒の歩合が高い．表中の数値は，水分の項を除いて100粒当たりの重量パーセントで示されている．各項目のうち最も悪い評価をそのコメの等級とする．実際の等級検査は等級規格に基づき，検査員の肉眼判定によって行われる．この等級規格では，コメの搗精歩留まりや貯蔵性，食味等の品質に関係する要素も考慮されているので，食味や貯蔵性との相関も高い．

産地品種銘柄は，政府が精米にする際の歩留まりおよび食味を対象に，これらの形質が品種固有および栽培環境に影響を受けることから，その品種の優秀性が永続的に発揮でき，そしてコメの商品評価の強さあるいは生産および流通可能数量の大きさを十分に示すと考えた場合，十分特別に取り扱いができると判断される産地別の品種銘柄である．コシヒカリ，ササニシキなどは長期にわたって銘柄品種の座に位置する人気の高い品種である．

(簗瀬雅則)

表7.11 水稲うるち玄米の等級検査規格 (農産物規格規定, 1978より一部抜粋)

等級	最低限度			最高限度							
	容積量 (g)	整粒 (%)	形質	水分 (%)	被害粒, 死米, 着色粒, 異種穀粒および異物			異種穀粒			異物 (%)
					計 (%)	死米 (%)	着色粒 (%)	籾 (%)	ムギ (%)	その他 (%)	
1等	810	70	1等標準品	15.0	15	7	0.1	0.3	0.1	0.3	0.2
2等	790	60	2等標準品	15.0	20	10	0.3	0.5	0.3	0.5	0.4
3等	770	45	3等標準品	15.0	30	20	0.7	1.0	0.7	1.0	0.6
等外	770 (最高)	—	—	15.0	100	100	5.0	5.0	5.0	5.0	1.0

容積量：ブラウエル穀粒計で測定した1リットル重量．整粒：被害粒，未熟粒，異種穀粒および異物を除いた粒．形質：皮部の肥厚，充実度，質の硬軟，粒ぞろい，粒形，光沢ならびに肌ずれ，心白および腹白の程度．水分：105℃乾燥法による．被害粒：損傷を受けた粒 (発芽粒，病害粒，くされ粒，虫害粒，傷粒，砕粒など) をいう．ただし，普通籾にあっては損傷軽微で玄米の品質および籾すり歩合に影響を及ぼさない程度のものを除く．死米：充実していない粉状質の粒．着色粒：粒面の全部または一部が着色した粒および赤米をいう．ただし，精米によって除かれ，または精米の品質および精米歩合に著しい影響を及ぼさない程度のものを除く．未熟粒：死米を除いた成熟していない粒．異種穀粒：玄米を除いた他の穀粒．異物：穀粒を除いたその他のもの．

― 第7章　参考図書 ―

茶珍和雄他．1992．農産物の鮮度管理技術．農業電化協会．東京．

藤巻正生．1984．ポストハーベストの科学と技術．光琳．東京．

Kader, A. A. (ed).1992. Postharvest technology of horticultural crops. University of California, Division of Agriculture and Natural Resources, Publication 3311. Oakland.

Kays, S. J. 1991. Postharvest physiology of perishable plant products. Van Nostrand Reinhold. New York.

伊庭慶昭他．1985．果実の成熟と貯蔵．養賢堂．東京．

三浦　洋・荒木忠治．1988．果実とその加工．建帛社．東京．

Nowak, J. and R. M. Rudnicki. 1990. Postharvest handling and storage of cut flowers, florist greens, and potted plants. Timber Press. Portland.

Salunkhe, D. K. and S. S. Kadam. 1995. Handbook of fruit science and technology. Marcel Dekker Inc. New York.

Shewfelt, R. L. and S. E. Prussia. 1993. Postharvest handling. Academic Press Inc. San Diego.

樽谷隆之・北川博敏．1982．園芸食品の流通・貯蔵・加工．養賢堂．東京．

Weichmann, J. (ed). 1987. Postharvest physiology of vegetables. Marcel Dekker Inc. New York.

山下律也．1991．米のポストハーベスト．農業機械学会．東京．

第8章　農産物加工

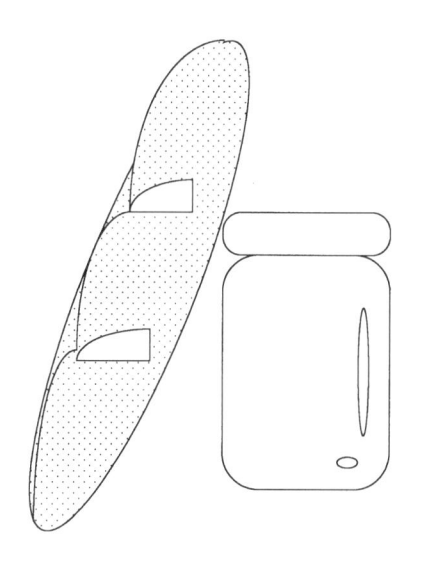

第8章 農産物加工

食品加工の実習・実験では植物性と動物性の材料を取り扱うことが多いが，本章では，材料や道具・機器類が入手しやすく，多人数が所定の時間内で実習作業を終えることができる植物性食品の加工実習について述べる．

8.1 シロップ漬け

加工の原理

高濃度の糖液とともに果実の果肉などを密封し，糖液による浸透圧の増加や水分活性の低下を利用して貯蔵性を高める貯蔵方法をシロップ漬けという．

わが国ではミカン，モモ，ビワなどのシロップ漬けが多いが，材料の入手が容易な温州ミカンについて述べる．また，温州ミカンのシロップ漬けは，わが国における果実シロップ漬けの代表的なもので，加工品としては優れた製品で利用範囲が広い．

製造工程では，酸処理によって内果皮（じょうのう）のプロトペクチンが可溶化し，次のアルカリ処理によって可溶化したペクチンの分解やヘミセルロースの溶出が起こり，じょうのうが取り除かれる．

［材料］温州ミカン…1kg，ショ糖（砂糖）…100g，0.7～2％塩酸溶液…1*l*，0.5～2％水酸化ナトリウム溶液…1*l*

［器具］ツイストびん（一般的には缶を使って密封するが，ここでは簡便な器具で脱気できるびん詰めを行う）…2個，ざる，竹べら，ホーロー鍋（1.8*l*），ステンレス製バット，糖度計，温度計，ゴム手袋

［製造工程］

温州ミカン………	腐敗果は除く．
はく皮……………	ミカンが小量の場合には手で剥き，多量の場合には80～90℃の熱湯に1～2分間浸漬し，剥皮しやすくしてから竹べらで剥く．
風乾・ホロ割り…	熱湯処理した場合には果皮を除いた果実をざるに並べ，軽く風乾する．その後，果肉をつぶさないようにホロ割りし，1袋ずつに分ける．
酸処理……………	塩酸溶液をホーロー鍋に入れて，30～40℃に加温した後にホロ割した果実を入れて静かに混ぜる．高温であれば処理時間を短縮出来るが，低温の方が処理終了を判定しやすい．1％の濃度であれば，30℃で約50分の処理時間で終了する．砂じょうが現れ始めたら静かにざるに移す．
水洗………………	流水中で約10分間静かに水洗する．
アルカリ処理……	ホーロー鍋にアルカリ溶液を入れて30～40℃に加温して，水洗したミカン果肉を静かに入れる．約20分でじょうのう膜が溶けて溶解する．
水洗………………	流水中で果肉に付いているじょうのう膜や筋などを流し去る．取りにくいものはピンセットなどでつまんで取る．

水さらし	処理後は染み込んだ酸やアルカリ溶液を除去するために流水で十分に水さらしを行う．少なくとも30分間以上の水さらしが必要である．
選別	こわれた果肉を除き，完全な形の果肉を選び，肉詰めに使用する．なお，この時に果肉の糖度を調べておき，注加するシロップの濃度を決めるのに利用する．
肉詰め	缶もしくはびんなどに固形物を詰めることを肉詰めというが，本書ではびんに正常な形状の果肉を壊れないように詰める．注加するシロップ濃度を決めるために果肉の重量を測定する．
シロップ注加	容器内のシロップ濃度が14％以上18％未満になるようにシロップを注加する．下記に一例を示した．
脱気・殺菌	シロップを注入後直ちにびんの上に蓋をのせて，バットに用意した90〜95℃の熱湯中にびんを置いて脱気と殺菌を行う．殺菌をより完全にするために最終的には沸騰させる．
密封	約10分後に蓋を締めて，密封する．
冷却	缶の場合には流水で速やかに冷却するが，びんの場合にはぬるま湯で温度を低下させてから流水で冷却する．このままでも試食できるが，約3カ月ほどでシロップが果肉に浸透して食味がよくなる．

シロップ濃度の決定

容器（5号缶で312gの容量）内の糖濃度を16％，果肉が240g，果肉の糖含量が10％であるとする．
容器内の総糖量：49.92g＝312×16÷100，容器内の果肉の総糖量：24g＝240×10÷100．
追加すべき糖量：25.92g＝49.92−24，注加すべきシロップの重量：72g＝312−240．
注加シロップの糖濃度：25.92÷72×100＝36％．
すなわち，糖濃度が36％のシロップ液を72g注加すればよい．

（阿部一博）

8.2 ジャム類

加工の原理

　ジャム類は，植物組織に含まれるペクチンの凝固性（ゼリー化）を利用して高濃度の糖によって貯蔵性を高めた食品である．

　ゼリー化にはペクチン，糖，酸が必要で，これらが一定な比率を保って網状構造をつくり，水を保持する．ゼリー化にはペクチンが関係するので，ジャム類の原料としては成熟果が適する．

　フルーツゼリー：果実を刻み，水を加えて煮沸後にろ過し，果実のペクチン，糖，酸を含むろ液を得る．これに砂糖を加えてペクチン濃度を高めるために加熱濃縮し，冷却したときに凝固するように仕上げる．

　適当な堅さのゼリーには，ペクチン 1.0～1.5 %，糖 63～65 %，酸 0.5～1.0 % が含まれる．果実にはクエン酸，リンゴ酸，酒石酸などの有機酸が含まれるが，ゼリー化に関与するのは酸の種類や含量ではなく，pHが関与しpH 3.2～3.5が適当とされている．

　ジャム：果実をそのまま，あるいは破砕して砂糖を加え，ゼリー化するまで加熱濃縮したものであるが，果肉の小片などが含まれているので，フルーツゼリーのように透明感はない．ジャム製造時に適量のペクチン粉末を加えると加熱濃縮の必要が少なくなり，効率が上がる．

　果実の形を保ちながら，濃厚糖液（約68 %）に漬けて保存性を持たせたものをプレザーブという．イチゴ果実の形をつぶさないように作ったイチゴジャムはプレザーブスタイルあるいはイチゴプレザーブといわれる．

　マーマレード：オレンジ，レモン，夏ミカン，イヨカンなどのカンキツ類を材料にして，ゼリー中に果皮のスライスを入れたものである．

【イチゴジャム】の製法

[材料] イチゴ…800 g～1 kg，砂糖…イチゴ重量の45～60 %，クエン酸…イチゴ重量の0.2 %，ペクチン…イチゴ重量の0.2 %

[器具] ステンレス製あるいはホーロー鍋（約3 l），木じゃくし，糖度計，ツイストびん（200 ml）…2個

[製造工程]

```
イチゴ…………成熟した色の濃い品種の果実を選ぶ．

水洗・調整………十分に洗い，へたを指先で取り除く．

加熱濃縮…………鍋にイチゴ果肉全部と砂糖を3分の1入れて，混ぜてしばらく放置する．砂糖の一部が
　　　　　　　　溶けてきたら，木じゃくしで静かに混ぜながら中火で加熱する．沸騰してきたら砂糖を
　　　　　　　　3分の1加えて，煮詰める．さらに煮詰まってきたら，残りの砂糖と小量の水に溶かし
　　　　　　　　たクエン酸とペクチンを加えて加熱を続ける．
　　　　　　　　濃縮中に表面に浮き上がる泡はすくい取る．
　　　　　　　　加熱時間が長いとアントシアン色素が退色するので，濃縮は20分位で終わるように火
　　　　　　　　力を調節する．

仕上げ……………濃縮の終点を次の2方法のいずれかで判定する
　　　　　　　　・糖度計で測定して，60～68 %の糖度になったら終了する．
　　　　　　　　・小量のジャムをとり，垂らした時の状態でゼリー化をみる．ゼリー化が進んでくればス
　　　　　　　　　プーンにとった小量のジャムを水を入れたコップに垂らして，ジャムが底に固まるとゼ
　　　　　　　　　リー化が十分で，水に散らばるとゼリー化が不十分である．
```

> 肉詰め・密封……ジャムが熱いうちにびんにジャムを充填し，蓋をして，約10分間倒置し，蓋部分の殺菌を行う．
>
> 冷却……………流水中で冷却する．

【マーマレード】の製法

[材料] 夏ミカン…600 g（約2個），砂糖…300～400 g，0.3％クエン酸溶液…約600 ml，1％食塩水…約500 ml

[器具] ステンレス製あるいはホーロー鍋（約3 l），木じゃくし，糖度計，ツイストびん（200 ml）…2個，ゴムべら，ざる，ジューサー，ろ過用の布

[製造工程]

> 夏ミカン…………果皮も食用とするのでよく洗う．
>
> 皮剥き……………包丁で果皮を十文字に切り，皮を剥く．
> 　　　　　　　　果肉と果皮を別々に処理する．
>
> 果皮………………3～4 cmの短冊状に果皮を調整し，厚さ1 mmに細断後，食塩水で約20分煮沸する．30分間水洗した切片をざるに入れ，水切りする．
>
> 果肉………………ホロ割り後，じょうのうを除き，果肉をジューサーで圧搾して果汁を得る．これをゼリー基液とする．
>
> ペクチン液………じょうのうとくず皮を食塩水で20分煮沸した後，水にさらす．水切り後，果汁搾りかすを合わせ等量のクエン酸溶液とともに20分煮沸後，ろ液を得てペクチン液とする．
>
> 加熱濃縮…………ゼリー基液とペクチン液を合わせ，その20～30％の果皮を加え，砂糖を3回に分けて加えながら濃縮を行う．
>
> 仕上げ，肉詰め・密封，冷却……………イチゴジャムに準ずる．

（阿部一博）

8.3 漬　物

加工の原理

　生野菜に食塩などを加えて保って置くと，特有の風味やテクスチャーをもつ漬物になる．これを漬物の熟成というが，熟成には次のような過程が関係する．
- 漬床成分の浸透……食塩の作用によって野菜の細胞は原形質分離を起こして死ぬ．そのため原形質膜の半透性が失われ，漬床成分が細胞内に浸透し，味や香りが変化する．
- 酵素的成分変化……原料や漬床に含まれる酵素によって風味成分が生成される．漬床にはデンプンやタンパク質を分解する酵素があり，糖類やアミノ酸が増える．
- 微生物による発酵…各種微生物が繁殖し，乳酸，アルコール，エステルなどを生成することにより風味が与えられる．

　漬物製造には熟成期間が必要であるが，本書では比較的短時間で加工処理の行える浅漬けとピクルスを取り扱う．

【ハクサイの浅漬け】の製法

　本来のハクサイの塩漬けには，下漬けに3日，本漬けに7日ほどかかるが，ここでは簡易のハクサイ漬けを取り扱う．

［材料］ハクサイ…1 kg，食塩…35～40 g，コンブ…10 g，赤トウガラシ…2本，ショウガ…20 g，ユズの皮…20 g

［器具］漬物容器…4 l 程度，押し蓋，重石…材料の約2倍

［製造工程］

```
ハクサイ…………かたく結球し，白色部の多い，しん腐れのないハクサイを選ぶ．根元を切取り，外側の葉
                  を2，3枚取り除き，きれいに洗う．

調整・水切り……根元を十文字に切り，切込みに沿って4つ割りにし，水気を切り，軽く風乾する．

下漬け……………容器の底に塩を少し振る．
                  ハクサイの切断面を上に向けて，根と葉の方を交互に並べ，平になるようにする．
                  残りの塩を振り，押し蓋をして，重石を置く．1昼夜で水が上がってくる．
                  実習が2日連続に行える場合には翌日に本漬け工程を行うが，実習が1日の場合には下
                  漬けを実習の前日に行っておき，当日は本漬けを行うとよい．

本漬け……………コンブと赤トウガラシを適当な大きさに切り，ショウガとユズの皮を刻む．
                  下漬けしたハクサイ間にこれらを均一に入れ，下漬け時の半分程度の重石を載せる．
                  本漬け3，4日頃から食べ始めることができる．
```

【ピクルス】の製法

　ピクルスはキュウリ，ニンジン，キャベツ，ピーマン，カリフラワー，タマネギ，未熟なトマト，セロリーなど，さまざまな野菜を塩漬け発酵させ，数種類の香辛料を加えた調味酢に漬け込んだもので，わが国特有の酢漬けとは風味が異なる．

　キュウリのピクルスが一般的であるが，塩漬け，発酵，脱塩，中漬け，本漬けに数週間かかり，工程も複雑なため，ここでは1日の実習ですべての工程が行える簡易ピクルスを取り扱う．

［材料］キュウリ…90 g，食酢…50 ml，水…100 ml，砂糖…25 g，食塩…2.5 g，赤トウガラシ…2本，月桂樹の葉…1枚，粒コショウ…3～5粒，クローブス・シナモン・マスタード…好みによって適宜，板ずり用食塩…適宜

［器具］ツイストびん(200 ml)，まな板，ざる，鍋(大小各1)

［製造工程］

キュウリ	新鮮な果実を選び，腐敗果実は除く．
水洗	水洗後，板ずりして，ざるに果実を広げて，熱湯をかける．
調整	長いキュウリはびんに入る長さに切る． 太い果実は半分に切る．
調味液の調製	食酢，水，砂糖，食塩，赤トウガラシ，月桂樹の葉，粒コショウ・クローブス・シナモン・マスタードを小さい鍋に入れ，十分に煮立てて冷ます．
本漬け	煮沸したびんにキュウリをきれいに詰め，冷ました調味液を香辛料とともに注ぐ．
保蔵	簡易漬けなので冷蔵庫で保蔵する． 3日頃から食べ始められるが，食べ頃は5～7日目である．

（阿部一博）

8.4 小麦の加工

加工の原理

コムギは粒食されることがほとんどなく，小麦粉として食用に供されることが多い．これは，小麦粉が特異的な粘弾性をもつタンパク質（グルテン）を多く含有しており，小麦粉がさまざまな調理や加工に適しているためである．

小麦粉はグルテンの含有量によって，強力粉，中力粉，薄力粉に分けられ，グルテンが多く粘弾性を有する強力粉は製パンや「ふ」の原料となり，薄力粉はサクッとしたテクスチャーが必要なカステラやテンプラに使用される．

【うどん】の製法

小麦粉に水と食塩を加えて練り，グルテンの粘弾性を利用して，細長い線状にすることを製麺といい，うどん，そば，素麺，中華麺，マカロニなどが代表的な麺である．

うどんは麺の代表的なもので中力小麦粉を使用したものである．切出したものが生麺で，それを乾燥したものが乾麺である．生麺をゆでたものがゆで麺である．

ここでは製麺の基本であるうどんの生麺の製造方法を述べる．

[材料] 小麦粉（中力粉，適度の粘弾性があり，「こし」の強い麺ができる）…400 g，食塩…14 g（季節によって多少異なる），水…175 ml

[器具] ボール…約2 l，まな板，包丁，麺棒，ざる，大型鍋（3〜5 l）

[製造工程]

混捏	ボールに小麦粉を入れ，中央を少しくぼませ，食塩水を加えて混ぜる．これを両方の手のひらで力を入れて十分にこね，弾力のある生地（ドウ）に仕上げる．
ねかし	ラップで包み，寝かす．この間にグルテンの網状構造が形成される．
圧延	まな板の上に打ち粉をし，その上に生地を置き，時々打ち粉をしながら，最初は手のひらで，続いては麺棒で均一に延ばす．厚さが3〜4 mmの厚さになるまで延ばす．
切り出し	延ばした麺帯の両面に打ち粉をして折りたたみ，包丁で3〜4 mm幅に切る．打ち粉を除きながらほぐすと生麺ができる．
湯煮	生麺をたっぷりの湯で15分間ほどゆでてざるに移し，流水でぬめりを取るとゆで麺ができる．

【パン】の製法

　パンは原料，製造方法，形，焼き方などによっていろいろな種類があるが，イースト（酵母）を膨化源として使用し，発酵によって膨張させた発酵パンとふくらし粉（ベーキングパウダー）やその他の化学薬剤によって炭酸ガスを得て膨張させた無発酵パンに大別される．後者にはビスケット，蒸しパン，カステラなどがある．

　発酵パンは小麦粉，水，イーストを基本原料とし，食塩，糖類，油脂，イーストフード，乳製品などを補助原料として生地（ドウ）をつくり，発酵後焼き上げたものである．

　なお，ここでは基本的な製パンである直こね生地法について述べる．

[材料] コッペパン10個分として，小麦粉（強力粉）…1 kg，インスタントドライイースト…18 g，イーストフード…1.5 g，バター…80 g，スキムミルク…35 g，食塩…18 g，砂糖…100 g，湯（約40℃）…約220 mL，サラダオイル…適宜

[器具] ボール，オーブン，温度計，バット，恒温機，ビニール，ミキサー，霧吹き

[製造工程]

原料混合……………	イースト，バター，スキムミルク，食塩，砂糖を入れ，湯を入れてしばらく放置する．小麦粉を加え，全体が滑らかな塊になるまで混ぜる．
混捏………………	生地を板などに打ちつけてこねるとこね上がりがよい．
第1発酵…………	こね上がると塊にしてボールにもどし，表面に霧を吹き，ラップで覆う．27～29℃の恒温機で発酵させる．40分から1時間で約2～2.5倍にふくらむ．
ガス抜き…………	打ち粉をした板の上に塊を載せ，軽く静かに押さえてガスを抜く．軽く丸めてボールに入れて，第1発酵と同様に30～40分放置する．
分割・丸め………	2～2.5倍にふくらんだ生地をスケッパーで2等分する．生地の切口からガスが抜けないようにゆるく丸める．
ねかし……………	打ち粉した板に生地を置き，乾いた布をかぶせ，20～25分間置く．
成形………………	ガスを抜き，形を作り，サラダオイルを塗った天板に並べる．
第2発酵…………	30℃で約30分発酵させる．
焼き上げ・冷却…	200～220℃で25分ほど焼き，放冷する．

（阿部一博）

8.5 発酵食品

加工の原理

ダイズは栄養的にはすぐれているが，組織が硬くて消化が非常に悪く，不消化性の糖，トリプシンインヒビターやヘマグルチンなどの有害物質が含まれているうえ，特有の臭みもある．そのためダイズを消化よくおいしく食べるための工夫がされ，きな粉，豆腐，納豆，湯葉などのダイズ加工食品がつくられている．また，ミソや醤油などが含塩ダイズ発酵食品として古くからつくられており，わが国の食生活を特徴付けている．これらの発酵食品は熟成期間にタンパク質がアミノ酸に分解されたり，デンプンが分解され糖が生成されるので，うま味が増す．

【ミソ】の製法

ミソは醤（ひしお）に起源をもつ発酵食品で，調味料として使用する以外に副食材料としても重要な食品である．金山寺ミソに代表される嘗（なめ）ミソや浜納豆などの加工ミソと穀類を熟成させた普通ミソに大別されるが，ここでは加工方法や熟成期間の管理が比較的容易なダイズミソについて取り扱う．

［材料］ダイズ…200 g（煮ると約 450 g になる．），米麹…300 g，食塩…110 g，種水（ダイズの煮汁）…50 ml

［器具］鍋…約 3 l，ボール（大），すり鉢，すりこ木，穴じゃくし，熟成用容器（壺など），ラップ，恒温器

［製造工程］

> 水洗・水浸漬……ダイズに水を十分吸水させる．（目安として，春と秋…8〜10 時間，夏…6 時間，冬…16 時間）
> 　　　　　　　　実習が 1 日の場合には前日に準備する．
>
> 蒸煮……………指ではさんで押しつぶせるようになるまで，水を加えながら約 3 時間ゆっくり煮る．
>
> 磨砕……………煮汁を切り，豆が熱いうちにすり鉢で手早く，すりつぶす．
>
> 混合……………すりつぶした豆に種水を加え，混ぜる．
> 　　　　　　　　麹と塩を混ぜて，すりつぶした豆に加え十分に混合する．
>
> 仕込み…………煮沸殺菌した熟成容器（壺）に隙間ができないように固く詰め，表面にラップを密着させる．蓋の上もラップで密封する．
>
> 熟成（発酵）……30 ℃の恒温器で約 1 カ月保温し，その後室温で 2 カ月以上熟成させる．

【醤油】の製法

　醤油は優れた香りと味を有する含塩醸造調味料でわが国のみならず，世界各地で利用されている．ミソと同様に醤(ひしお)に起源をもつ発酵食品で，現在の醤油の製法は鎌倉時代から室町時代の始めに確立されたといわれている．

　醤油は醸造方法によって，本醸造方式，新式醸造方式，アミノ酸液など混合方式の3種類に分類される．また，醤油は原料配合割合，工程の違いなどから，濃口（製造の85％），淡口（13％），溜，再仕込み，白，生揚げの6種類に分類定義されている．

[材料] 小麦…1.5 l，ダイズ…1.5 l，種麹…2〜3 g，食塩…1.5 l（約1.1 kg），水…3.6 l

[器具] ステンレスバット，仕込容器，ミキサー

[製造工程]

水洗・水浸漬	ダイズに水を十分吸水させる（目安として，春と秋…8〜10時間，夏…6時間，冬…16時間）．実習が1日の場合には前日に準備する．
蒸煮	ダイズを指ではさんで押しつぶせるようになるまで，水を加えながら約3時間ゆっくり煮る．
小麦粒	炒煎して，割砕し，蒸煮したダイズと混合する．種麹を加えて製麹する．室温3〜4日で醤油麹ができる．
仕込み	水に食塩を溶かし，醤油麹とよく混合する．
熟成（発酵）	室温で8〜12カ月熟成させる．ようすをみて1〜2日に1回混ぜる．
圧搾（濾過）	熟成もろみを布でこし，ろ紙でゆっくりろ過する．ろ液が生揚げ醤油である．
火入れ	生揚げ醤油は貯蔵性が乏しいので，80〜85℃で10〜20分間加熱火入れを行う．
ビン詰め	3〜3.5 lの醤油ができるので，適当なビンなどに詰める．

〈阿部一博〉

8.6 カキの脱渋

脱渋の原理

渋ガキには，可溶性タンニン（ロイコデルフィニジン配糖体のの1種）が含まれており，食べたときに渋味を感じる．タンニンを不溶性にすると渋味が感じられなくなる．下記に述べる3方法の他に乾燥法，樹上脱渋法，放射線照射法，凍結法などの脱渋法があるが，凍結法以外はいずれもアセトアルデヒドが生成され，これがタンニンを不溶化すると考えられている．

代表的な脱渋法

- アルコール脱渋（樽抜き）……30～40％エタノール溶液をカキ果実に吹き付け，密封して置くと1週間ほど（20℃）で脱渋する．

  エタノール溶液として焼酎を利用するのが簡便である．特有の風味を有するカキになる．

- 炭酸ガス脱渋……密封容器内の炭酸ガス濃度を70～80％にしてカキを封入すると数日間（20℃）で脱渋する．

  大量処理が可能で，果実が硬く，貯蔵性がよいが，アルコール脱渋した果実より風味が劣る．

- 温湯脱渋（湯抜き）……37～40℃の温湯に15～24時間つけて置くと脱渋する．

  簡便かつ迅速で，脱渋力が強い方法であるが，風味が淡白で貯蔵性もよくない．古くは風呂の残り湯で行うこともあった．

ここでは実習に適するアルコール脱渋と炭酸ガス脱渋について述べる．

2方法を同時に行い，脱渋後の果実風味の違いを官能検査することも可能である．

【アルコール脱渋】

［材料］渋ガキ…入手が容易な平核無ガキが適する．果肉の硬い果実を10個．35％エチルアルコール…7～8 ml

［器具］デシケータなどの密封容器

［脱渋工程］

水洗………………	カキ果実を十分に水洗し，水分を拭き取る．
脱渋処理…………	アルコール溶液をへた部に噴霧する．処理後，容器内に果頂部を下にして並べる．
密封・放置………	エタノール蒸気が飛散しないうちに密封する．20℃で約1週間放置すると脱渋される．

【炭酸ガス脱渋】

［材料］渋ガキ…入手が容易な平核無ガキが適する．果肉の硬い果実を10個．ドライアイス…約100g

［器具］デシケータなどの密封容器

［脱渋工程］

```
水洗……………………カキ果実を十分に水洗し，水分を拭き取る．

脱渋処理………………ドライアイスを細かく砕き，容器の底に入れる．
                    その上に仕切り板を置き，果実の果頂部を下にして仕切り板の上にカキを並べる．

密封・放置……………発生する炭酸ガスで空気を追い出し密封する．
                    20℃で約1週間放置すると脱渋される．
```

（阿部一博）

加工機械

食品加工の機械類は台所器具が発達した物といえるが，設備も大型・高度化した．

加熱殺菌充填：主として缶詰で行われていたが，最近ではレトルト（蒸気釜殺菌）可能なガスバリヤー性のプラスチック袋（レトルトパウチ）も使われるようになり，短時間殺菌が可能になった．充填器やクリーンルームの技術によって，殺菌した食品を殺菌した容器に充填すること（無菌充填）により，過度の加熱を避けることができ，品質が良くなった．また，加熱なしに殺菌できる方法として高圧殺菌が日本を中心として始められている．

濃縮・乾燥：凍結・逆浸透圧濃縮はジュースの風味を損ねない点で優れているが，まだ試作段階である．通常は熱交換濃縮の後，揮発したフレーバーを集め再添加している．真空凍結乾燥は風味も復元性も良い乾燥品ができるが高価格の物に限られている．

凍結・解凍：凍結には急速凍結が基本である．さまざまな効率よい冷凍機が考案されている．また，消費者が利用するのに便利な個別凍結（IQF）が行われるようになった．解凍方法も凍結材料によってさまざまな方法が行われている（高周波解凍機など）．

計量・計測・分析：人件費削減と高速化に伴い，自動計測器（超音波レベル計など）の採用が不可欠である．個々の検出器をコンピューター制御する例も出てきた．また箱詰め，パレット積載にロボットが使われている．さらに，人間の感覚分野にまで機器を使用して測定する試みがあり，米や果物の近赤外食味計などが実用化された．

食品加工の機械は使用前後の消毒が欠かせないが，最近では，材料から製品の搬出まで危機分析（HACCP）に基づいて管理・記帳され，指定工場の資格を得ているところも増えてきた．また，食品工業では廃棄物の軽量化やリサイクルの設備も必要である．

（上田悦範）

－第8章　参考図書－

豊沢　功．1983．食品加工学の実習・実験．化学同人．京都．
三浦　洋他．1984．農産食品　科学と利用．文永堂．東京．
岩田　隆他．1988．食品加工学．理工社．東京．

第9章　ガーデニング

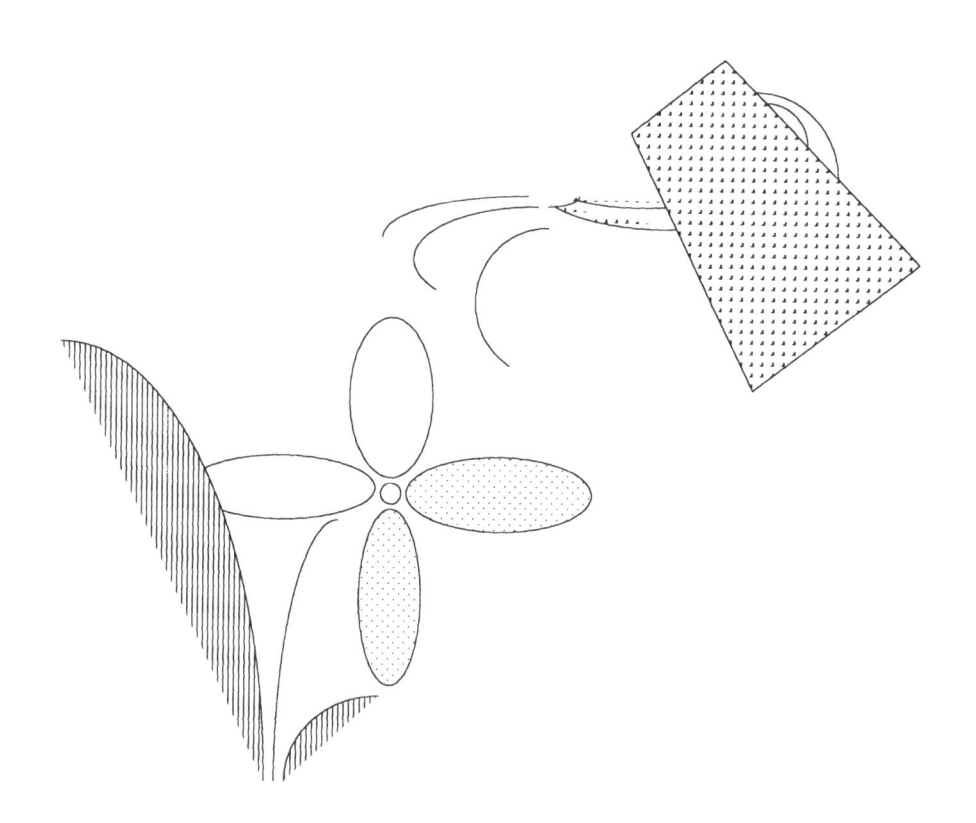

9.1 庭園の設計と施工

1．庭園の種類と用途

　花と緑が現代人の心と体に重要な影響を与えることが明らかにされ，狭い庭であっても安らぎの空間としての機能が求められるようになっている．ここでは，市民の住宅に作られる小規模庭園を対象としてその設計と施工を解説する．

　住宅の庭は和風庭園または洋風庭園の二通りに大きく分類することができる．いずれも，日本庭園とヨーロッパの庭園様式の流れをくむものであるが，必ずしも伝統的な様式に沿ったものではない．庭園はそれを利用する人々の家族構成や趣味によって用途が異なる．住まいからプロの手入れした庭を眺めるのが好きな住人と庭に出て栽培に精を出すことを趣味にする住人とでは，庭の構成は大きく異なる．当然のことながら，この点に配慮してありきたりでない利用者の個性に合わせた庭園を設計する必要がある．

2．庭園の計画

1）庭の要素と配置

　面積の限られた敷地では住宅を北に配して，日当たりの良い南に中心になる庭園（主庭）用の用地を残すのが一般的である．その他に玄関へのアプローチと外部から見えない部分に裏庭をとる．アプローチは門から玄関までのメインストリートとなり，来客や家人の通路となるため，心地よい庭園空間と考えるべきである．

2）主　庭

　和風庭園では築山，石組，池泉などが主要な要素となり，クロマツやモッコクなどの常緑樹が主要な樹木として植えられ，ヤブツバキなどの花木が景を添える．その裾や庭石に添えて下木や地被植物が植えられる．住まいに接して蹲（つくばい）や手水鉢さらには袖垣などが添えられて趣を演出することもある．樹木は高く伸び，広く枝を張ることがあるので，狭い庭に生長の早い樹木を多く持ち込まないように心がける．

　シバやベンチ，テラスなどを配した実用性の高い庭園はひとまとめにして洋風庭園と呼ばれることが普通である．草花の彩りやくつろぎのスペースを持つ洋風庭園の人気が高い．敷地の中央に芝生や舗装を施した人のくつろぐ空間をとり，その周辺に樹木と草花を植栽して，花と緑に囲まれた安らぎの空間を創造する．用いられる樹木も和風庭園の常緑よりも葉色の明るい欧米で改良された針葉樹（コニファー類）やハナミズキ，エゴノキなどの落葉樹が好まれる．落葉樹は緑陰を作るとともに冬には葉を落として光を取り込めるので，くつろぎのスペースの演出に利用する．ただし，陰ができると芝生は枯れるので，陰地では舗装材やグラウンドカバーを利用する．舗装材には自然石や人造石の他，防腐剤加工を施した木製タイル，レンガなどが一般的である．また，グラウンドカバーには，リュウノヒゲ，ヤブラン，キチジョウソウ，フッキソウなど陰地に耐えるものから，アークトテカ，宿根性バーベナのように日当たりを好むものまであるので，特性をよく把握して選択する．

3）その他

　敷地に余裕があれば，勝手口の近くに物干しや日曜大工のための作業スペースとしてのサービスヤードを作り，日当たりのよい所に切り花や野菜類を栽培するスペースをとる．

3．庭園の設計

1）設計の手段

　設計にあたっては，紙の上に描き込んでいく従来の方法と，コンピュータを用いてCADやドローイングソフトで描いていく方法がある．また，造園図面作成用のソフトも市販されており，これを使うと，樹木や草本，池や藤棚などの部品を使ってその配置を考えることができる．しかし，自由曲線を多用する造園図面では手書きによる図面作成が一般的である．公園など大型施設の設計では，動線計画図，地割り計画図，基本計画図，基本設計図，実施設計図類の図面とスケッチやパース（透視図），模型のすべてまたは一部が作成されるが，小規模の庭園では基本計画図（図9.1）と実施設計図の2枚，あるいは双方の

用途を兼ねた計画図があれば十分である．ただし，二次元の図面に慣れない人に完成後の雰囲気を理解してもらうためにはスケッチ，パースのような三次元の情報を伝える図面（図9.2）も有効である．実施設計図には施設や植物の名称，サイズ，距離，数量などの情報を正確に記載しておかねばならない．

2）図面作成の実際

敷地の大きさに応じて，B3からA2の用紙に1/50から1/100に縮小した敷地の現況を写し取り，住宅，門，生け垣，塀など既存あるいは建設予定の施設を記入したものを用意して，庭の要素を描き込んでいく．その際，図面に描くメッシュを書き込んでおくと，スケール観の把握と平行配置，千鳥配置，自由曲線の作成に便利である．高木，低木，芝生，花壇などは円，楕円，正方形，長方形，三角形，菱形といった幾何学図形に沿って形状を定めることができる．それぞれ，想定した実際の大きさに基づき縮小した図形を厚紙やポリスチレンの薄板に貼り，切り抜いたものを用いて，図面上で配置を検討すると描いたり消したりする無駄が省ける．配置が確定した段階で，それぞれの図形を図面に薄く縁取りした後，図面の仕上げを行う．

4．庭園の施工

築山の造成や大型の樹木および庭石の搬入には専門の技術者の助けが必要となる．池はプラスティック成型品や，漏水防止用シートを用いれば比較的容易に作ることができる．植物の植栽予定個所は土壌の性質を確かめ，不良用土の場合には客土して植栽基盤を作る．ピートモス，パーライトなどを混入して土壌改良を施した後に植栽する．

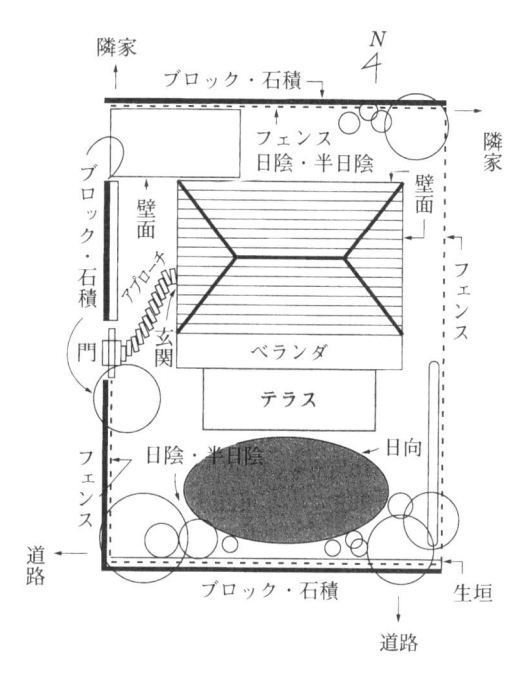

図9.1　庭園の基本計画図

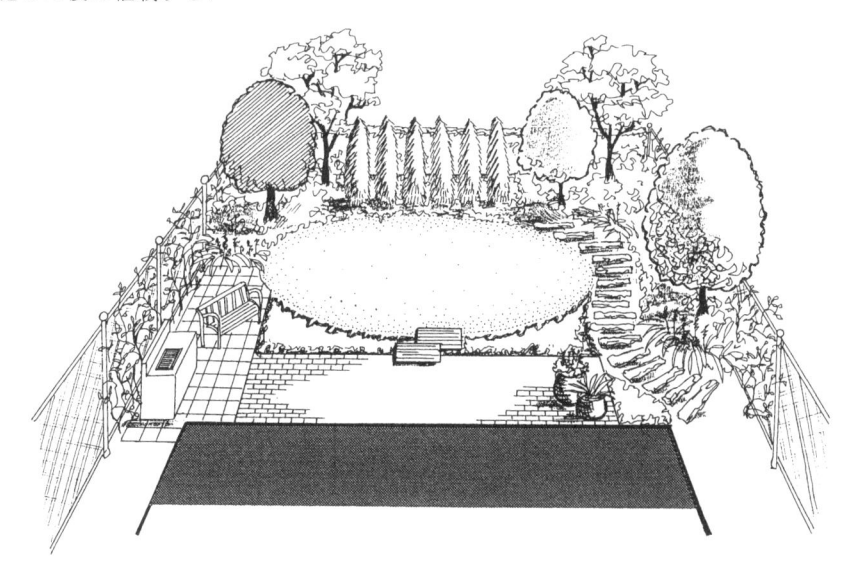

図9.2　透視図
図9.1の計画図面にコニファー，ベンチ，舗装を加えた庭園の完成予定図（飯田恵子・原図）

（下村　孝）

9.2 花壇の設計と施工

1. 花壇の種類と適地

1）花壇の歴史と分類

　花壇とは一定の区画の中に主として草花を集団的に植え込んだもので，わが国には明治以降にヨーロッパから導入された．ヨーロッパでは，常緑低木で基本的な枠組みを作り，囲まれた小空間に草花を植えこむ結び目花壇やそれを継承したパルテールなどの整形式の花壇が生まれた．また，毛せん花壇やカーペットベディングといった伝統的な様式もある．公園や住宅庭園に利用可能なものには，芝生地に帯状に平面的な植栽を行うリボン花壇，高低変化をつけた寄せ植え花壇や宿根草を主体として後方を高く前方を低くした自然風花壇のボーダーがある．また，栽培容器（コンテナ）を用いて草花を寄せ植えするコンテナ植栽も一種の花壇とみなすことができる．据え置き型のコンテナとハンギングバスケットなどを用いて住まいの周辺を装飾する手法は，コンテナガーデニングと呼ばれている．

2）花壇の設置場所

　花壇は装飾を目的とするため，芝生の中，建物や通路脇，並木の沿いや町中の交通島など，人の目に付く所に設置するのが普通である．また，コンテナ植栽では，草花を植え込んだコンテナを庭に出して季節を演出することも可能である．花壇では一・二年生草花を多く用いるため，日当たりの良い所が花壇設置の適地と考えられているが，グラウンドカバーや低木や球根類を組み合わせて半日陰や陰地に花壇を設置することも可能である．

2. 花壇の設計

1）花壇のデザイン

（1）構　成：花壇は美しく見せることが求められるため，そのデザインには十分配慮しなければならない（図9.3，図9.4）．シンメトリーと自然風のエイシメトリーのいずれかの形状を選択して，図面を描く．シンメトリーのデザインでは円，楕円，正方形，長方形などを基本とした図形に左右対称あるいは点対称に植物を配置する．その際に，花壇を平面として捕らえず，立体的に構成することが重要である．花壇中央にコニファーやカンナなど，背の高い材料を配置してそれを中心に左右あるいは放射方向のバランスを整えると花壇に空間的な広がりと安定が生まれる．

　ボーダーなど自然風のデザインでは植物の組み合わせが画一的あるいは単調にならないようにしなければならない．ボーダーは前方からの鑑賞を前提とするので，後方には背の高い宿根草や背後の壁面にはつる植物やエスパリアを配植する．前方に向けて順次，背の低い材料を配植するが，高低の差が画一的にならないように配慮する．最前線にはヘデラやラミューム，キチジョウソウ，あるいは常緑のバー

図9.3　芝地の中のリボン花壇
まが玉型のフレームをこげ茶で縁取り，カンナと花鉢で立体感を演出している

図9.4 ウィンドウボックス
窓枠，レンガ塀，鋳鉄のフェンスと一体となったシンメトリーのデザインが見事

ベナなど匍匐性のグラウンドカバーや常緑性の草花を利用して，芝生や舗装材と自然になじむように心がける．
（2）色彩計画：花壇の彩りは接する芝生の緑やその周囲を取り巻く樹木の緑によって真価を発揮する．周囲に緑がない場合には，花壇の外周部分に常緑性の草本類を配して花の彩りを引き立てるよう配慮する．コンテナ植栽の際には，縁から下垂する材料を利用することが望ましい．

　草花の配植に当たっては，組合せる草花の開花期，草丈，花色などを整理して表にしておくとよい．また，花壇の美しさは主に草花の集団的な色彩の組合せ，すなわち配色によって表現されるので，色の持つイメージや色の組合せによる効果を知っておく必要がある．赤，オレンジ，黄は暖かさ，明るさを感じさせ，青，紫は冷たく，静かな感じを与える．同じイメージをもつ色同士を組みあわせるとよく調和し，まとまりやすい．違ったイメージを持つ色同士を組合せると緊張感のある強い印象を与える．特に，原色同士を均等に配置すると落ち着きがなく不安定になる．色の明度や彩度にも留意する必要がある．彩度を落とした淡い色彩を混植したパステル調の花壇は柔らかい自然な雰囲気を醸しだす．また，白からグレーの無彩色は有彩色を引き立て，それらの色彩と調和するので縁取りに利用できる．

2）年間計画（ローテーション）

　花壇が1年にわたって装飾性を維持するためには，開花時期に応じた草花の入れ替えの計画（ローテーション）が必要である．ローテーションは春〜初夏，夏，秋，冬〜早春等に分けて組み合わせを考える．それぞれの季節に合った草花を選び，季節感を出すようにするが，その際できるだけ開花期の長い草花を選んで，1年中花を絶やさない工夫をする．また，花の少ない時期にも，白や黄の斑が入る葉や銀葉をもつグラウンドカバーを使うと花以外の彩りを生み出すことができる．

3．施　工

　植物を植え付ける前に耕起し，土壌改良を施す．土を深さ30〜40 cmまで掘りおこし，腐葉土またはピートモスやパーライトなどの土壌改良材をよく混ぜる（土壌6：腐葉土等3：パーライト1が目安）．元肥は腐熟した有機質肥料を土に混入してもよいが，緩効性化成肥料を100 g/m^{2}程度施すほうが簡便である．わが国の土壌は酸性側に傾きやすいので，100〜150 g/m^{2}の石灰を施すとよい．排水の悪いところでは盛土をしたり，配水管を埋設したりして排水を促す必要がある．これらの作業は植付け1週間程前に終了するのが望ましい．

　あらかじめ作成した図面に従って，用土の上に苗を並べてみる．苗の向きを調整して計画通りに配置できたら，植え穴をあけ，ポット苗と花壇双方の用土表面を揃えるようにして苗を一株ずつ植え込んでいく．植え付け後は十分にかん水し，用土表面にピートモスやバークチップなどでマルチを施しておく．マルチは用土の乾燥および降雨による用土の固結や泥はねを防止する役割を果たす．

（下村　孝）

―第9章　参考図書―

秋元通明．1996．作庭帖．誠文堂新光社．東京．
濱名光彦・小板橋二三男．1985．造園図面の表現と方法2．誠文堂新光社．東京．
伊藤ていじ．1996．日本の庭園 5．民家の庭・坪庭．講談社出版．東京．
ジョンブルックス（川勝美知子訳・長岡求植物監）．1999．スモールガーデンブック．メイプルプレス．東京．
日本造園学会編．1998．ランドスケープ体系ランドスケープデザイン．技報堂出版．東京．
野沢　清・小板橋二三男．1977．造園図面の表現と方法1．誠文堂新光社．東京．
能勢健吉（文）・寺下　翠（絵）．1998．カントリーガーデン入門．農山漁村文化協会．東京．

第10章 採種法

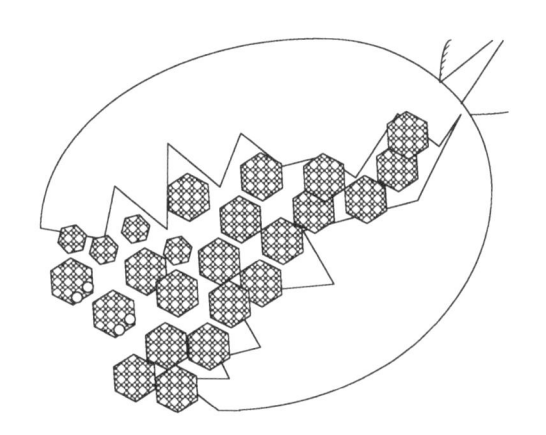

10.1 遺伝資源の収集と保存

1. 遺伝資源の導入と探索

わが国では，古くからさまざまな作物や品種を外国から取り入れることが活発に行われてきた．しかし，目標とする育種素材が保存する作物の品種や系統中にない場合，野生種などの植物遺伝資源の収集・保存が大きな成果をあげている．これには二つの方法がある．第一には，消えゆく運命にある植物遺伝資源を自然植生の破壊などから守り，自然状態のままで，自生地を保護・保存(*in situ*)する方法である．第二には，育種素材になる野生種などを積極的に探索・収集して，自生地外で保存(*in exitu*)する方法である．どちらも持続的に行わなければ，有効な遺伝資源の収集・保存はできない．

2. 遺伝資源の国際保全

国連食糧農業機構(FAO)を中心に，国際協力が行われ，国際農業研究協議グループ(CGIAR)の一員である国際植物遺伝資源研究所(IPGRI)が設置され，植物遺伝資源の収集・評価・管理などの活動が世界的規模で行われている．発展途上国を中心に主要作物の国際農業研究所が16カ所作られている．ここを中心に，遺伝子銀行(種子センター)が作られ，種子や遺伝子の保存・利用・配付のサービスを行っている．

3. 植物変異の探索

文献情報や予備調査の結果を参考にして，植物遺伝資源の探索地を決定する．それは，対象植物の変異が多い地域，同属の近縁野生種が多く分布する地域および種分化，生態型分化の生じた地域である．探索・収集する植物遺伝資源は育種計画に基づいて決定されるべきである．しかし，実際の調査では，複数の隊員からなる探査隊を組織し，現地の研究者も加えて共同研究，合同調査になる場合が多い．したがって，特定の植物に限定せずに，不特定多数の植物遺伝資源を対象として，同時に多数の種や変異型を収集することが多い．海外での遺伝資源の収集は，図10.1に示した作業過程に従って進める．

4. 遺伝資源収集の場所

探索地のどこで遺伝資源を収集するかは，対象植物によって異なる．その場所は，市場，種屋，農家の種子貯蔵庫，風選中の脱穀種子の山，畑などの中の刈り束，耕地に生育中の植物，路傍，草原，空き地などの自然植生である．収集に当たっては，関係する人々から収集植物について現地名，栽培方法，利用法などを聞き取っていく．この聞き取り調査は，未知の作物を探索するには不可欠である．特に随伴雑草から作物へと昇格したいわゆる二次作物の探索ではきわめて重要である．

5. 収集法と収集サイズ

遺伝資源の探索を効果的に行うには，対象植物がどのような生育地でどのような生活環をおくり，どのような多様性をしているかをあらかじめ把握しておく必要がある．特に，偏りのないサンプリングは，植物集団の遺伝的構造を知るうえで非常に重要である．一般的なサンプリング法は，収集場所ごとに50～100個体を収集し，で

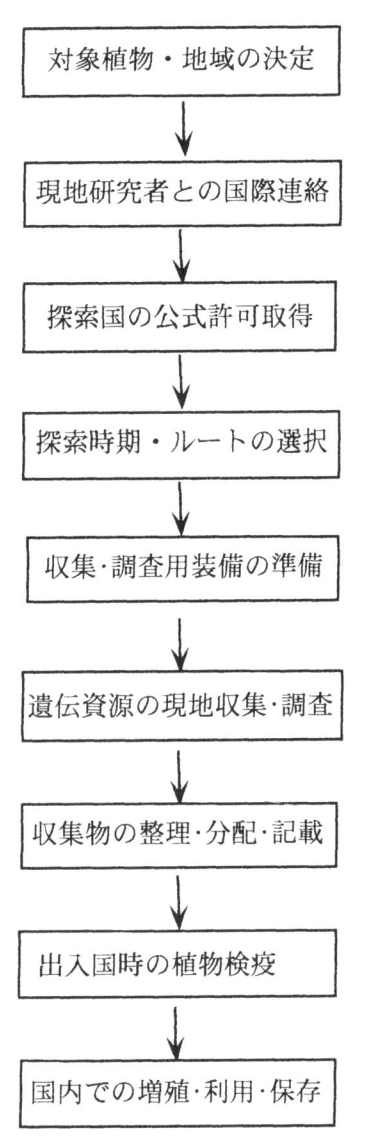

対象植物・地域の決定
↓
現地研究者との国際連絡
↓
探索国の公式許可取得
↓
探索時期・ルートの選択
↓
収集・調査用装備の準備
↓
遺伝資源の現地収集・調査
↓
収集物の整理・分配・記載
↓
出入国時の植物検疫
↓
国内での増殖・利用・保存

図10.1 遺伝資源収集の作業過程

きるだけ多くの場所で抽出を行い，目標地域内の代表的な環境範囲を含ませることである．無作為なサンプリングは，自然選択的に最も有利な物を収集できるので，最良の収集方法である．しかし，農学的には，まれな植物型が種の理想型を代表することもある．エンバクなどの飼料作物では，偏ったサンプリングが適当な場合もある．Allard (1970) は野生エンバク (*Avena fatua*) の変異の分布に基づいて，抽出のモデルを提唱し，200個体，各10粒という収集サイズが理想的であると述べている．その大きさは繁殖様式に基づき，単為生殖，他家受精，自家受精になるにつれて増加させるべきである．実際の探索・収集では，時間，労働力，資材が限られており，収集すべき遺伝資源集団は多数あるのが現状である．したがって，個々の収集についてはやや不十分でも，できるだけ多くの集団からサンプルを収集することが必要である．

6. 生育地における収集の実際

海外における探索・収集では1日に約300 kmの範囲を車で移動しながら多くの生育場所を走破し，多くのサンプルを収集することが多い．したがって，あらかじめ収集法を決めておくことが大切である．走行する自動車の車窓から対象植物を発見した場合に，路傍畑などの周辺の変異を調べながら収集していく．移動ルートに沿って大きな植生の変化がない場合には，20～30 kmごとに収集する．標高差別に収集する方法もある．新しい変異型を発見したら必ず収集する．同じ種でも畑，路傍，果樹園，草地，空き地など異なる生育地の集団は収集する．また，異種植物が混生あるいは隣接し，自然交雑が起こりそうな集団は必ず収集する．

7. 収集品の検疫と搬入

収集品を持ち帰るためには，現地の出国時と日本への入国時の2回，植物検疫を受けて許可を得なければならない．わが国の輸入禁止植物は相手国や地域によって異なっている．農林水産省植物検疫所の発行している「輸入禁止品の輸入許可申請手続き等について」に対象作物別輸入禁止国や地域が記載されている．イネは，稲ワラ，籾，籾殻のいずれも台湾・朝鮮半島を除いたすべての国からの持ち込みが禁止である．ムギ類やカモジクサ属植物の茎葉は，中近東，ヨーロッパ諸国，北アメリカ諸国，ニュージーランドからの持ち込みが禁止である．

8. 遺伝資源の有効保存

主要作物の遺伝資源収集を持続的に行うと，収集品は常に増加の一途をたどる．国際イネ研究所 (IRRI) では83,000系統 (1989) ものイネのコレクションがある．そのため，その有効保存が困難になっている．そこで，作物の多くの収集品の内，さまざまな生態地理学的地域からの地方品種や種を正確に選抜し，最低10％の反復数を確保し，最高3,000系統ほどの規模でコアーコレクションをつくり有効保存されている．

〔森川利信〕

10.2 採種と種子保存

1. 採　種

　採種とは作物の繁殖源を得て，優良種物の生産を行うことである．採種によって得られる種子は，その属する種・品種・系統の特性を完全に具備していることが条件となる．したがって，採種は，作物の遺伝的形質と後天的品質の維持を必須とする繁殖・増殖の手段であり，育種学的な基礎に基づいた継続的な操作によって成立するものである．

1) 採種の適地

　園芸作物では，特に採集地の自然環境条件が好適であることが重視される．比較的冷涼な高原地帯で，トマト・キュウリ・ナスなどが採種されている．高冷地では夏季の冷涼小雨の気候を利用して，ニンジン・ホウレンソウ・カンラン・ネギ・タマネギ・マメ類などが採種されている．暖地では冬季の温暖多雨の気候を利用して，カブ・ダイコン・菜類などの採種が早期に行われている．

2) 品種維持の採種法

(1) **品種の退化**：自家採種を何代も繰り返すと，品種はいろいろな原因で優良特性を失い，実用形質の劣悪化を生じる．これを品種の退化という．その原因は，自然交雑，突然変異，内婚弱勢および機会的浮動などの遺伝的要因や混айや病害虫の発生など不適当な採種法によって生じる．自殖性作物においても，自然交雑や突然変異によって変異が集団内に蓄積され，不適な採種場所における自然淘汰による品種の劣悪化がある．また，採種栽培中における他品種との自然交雑による劣悪化があり，他殖性作物では特に重要な問題になる．

(2) **採種体系**：退化を防ぎ，品種の特性を維持する方法としては，栄養繁殖の利用，隔離栽培，原々種栽培などの方法がある．主要作物の採種体系（イネ，ムギ，マメ）は，種子法に基づいて行われ，基本的には原々種，原種，一般採種の3段階に分かれている．

　原々種栽培：種子の遺伝的純度を長期にわたって維持するために行う．最近では，原々種ほ場で採種せずに，品種登録の際に大量に採種し，長期貯蔵した種子を，年々取り出して原々種として用いる方法がとられている．公共団体が行っている．

　原種栽培：原々種を増殖するための栽培で，特に品種の特性の維持に焦点がおかれている．公共団体が管理を行っている．

　一般採種：実用栽培に優良な種子を供給するためのもので種子協会によって作られた採種計画に基づき，農家に委託して行われている．

(3) **採種の方法**：イネ：黄熟から完熟期の初期にかけて収穫する．粒は良く充実し，斉一なものが良く，未熟および過熟な種子は良くない．発芽力，発芽勢ともに良いことが必須である．ムギ：コムギ・オオムギ・エンバクは自殖性作物であり，ほとんど他殖は起こらない．しかし，近くに異品種が存在する場合には，低い他殖率でも，多くの種子を採種していると次代に異型が出現することがある．生育期間，特に出穂期頃に，出穂・穂型・稈長などについて異常個体を除去し，品種本来の特性が維持されるように努める．やや粗植とし肥料もひかえめにすることによって倒伏・不良結実を防ぐ．日本での栽培では，北海道を除いて収穫期が梅雨に入るので，穂発芽することのないように収穫は早めにし，十分乾燥させる．マメ：ダイズ・ラッカセイ・アズキはイネやムギと同じく，原々種，原種，一般採種の体系の下で種子生産が行われている．しかし，農家の自家採種率が高い．ほとんど完全な自殖性で他殖率は1％以下である．成熟前に異常株を取り除く．ダイズ，アズキでは莢が黄変したら，ラッカセイでは試し掘りしてから収穫し，日干した後に脱穀調整する．

2. 種子の保存

1) 種子の寿命

　種子が発芽力を有している期間を種子の寿命という．この寿命は作物の種類や品種によって異なるが，採種の環境条件・種子の熟度・水分含量・貯蔵条件などにより非常に異なる．種子の寿命を左右する主な条件は，湿度と温度である．密封せずに室温で貯蔵すると，1年から5年以内にほとんどの作物種はその発芽力を失う．シソのように乾燥によって発芽力を失いやすい作物もある．近藤は岡山県で室温貯蔵し，発芽試験した結果に基づき，種子を次のように分類している．しかし，種子の寿命は採種地域の差異や貯蔵条件によって大きく変わる．

　長命種子（4～6年）：ソラマメ，レンゲ，ハクサイ，ナス，タバコ，ナタネ
　常命種子（2～3年）：イネ，オオムギ，コムギ，トマト，ネギ，トウモロコシ
　短命種子（1年）：トウガラシ，シソ，ウド，ミツマタ，サトウキビ，ポプラ

2) 種子貯蔵の方法

　一般に，貯蔵中の空気の乾燥や低温が種子の酵素活性や呼吸作用を抑えて種子の寿命を長引かせる．15％の空気湿度と平衡する含水率を下限として，種子を乾燥した密封容器に貯蔵するほど寿命は長くなる．含水率12％以下ではカビなどの害は受けない．種子は含水率4～8％に保ち，できるだけ低温で貯蔵すると良い．氷点下にすると結露して湿度が上がることがあるので，常時使用する種であれば，現実的には4℃がエネルギー的な保存効率が最も良い．低温多湿より室温でも乾燥貯蔵の方が良い．実際，温度よりも含水率が種子の寿命に大きな影響力がある．エンバクなどのムギ類の種子は，シリカゲルの入ったデシケーターに完全に密封して，含水率2～5％にしておけば，室温状態でも15年間は，発芽率50％以上に維持することができる．種子が少量の場合には，普通，種子を乾燥剤とともに，ポリエチレン，缶，ガラス瓶，デシケーターに入れたり，缶詰化したりする．乾燥剤は生石灰，塩化石灰，シリカゲルなどを用いるが，整形シリカゲルが危険性やホコリも少なく，加熱すれば再生も容易であるので便利である（図10.2）．実験用や分譲用の種子は，プラスチックフィルムで真空パックすると扱いが簡単で長期保存に耐えるので便利である．

図10.2　種子を乾燥剤とともにガラス瓶で貯蔵している様子

（森川利信）

－第10章　参考図書－

Harlan, J. R. 1992. Crops & Man. Second Edition. American Society of Agronomy, Inc. Crop Science Sciety of America, Inc, Madison, wisconsin, USA 1 − 284.

中尾佐助．1966．栽培植物と農耕の起源．岩波新書．東京．

付　　録

付録 1. 農薬（除草剤を含む）一覧

1. 殺虫剤および殺菌剤
1）水稲

対象病害虫名	適用薬剤・濃度	備考
馬鹿苗病，いもち病，ごま葉枯病	以下のいずれかの薬剤を使用 ・スポルタック乳剤100倍10分または1,000倍24時間浸漬 ・ベンレートT水和剤20倍10分または200倍24時間浸漬 ・トリフミン乳剤，水和剤30倍10分または300倍24～48時間浸漬	種子消毒 〃 〃
イネシンガレセンチュウ	以下のいずれかの薬剤を使用 ・スミチオン乳剤1,000倍6～24時間浸漬 ・バイジット乳剤1,000倍6～24時間浸漬	〃 〃
苗立枯病	以下のいずれかの薬剤を使用（育苗期防除） ・カヤベスト粉剤6～8g/土5l土壌混和 ・ベンレート水和剤500～1,000倍液0.5l/育苗箱潅注	播種前1回 播種時1回または播種時と播種7日後の2回
いもち病	・キタジンP粒剤3～5kg/10a ・フジワン粒剤3～5kg/10a	出穂7～20日前まで/4回 出穂10～30日前まで/3回
ウンカ・ヨコバイ	・パダンバッサ粉剤DL3～4kg/10a ・アプロードバッサ粉剤DL3～4kg/10a ・スミチオン粉剤3～4kg/10a	収穫21日前まで/5回 収穫7日前まで/4回 収穫14日前まで/7回
ニカメイガ（ニカメイチュウ）	・ダイアジノン粉剤3～4kg/10a ・パダン粉剤3～4kg/10a ・パダンバッサ粉剤DL3～4kg/10a	収穫21日前まで/4回 収穫21日前まで/6回 収穫21日前まで/5回
イチモンジセセリ（イネツトムシ）	・アルフェート粒剤3～4kg/10a ・パダン粉剤DL3～4kg/10a，水溶剤1,000倍	収穫21日前まで/3回 収穫21日前まで/6回

2）果樹

対象病害虫名	適用薬剤・濃度	備考
ハダニ類	・石灰硫黄合剤 ・97％マシン油乳剤 （トモノールS，アタックオイルなど） ・オサダン水和剤1,500倍 ・マラソン乳剤2,000～3,000倍 ・硫酸ニコチン800～1,200倍	休眠期防除（果樹の種類により，散布濃度が異なる）．落葉果樹では休眠期防除，カンキツ類では冬期防除と6～7月防除があるが，各使用濃度は異なる．樹勢の弱っている樹には散布しない．殺ダニ剤．連用を避ける．低温で殺虫力が低下する．速効性だが残留性短い．
毛虫，アオムシ類	・スミチオン乳剤，水和剤1,000倍 ・DDVP乳剤（デス，ラピックなど）1,000～2,000倍 ・パダン水液剤1,000～2,000倍	早生赤ナシに薬害 リンゴは6月下旬まで薬害の恐れ
アブラムシ類	・アリルメート乳剤1,000倍 ・硫酸ニコチン800～1,200倍 ・スミチオン乳剤，水和剤1,000倍 ・DDVP乳剤1,000～2,000倍	「ハダニ類」の項参照 「毛虫，アオムシ類」の項参照

対象病害虫名	適用薬剤・濃度	備考
カイガラムシ類	・97％マシン油乳剤 ・硫酸ニコチン ・スプラサイド水和剤1,500～2,000倍 ・スミチオン乳剤，水和剤1,000倍	「ハダニ類」の項参照 〃 樹勢の弱ったモモ，新葉展開期のナシ幸水・新水に薬害の恐れ
カメムシ，コガネムシ類成虫	・スミチオン乳剤，水和剤1,000倍 ・ディプテレックス乳剤1,000倍 ・PAP水和剤（エルサン水和剤，パプチオン水和剤）1,000倍	ブドウに薬害
黒星病，赤星病，うどんこ病	・石灰硫黄合剤7倍 ・トリフミン水和剤2,000倍 ・水和硫黄剤（サルファーゾル，コロナフロアブルなど）500倍 ・サニパー水和剤（328サニパー）600～800倍 ・トリアジメホン水和剤（バイレトン水和剤5）500～1,000，1,000～2,000倍	萌芽前散布 マシン油乳剤散布後2週間以内の近接散布は避ける．ナシ，ブドウに薬害 着色期のブドウには1,000倍 うどんこ病には1,000～2,000倍
モモ縮葉病	・石灰硫黄合剤7倍 ・有機銅水和剤（キノンドー水和剤40）500～800倍 ・ダイセン水和剤400～600倍	萌芽前散布 萌芽前～開花直前散布 予防的に使用
ブドウ黒とう病	・有機銅水和剤（キノンドー水和剤40）500～800倍 ・イミノクタジン酢酸塩剤（ベフラン液剤25）1,000倍	収穫45日前まで/4回 休眠期散布には250倍

3）野菜・花き

対象病害虫名	適用薬剤・濃度	備考
アブラムシ類	・アリルメート乳剤1,000倍 ・スミチオン乳剤1,000～2,000倍 ・オルトラン水和剤1,000～2,000倍 ・マラソン乳剤2,000～3,000倍 ・DDVP乳剤（デス，ラピックなど）1,000倍 ・PAP乳剤（エルサン乳剤，パプチオン乳剤）1,000～2,000倍 ・硫酸ニコチン800～1,000倍 ・ハクサップ水和剤1,000～2,000倍	低温で殺虫力が低下する ピレスロイド系殺虫剤連用を避ける
毛虫，アオムシ類	・オルトラン水和剤1,000～2,000倍 ・DDVP乳剤（デス，ラピックなど）1,000倍 ・マラソン乳剤1,000倍 ・カルタップ水溶剤（パダン水溶剤）1,000～1,500倍 ・ミクロデナポン水和剤800～1,000倍 ・ハクサップ水和剤1,000～2,000倍	低温で殺虫力が低下する 「アブラムシ類」の項参照
ハダニ類	・97％マシン油乳剤（アタックオイル，サマーマシン，トモノールSなど）200倍 ・硫酸ニコチン800～1,000倍 ・オサダン水和剤1,000～1,500倍 ・ケルセン乳剤，水和剤1,500～2,000倍	殺ダニ剤は連用を避ける． 〃 ナス，サトイモに薬害

対象病害虫名	適用薬剤・濃度	備考
コナジラミ類	・アプロード水和剤1,000～2,000倍 ・スプラサイド水和剤1,000倍	発生初期予防散布 殺卵性はない
うどんこ病	・トリフミン水和剤3,000～5,000倍 ・サプロール乳剤2,000倍 ・トリアジメホン水和剤（バイレトン水和剤5）1,000～2,000, 2,000～3,000倍 ・サンヨール乳剤500～1,000倍	初発生前から予防的に散布．高温時に薬害
	・モレスタン水和剤2,000～4,000倍 ・ポリオキシンAL乳剤500～1,000倍 ・水和硫黄剤（サルファーゾル，コロナフロアブルなど）500～1,000倍	キュウリ，マクワウリに薬害．高温時に薬害
べと病	・ダイセン水和剤400～650倍 ・ジマンダイセン水和剤400～600倍 ・ビスダイセン水和剤400～800倍	
灰色かび病	・サンヨール乳剤500～1,000倍	初発生前から予防的に散布．高温時に薬害
	・スミレックス水和剤1,000～2,000倍 ・ベンレート水和剤2,000～3,000倍	

2．除草剤

1） 水田の除草剤：（　）内は使用量．処理時期については，第6章参照．
 （1） 一発処理剤…ウルフエース粒剤（3 kg/10 a），シーゼットフロアブル（100 ml/10 a），ザークD粒剤17（3 kg/10 a），ワンオール粒剤（3 kg/10 a），プッシュ粒剤17（3 kg/10 a）
 （2） 初期除草剤…ロンスター乳剤（500 ml/10 a），デルカット乳剤（500 ml/10 a），サンバード粒剤（3～4 kg/10 a）
 （3） 中期除草剤…サターンS粒剤（3 kg/10 a），クミリードSM粒剤（3～4 kg/10 a）
 （4） 後期除草剤…粒状水中2, 4-D（3～4.5 kg/10 a．湛水状態で使用），グラスジンD粒剤（3～4 kg/10 a．前日に落水し，散布後3～4日は入水せず，そのままにしておく）

2） 果樹の除草剤：（　）内は使用量．茎葉処理剤では，雑草の草丈が30 cm以下で100 l, 50 cm以上で200 l程度の水に溶かし，茎葉に十分かかるように散布．
 （1） 土壌処理剤（春季の雑草発生初期）…カソロン粒剤（1年生雑草には6～9 kg/10 a, 多年生広葉雑草には8～10 kg/10 a．露地のみ），DCMU剤（ダイロン水和剤，ジウロン水和剤，クサウロン水和剤など．200～300 g/10 a）
 （2） 茎葉処理剤…レグロックス液剤（300～500 ml/10 a，ジクワット剤），プリグロックスL液剤（800～1,000 ml/10 a，ジクワット・パラコート剤），バスタ液剤（1年生雑草には300～500 ml/10 a, 多年生雑草には500～750 ml/10 a, グルホシネート剤），ハービーエース水溶剤（1年生雑草には500～750 g/10 a, 多年生雑草には750～1,000 g/10 a, ビアラホス剤），ラウンドアップ液剤（1年生雑草には250～500 ml/10 a, 多年生雑草には500～1,000 ml/10 a, つる性多年生雑草・ササ類・落葉雑潅木には1,000 ml/10 a, グリホサート剤）
  茎葉処理型除草剤の効果については，第6章参照のこと．

3） 野菜・花きの除草剤：（　）内は使用量．野菜類，花き類は一般に除草剤に敏感で，薬害が出やすいため，あらかじめ小面積でテストしてから使用する．後作に影響するものもある．
 （1） 土壌処理剤（使用時期，使用量は適用作物により異なる）…シマジン水和剤（50 g, 50～100 g, 100 g/10 a），トレファノサイド乳剤（150～200 ml, 200～300 ml/10 a），クロロIPC乳剤（150～200 g, 200～300 g, 300～500 g/10 a, 主に冬畑作雑草対象）
 （2） 茎葉処理剤…ナブ乳剤（150～200 ml/10 a, イネ科雑草3～5葉期），クサガード水溶剤（100～150 ml/10 a, イネ科雑草），ラウンドアップ（250～500 ml/10 a）

(望岡亮介)

付録2. 肥料など一覧

1. 窒素肥料

1) 硫酸アンモニウム（硫安）：アンモニア態窒素20.5～21.0％．水によく溶ける速効性肥料である．土壌によく吸着され，作物による吸収もよいが，副成分の硫酸が土壌に残って土壌を酸性にする生理的酸性肥料である．

2) 塩化アンモニウム（塩安）：アンモニア態窒素成分25.0％以上．吸湿性がある．硫安と同様の理由により，副成分の塩酸が土壌を酸性化する．硫安より水に溶けやすく，速効性であるが，降雨による流亡も速い．高濃度障害を起こしやすいので，基肥施用量を少なくし，追肥回数を多くする．

3) 硝酸アンモニウム（硝安）：全窒素34.0％（うちアンモニア態窒素17.0％，硝酸態窒素17.0％）．吸湿性が強い．硝酸態窒素は，土に吸着されず降雨によって流亡しやすい．完全な中性肥料で，土を酸性にしない．野菜や果樹に適する．

4) 尿素：窒素46.0％．吸湿性が高く，水に極めてよく溶ける．化学的にも生理的にも中性の肥料である．窒素成分の葉面散布に適している．ハウス栽培などでは，硝酸が土壌中に多くなって濃度障害や亜硝酸ガス障害を起こすことがあるので，多量の施用を避ける．

5) 石灰窒素：窒素21.0％．シアナミド態窒素で，副成分として石灰，ケイサン，鉄などを含む．主成分のカルシウムシアナミドが分解して炭酸アンモニウムに変化する過程で毒性のあるジシアンジアミドができる．これを利用して雑草や土壌中の病原菌・害虫を抑制する方法がある．

2. リン酸肥料

1) 過リン酸石灰（過石）：可溶性リン酸17.0％（うち水溶性14.0％）．遊離のリン酸や硫酸を含むため酸性を示し，副成分として硫酸石灰（石こう，60％），酸化鉄などを含む．速効性であるが，土壌中の鉄やアルミニウムと化合して不溶化するので，肥効の持続期間は短い．

2) 重過リン酸石灰：可溶性リン酸40.0％（うち水溶性38.0％）．リン鉱石に硫酸の代わりにリン酸を加えて反応させたもので，石こうを含まない．リン酸含量が高い．

3) 熔成リン肥（熔リン）：く溶性リン酸20％，く溶性苦土15％．リン酸はく溶性で水に溶けにくいので，速効性はないが，根に触れるとゆるやかに溶けて作物に吸収される．BM熔リンは，ホウ素とマンガンを含んだもので，これらが水溶性であると過剰害が出やすいことから，く溶性にして安全性を高めている．

3. カリ肥料

1) 塩化カリ（塩加）：水溶性カリ60.0％．吸湿性が強い．副成分の塩素は，土壌中の不溶性リン酸を有効化するとともに，石灰や苦土の吸収を促進するが，後二者の流亡の原因ともなるので，施用には注意が必要である．副成分に塩素を含むので，土壌を酸性化する．

2) 硫酸カリ（硫加）：水溶性カリ50.0％．中性で他の肥料との配合が可能である．しかし，副成分として約50％の硫酸根を含むので，生理的酸性肥料である．速効性で土壌によく吸着されるので，基肥，追肥いずれにも適する．

4. 化成肥料

化成肥料とは，肥料原料を単に配合，混合しただけでなく，化学的操作を加えたもので，肥料3要素のうち2成分以上を含む肥料である．保証成分の合計が，15～30％の普通化成と30％以上の高度化成に分けられる．極めて多くの種類があるので，数例の紹介にとどめる．

1) ケイ酸カリ化成287（野菜化成）：窒素12.0％，リン酸8.0％，カリ8.0％．硫安系の普通化成で，野菜専用の肥料である．カリは，ケイ酸カリを使用しているので，流亡が少ないのが特徴である．

2) 燐加安S550（園芸化成）：窒素15.0％，リン酸15.0％，カリ10.0％．リン酸アンモニウムを主原料としているので，土壌吸着がよく流亡が少なく，中性に近い肥料である．カリは，硫酸カリで与えているので，塩類濃度を高める度合いが小さく，園芸作物に適する．

5. 緩効性肥料

緩効性窒素を土壌中に施用すると，溶脱，急速な硝酸化成，アンモニアの揮散，脱室などによる窒素の損失が少なくてすむ．以下に代表的な緩効性肥料をあげる．

1) IB複合燐加安：市販品の成分例として，窒素16.0％（うちIB態窒素8.0％），可溶性リン酸10.0％，水溶性カリ14.0％がある．IBとは，イソブチルアルデヒド加工尿素肥料の略称で，水にとけにくい物質である．わずかずつ分解して緩効的肥効を示す．
2) CDU複合燐加安：市販品の成分例として，窒素16.0％（うちCDU態窒素8.0％），可溶性リン酸8.0％，水溶性カリ12.0％がある．CDU態窒素は水に溶けにくく，加水分解作用や土壌微生物の作用によって緩やかに分解される．分解速度は温度が高いほど速い．
3) ホルム窒素入り化成：市販品の成分例として，窒素15.0％（うちアンモニア態窒素5.5％），可溶性リン酸15.0％，水溶性カリ15.0％がある．ホルム窒素はウラホルムとも呼ばれ，土壌中の微生物によって徐々に分解されるメチレン尿素を含んでいる．
4) GUP複合燐加安：GUPは，リン酸グアニル尿素の略称で，微生物分解型の肥料である．ほかの緩効性窒素と比較して土壌吸着力が強いので，流亡が少ない．
5) オキサミド入り化成（FOX化成）：市販品の成分例として，窒素14.0％（うちオキサミド態窒素3.0％，アンモニア態窒素11.0％），可溶性リン酸10.0％，水溶性カリ14.0％がある．オキサミドはシュウ酸ジアミドという化合物で，土壌中の微生物によって徐々にアンモニア態窒素と炭酸ガスに分解される．水に極めて溶けにくいので，流亡や溶脱による損失が少ない．
6) 被覆複合肥料：被覆複合は，粒状の速効性肥料の表面を半透水性から非透水性の膜で被覆し，肥料成分を膜の微細な孔や亀裂を通して徐々に溶脱させるものである．コーティング肥料とも呼ばれる．被覆燐硝安カリ（ロング）の例で，窒素13.0％，リン酸3.0％，カリ11.0％を含み，土壌温度25℃の畑状態で80％の窒素が溶出するのにかかる日数で肥効の持続期間が示される（例えばLP70，LP140など）．被覆複合肥料には，被覆膜の種類の異なるものが多くある．
7) 硝化抑制剤入り化成肥料：畑土壌に施されたアンモニア態窒素や尿素態窒素は，アンモニア化成菌および硝酸化成菌の働きで最終的には硝酸態窒素になる．硝酸態窒素は脱窒や流亡が起こりやすいので，硝酸化成作用を抑えると土壌に吸着されるアンモニア態窒素のままで土壌に長期間存在させ得る．例えばAM化成のAMは，2-アミノ-4-クロロ-6-メチルピリミジンの略で，ごく少量で硝酸化成作用を抑える．成分は，窒素15.0％，リン酸15.0％，水溶性カリ15.0％のものがある．このほか，硝化抑制剤の種類は多く，各種の硝化抑制剤入り化成肥料が市販されている．

6. 石灰質肥料

1) 生石灰：有効石灰（アルカリ分）80％以上．砕いた石灰石を1200℃で焼いて作る．土壌酸性の中和，有機物の分解促進，水田の潜在地力の活用などに効果がある．強アルカリ資材なので過剰施用ならびに含アンモニア肥料や水溶性リン酸肥料との混用を避ける．また，水をかけると発熱するので，取り扱いに注意する．苦土石灰は，有効石灰と有効苦土の合計が80％以上で，うち有効苦土は10％以上を含む．
2) 消石灰：有効石灰60％以上．生石灰に水を加えて化合させた白色軽粉末である．空気中の炭酸ガスを吸って炭酸石灰となって体積が増大する．有効石灰量の関係で，生石灰の1.4倍量を施用する必要がある．緑肥などから促成堆肥を作る場合には，堆肥材料の5％程度を施用する．
3) 炭酸石灰（炭カル）：有効石灰53％以上．石灰石を細かく砕いて作る．空気に触れても変化しないので，取り扱いが便利である．生石灰の1.8倍以上を施用する．アルカリ性がそれほど強くないから，アンモニア性肥料や水溶性リン酸を含む肥料と施用直前の配合が可能である．

7. 有機質肥料

1) 魚カス：窒素7.0～10.0％，リン酸4.0～9.0％，カリ約0.8％．窒素はタンパク態で，土壌中の分解は遅い．水田では，施用後3週間でアンモニア態窒素の放出量が最高になるが，この時期は土壌の温度によって異なる．畑地では，水田よりも分解が速い．
2) 骨粉：肉骨粉では，窒素5.0～8.0％，リン酸8.0～17.0％．生骨粉では，窒素3.0～5.0％，リン酸16.0～20.0％．蒸製骨粉では，窒素2.5～4.0％，リン酸17.0～24.0％．肉骨粉は，肉，内臓，骨などを蒸気で圧搾乾燥したもので，骨粉中で窒素含量が最も多い．生骨粉は，骨を水で煮沸して脂肪を除いたもので，遅効性のリン酸質肥料である．蒸製骨粉は，生骨を蒸気で圧搾乾燥してから粉砕したもので，骨粉中では窒素が少なくリン酸が多い．いずれも，遅効性リン酸質肥料として優れる．

3) ナタネ油粕：窒素5.0～6.0％，リン酸2.0％，カリ1.0％．ナタネ油粕は，油粕のうちで最も遅効性である．基肥として施用するが，多量施用によって有機酸が生成したり有毒ガスが発生して作物の生育を阻害することがある．
4) ダイズ油粕：窒素6.0～7.0％，リン酸1.0～2.0％，カリ1.0～2.0％．油粕中では分解が速い．
5) 鶏糞：風乾物中に窒素1.2～3.6％，リン酸1.7～6.6％，カリ0.9～1.4％．窒素は，ほとんどが尿酸態であるため，酸性を呈する．土壌に施してすぐに作物の根に触れると障害を与えるので，土壌などに混ぜて十分に発酵腐熟させる．

8. 堆肥化資材

1) 牛糞堆肥：堆肥化物の例で，水分28.2％，全炭素32.4％，窒素2.3％，リン酸4.9％，カリ0.4％，石灰4.1％，苦土1.3％，ソーダ0.5％．堆肥は，土壌改良を目的として施されるが，肥料成分も含むので，連用または大量施用する場合には，施肥量を減らす．
2) 豚糞堆肥：堆肥化物の例で，水分43.7％，全炭素37.0％，全窒素3.8％，リン酸5.4％，カリ0.8％，石灰5.0％，苦土2.9％，ソーダ0.4％．牛糞と比較して窒素含量が多いので，施肥量を減らす必要がある．
3) バーク堆肥：市販品の成分濃度などは，pH5.4～8.1，全炭素29.2～52.7％，全窒素0.8～2.4％，リン酸0.2～1.9％，カリ0.3～0.9％，石灰2.8～8.0％，苦土0.2～0.8％，ソーダ0.0～0.4％，塩素256～1,790 ppm．広葉樹あるいは針葉樹の樹皮に窒素を加えて長期間発酵腐熟させたものである．海水中に貯留された原木の樹皮では，堆肥化過程で十分に降雨にあてないと最終製品に塩分を含む可能性がある．また，タンニンやフェノールなど植物の生育を阻害する化合物を含むが，発熱発酵によりほぼ完全に分解する．原材料のバークは炭素率（C/N率）が高いので，施用後に作物が窒素飢餓を起こす場合がある．信頼のおける製品を入手することが重要である．

9. 土壌改良材

1) 貝がら粉末：カキがらを粉砕したものが多く，アルカリ分は40％前後である．土壌酸性の改良材として使われる．貝がらの施用によって，病害の発生を抑えるなどの効果も期待されている．
2) ベントナイト：天然にある優良粘土で，吸水して膨張（膨潤性）し，高い保肥力（塩基置換容量50～100 mg当量）がある．約70％のケイ酸を含むのでケイ酸質肥料の効果もある．
3) ゼオライト：製品としてのゼオライトは，ゼオライト（沸石）を含む凝灰岩の粉末である．保肥力は，塩基置換容量約100 mg当量以上と極めて大きい．また，土壌に必要な塩基を多量に含み，かつリン酸吸収係数が小さいので，火山灰土壌の改良に有効である．
4) バーミキュライト：蛭石を焼成した多孔質で軽い資材である．保肥力，透水性，保水性，通気性が優れる．高温で処理されているので無病である．
5) パーライト：真珠岩を急激に加熱して作った人工軽石で，最大吸水能力は重量の2～3倍である．保肥力は小さいが，無病で透水性，保水性，通気性が優れる．特に保水力が大きい．
6) ピートモス：水ごけなどが冷涼な気象条件下で堆積，腐植化したもので，カナダなどから輸入される．強い酸性を矯正するために消石灰を加えて中和する．アルカリ土壌では土壌のpHの矯正に有効である．ピートモスは，主に保水性を高める目的で使われるが，いったん乾燥すると水をはじく性質があるので注意を要する．
7) 水ごけ：ミズゴケ属の植物が採集，乾燥されて市販されている．保水性，排水性が優れ，肥料もちもよい．好気的な根をもつラン類などの鉢用培地として栽培上問題の少ない素材である．

（小田雅行）

付録 3. 植物生長調節剤一覧

　除草剤，殺菌剤，殺虫剤が有用植物の生育を間接的に保護する薬剤であるのに対して，環境情報の受容と形態形成反応に関わる体内の生理作用系に直接的に働きかけ有益な結果を導きだす化学物質を植物生長調節物質と呼ぶ．植物生長調節物質は，植物ホルモンそのものや，人工的に合成された誘導体，類縁物，あるいは拮抗物質などが主であり，一部には特定の有効成分の判明していない抽出物様活性物質をも含む．

　現在までに何らかの生理活性効果が報告されている植物生長調節物質の数は非常に多いが，実際に農業的に使用できるのは，作物と使用目的を特定し，作用性試験，適用試験，毒性試験などをクリアーして農薬登録された薬剤のみである．以下には，1995 年現在，わが国で登録されている植物生長調節剤名，適用作物および使用目的を示した．なお，本表で示した薬剤名は有効成分の一般名であり商品名ではない．

A. オーキシンならびにオーキシン様作用をもつもの

インドール酪酸（IBA）	挿し木（挿し苗）の発根促進，芝の活着促進．
エチクロゼート	挿し木発根促進，カンキツ摘果・熟期促進・着色促進，ウンシュウミカンの浮き皮軽減．
MCPB（4-（4-クロロ-2-メチル-フェノキシ）酪酸）	リンゴ，ニホンナシの収穫前落果防止，カンキツの後期落果・冬期落葉・へた落ち防止．
クロキシホナック	トマト，ナスの着果促進・果実の肥大促進．
4-クロロフェノキシ酢酸（4-CPA）	トマト，ナスの着果促進・果実の肥大促進・熟期促進．
1-ナフチルアセトアミド	林木・観賞用木草本の発根促進・植え傷み防止．

B. 抗オーキシン作用をもつもの

ジケグラック	観賞用木本の分枝数増加・伸長抑制，イヌツゲの摘果．
マレイン酸ヒドラジド（カリウム塩，コリン塩）	サツマイモのつるぼけ防止，ジャガイモ，タマネギ，テンサイ，ニンニクの貯蔵中の萌芽抑制，ブドウ，キウイフルーツ，カンキツ類の新梢伸長抑制，パイナップルの冠芽伸長抑制，タバコの腋芽抑制，芝の伸長抑制．

C. ジベレリン作用をもつもの

ジベレリン（GA_3）	ブドウの無種子化・果粒肥大促進・熟期促進，カンキツ，カキの生理落果防止，イチゴ，ミツバ，セルリー，フキ，ウドの着花数増加・熟期促進・開花促進・肥大促進，トマトの空洞果防止，花き類の開花促進・草丈伸長促進・休眠打破，針葉樹の花芽分化促進．

D. 抗ジベレリン作用をもつもの

アンシミドール	花き類の伸長抑制．
イナベンフィド	イネの倒伏軽減．
ウニコナゾール・ウニコナゾールP	花き類の伸長抑制，イネの倒伏軽減．
クロルメコート	コムギの伸長抑制，花き類の伸長抑制，ジャガイモの伸長抑制．
ダミノジッド（SADH・Bナイン・Alar）	花き類の伸長抑制．
パクロブトラゾール	イネの倒伏軽減，花き類，花木類，芝，カンキツの伸長抑制．
フルルプリミドール	芝・雑草の伸長抑制．
プロヘキサジオン	イネの倒伏軽減．
メピコートクロリド	ブドウの着粒促進．

E. サイトカイニン作用をもつもの

ベンジルアミノプリン（BA）	イネの老化防止，ブドウの花振るい防止，リンゴの腋芽発生促進，カンキツの萌芽促進，果菜類の着果促進．
ホルクロルフェニュロン	ブドウ，キウイフルーツの果粒・果実の肥大促進，メロン，スイカの着果促進．

F. エチレン作用をもつもの

 エセホン   果菜・果樹類の着花促進・熟期促進，ミカンの摘果，ムギ類の倒伏軽減．
           キクの開花抑制．

G. その他の生理活性作用を示すもの

アルキルベンゼンスルホン酸	ラッカセイ，ユリの摘らい．
イソプロチオラン	イネのムレ苗防止・発根促進・登熟促進．
オキシエチレンドコサノール	スギの植え傷み防止．
過酸化カルシウム	湛水直播イネの発芽率向上．
コリン（塩化コリン）	サツマイモ，タマネギの肥大促進，果樹，イチゴの果実肥大促進．
ストレプトマイシン	ブドウのジベレリン処理適期拡大．
炭酸カルシウム	果樹類の薬害軽減作用．
デシルアルコール	タバコの腋芽抑制．
ヒドロキシイソキサゾール	イネのムレ苗防止・発根促進・登熟促進．
二酸化ケイ素	リンゴのさび果防止．
1-ナフチル-N-メチルカーバメイト（NAC）	リンゴの摘果．
パラフィン	チャ，サツマイモ，キャベツ，スギ，ヒノキの植え傷み防止．
ピペロニルブトキシド	光化学オキシダントによる障害の防止．
ペンディメタリン	タバコの腋芽抑制．
メタスルホカルブ	イネのムレ苗防止・発根促進．
メフルイジド	芝の伸長抑制．
硫酸オキシキノリン	せん定後の切り口癒合促進．
ワックス	水分蒸散抑制，植え傷み防止．
クロレラ抽出物	芝の根の伸長促進，萌芽促進．
混合生薬抽出物	芝の根の伸長促進，萌芽促進．
シイタケ菌糸体抽出物	芝の根の伸長促進，萌芽促進．

（尾形凡生）

－付録　参考図書－

伊達　昇編．1982．新版肥料便覧．農産漁村文化協会．東京．
香月繁孝他．1995．農薬便覧（第8版）．農山漁村文化協会．東京．
草薙得一他編．1994．雑草管理ハンドブック．朝倉書店．東京．
農薬ハンドブック編集委員会編．1989．農薬ハンドブック．日本植物防疫協会．東京．

索　引

〈あ行〉

IQF ……………………………………… 151
IGR系 …………………………………… 101
青米 ……………………………………… 134
アーケード支柱 ……………………… 66,67
浅漬け …………………………………… 144
亜主枝 ……………………………………… 68
後処理 …………………………………… 132
アーチング法 …………………………… 75
アブラムシ ……………………………… 95
雨よけ栽培 ……………………………… 79
アルカリ処理 …………………………… 140
アルコール脱渋 ………………………… 150
アレロパシー …………………………… 107
暗期中断 ………………………………… 87
アンシミドール ………………………… 84
暗発芽種子 …………………………… 3,5
アンモニア態窒素 ……………………… 21
EC …………………………………… 20,43
EDTA …………………………………… 43
育苗箱 ……………………………………… 7
いけ水 ……………………………… 131,132
移植 ……………………………………… 54
移植栽培 ………………………………… 4
移植苗 …………………………………… 54
イースト ………………………………… 147
イチゴジャム …………………………… 142
一発処理剤 ……………………………… 107
遺伝子銀行 ……………………………… 160
遺伝資源 ………………………………… 160
遺伝資源収集 …………………………… 160
遺伝子診断 ……………………………… 98
イナベンフィド ………………………… 84
イネ紋枯病 ……………………………… 100
いもち病 ………………………………… 96
いも類 …………………………………… 14
ウイルス ………………………………… 17
ウイルスフリー ………………………… 16
植え穴 …………………………………… 53
植え付け方 ……………………………… 52

うどん …………………………………… 146
うどんこ病 ……………………………… 96
ウニコナゾール ………………………… 84
うね崩し耕 ……………………………… 49
うね立て ……………………………… 46,47,48
うね立て耕 ……………………………… 49
うね間 …………………………………… 46
うね間かん水 …………………………… 59
ウレタン育苗 …………………………… 40
液剤 ……………………………………… 102
STS ………………………………… 132,133
エチレン …………………………… 132,173
X形整枝 ………………………………… 69
エテホン ………………………………… 84
NFT ……………………………… 36,37,38
NFT方式 ………………………………… 41
R/FR比 ………………………………… 85
ebb and flow …………………………… 41
エブ・アンド・フロー・システム …… 58
MA貯蔵 ………………………………… 121
塩水選 …………………………………… 6
遠赤色光 ………………………………… 85
煙霧機 …………………………………… 105
オーキシン …………………………… 83,172
温室 ……………………………………… 113
オンシツツヤコバチ …………………… 103
温度 ……………………………………… 115
温度計 …………………………………… 114
温湯脱渋 ………………………………… 150

〈か行〉

開花調節 ………………………………… 86
階級選別 ………………………………… 121
塊茎 ……………………………………… 14
塊根 ……………………………………… 14
開心自然形 ……………………………… 68
害虫 …………………………………… 99,101
解剖学的診断 …………………………… 98
夏季せん定 ……………………………… 70
加工機械 ………………………………… 151
果実の除草剤 …………………………… 168

果実の成熟促進	90
果実発育	80
果実肥大	83
果実保護	78
ガス抜き	147
化成肥料	169
花成誘導	86
肩高	111
花壇	156
花壇の設計	156
花壇のデザイン	156
合掌式支柱	66,67
加熱殺菌充填	151
カーバメート系	101
花粉希釈剤	77
花粉稔性	77
花粉の採取	77
花粉の貯蔵	77
ガラス室	113
カラリング	124
カリ肥料	169
火力通風乾燥機	136
カルチベータ	62
かん漑法	61
換気	114
環境制御	114
環境負荷	107
環境保全型雑草防除	107
緩効性肥料	169
乾式輸送	130
環状剥皮	90
かん水	56
乾燥	135
間断腰水給水法	58
干満方式	41
北川式簡易法	124
基本計画図	154
基本設計図	154
逆浸透圧濃縮	151
客土	155
キュアリング	129
球根	14
球根冷蔵	89
球茎	14
吸収性害虫	99
厩肥	26
休眠	87
休眠枝挿し	8
強制通風予冷	123
強せん定	70
魚毒性	107
切り出し	146
切り前	130
切り戻し	74
切り戻しせん定	71
空中散布	105
茎挿し	8
クライマクテック型	132
グランドカバー	156,157
グルテン	146
クロラミン	43
クロロメコート	84
くん蒸剤	29
計測	114
結果枝	68
結果調節	78
結果母枝	68
血清学的診断	98
原形質分離	144
嫌光性種子	5
原種栽培	162
原種体系	162
玄米	134
コアーコレクション	161
耕うん	46,48,50
耕うん作業機	48
耕うん爪	50
抗オーキシン	172
後期除草剤	107
好気性菌	26
光好性種子	5
硬実	5
抗ジベレリン	172
耕種スケジュール	107
耕地生態系	107
固形培地耕	36,39
コート種子	2,40
コニファー	156

個別凍結	151	仕立て方	68,74
コムギ	146	出荷	129
根域制限	85	実施設計図	154
根域制限栽培	53	湿式輸送	130
昆虫成長制御剤	101	湿度	116
コンテナ	156	自動かん水	57
コンテナガーデニング	156	シードテープ	2
コンバイン	134	支柱	66

〈さ行〉

		支柱誘引	67
差圧通風予冷	131	支柱用資材	66
差圧通風冷却予冷	123	渋ガキ	150
催芽処理	2	ジベレリン	82,172
採種	162	ジベレリン合成阻害剤	84
採種体系	162	弱せん定	70
採種の適地	162	遮光	116
採種の方法	162	ジャム	142
再電照	87	収穫	120,130
サイトカイニン	172	収穫適期	120,126,134
栽培容器	156	収穫方法	126,134
細霧冷房	115	秋耕	50
さげ振り	51	主幹	68
挿し木	8	主幹形	68
挿し床	8	主枝	68,73
挿し穂	8	熟成	144
作条施肥	32,33	樹上脱渋	91
殺菌剤	132,166	種子の休眠打破法	5
殺虫剤	101,166	種子の寿命	163
酸処理	140	種子の貯蔵法	5,163
酸素	26	種の保存	162,163
三相分布	20	種子冷蔵	88
散播	2	受精	80
散粉機	104	受精能力	76,80
散布処理	85	受粉	80
散粒機	104	受粉器	77
CEC	22	春化	88
CA貯蔵	121,122,123	順化	16
C/N率	53	春耕	50
CO_2	117	蒸気消毒	28
自家不和合性	76	硝酸態窒素	21
色彩計画	157	条播	2
直播き	2	醬油	149
仕込み	148	乗用トラクタ	48
市場流通	131	初期除草剤	107
自走式スプレーヤ	104	植物診断	98

植物生長調節剤……………………91,172
植物変異の探索………………………160
除草……………………………………63
除草剤………………………63,106,168
除袋……………………………………90
ショ糖…………………………………132
ショット法……………………………124
代かき…………………………………50
シロップ漬け…………………………140
真空凍結乾燥…………………………151
真空冷却予冷…………………………123
人工種子………………………………16
人工受粉………………………………76
振動授粉………………………………83
水耕……………………………………36
水田雑草………………………………107
水田の整地……………………………50
水田の除草剤…………………………168
水稲の播種……………………………6
水稲除草剤……………………………107
水和剤…………………………………102
スクーピング法………………………15
スコアリング…………………………90
スケッチ………………………………154
酢漬け…………………………………145
スピードスプレーヤ…………………105
スリービング…………………………130
整枝………………………68,73,74,90
成熟促進技術…………………………91
整地……………………………………46
生長点培養……………………………16
生長抑制物質…………………………84
成苗……………………………………54
生物学的診断…………………………98
生物的防除……………………………103
生物農薬………………………………103
製麺……………………………………146
生理活性作用…………………………173
赤色光…………………………………85
施工……………………………………157
石灰……………………………………23
石灰質肥料……………………………170
接触刺激………………………………85
施肥設計………………………………30

ゼリー化………………………………142
セル成型苗……………………………5
セル成型苗育苗………………………4
セルトレイ……………………………4
選果……………………………………121
選花……………………………………130
センサ…………………………………114
選種……………………………………6
全層施肥……………………………32,33
センチュウ…………………………20,21
せん定………………………68,73,74,90
選別……………………………………127
ソイルマルチ…………………………64
層積法…………………………………5
側枝……………………………………73
側条施肥………………………………33
速成堆肥………………………………26
組織培養………………………………16
そしゃく性害虫………………………99
ソルゴー………………………………22

〈た 行〉

堆厩肥…………………………………22
堆厩肥作り……………………………26
ダイズ…………………………………148
堆肥……………………………………26
堆肥化資材……………………………171
高うね………………………………46,47
多芽体…………………………………16
高取り法………………………………13
他家不和合性…………………………76
脱穀……………………………………135
脱渋……………………………………150
棚仕立て………………………………69
種籾の予措……………………………6
ダミノジット…………………………84
多量要素………………………………42
樽抜き…………………………………150
単為結果…………………………80,82,83
湛液型循環式水耕……………………37
単花処理………………………………83
断根……………………………………85
炭酸ガス脱渋……………………150,151
短梢せん定……………………………69
タンニン………………………………150

暖房	115	摘果	78
単粒構造	22	摘心	74
団粒構造	22	摘らい	74,78
チオスルファト銀錯塩	132	電気伝導度	20,41,43
地上かん水	57	電照	86,87
地中かん水	57	点播	2
窒素	26	展着剤	102
窒素肥料	169	天敵	103
稚苗	6,54	点滴かん水	57
地表かん水	57	天敵昆虫	101
地干	135	天敵糸状菌	101
チリカブリダニ	103	ドウ	147
着果習性	73	等級検査	137
着果量調節	90	等級選別	121
中期除草剤	107	凍結	151
中耕	62	透視図	154
中苗	6,54	胴割れ米	134
チューブかん水	57	土壌改良	157
頂芽優勢	71	土壌改良材	171
長日処理	86	土壌かん注	85
長梢せん定	69	土壌3相	24
調整	130	土壌硬度	51
調製	136	土壌消毒	28
直立支柱	66,67	土壌酸度	25
貯蔵	120,121,130	土壌診断	20
追熟	120	トビイロウンカ	94
ツインスケール法	14	取り木	12
接ぎ木	10	取り播き	5
接ぎ木苗	11	トリックル法	124
追肥	30,32,33	トンネル	110,113
漬物	144	〈な行〉	
妻	111	内婚弱勢	162
DIF	85	苗の活着	55
DFT	36,37,39	なた爪	49
庭園	154	斜め合わせ接ぎ	10
庭園の施工	155	生地	147
低温障害	123	肉眼的診断	98
低温貯蔵	121,122	肉詰め	141
定植	52	2次側枝	73
底面かん水	58	荷作り	123,127
底面ひも給水法	58	乳剤	102
底面マット給水法	58	乳苗	54
手かん水	56	尿素	34
摘花	78	根挿し	8

ネオニコチノイド系 … 101	バーナリゼーション … 88
ねかし … 146	葉芽挿し … 8
ネーキッド種子 … 40	パラクロロフェノキシ酢酸 … 83
ネット … 66, 74	パン … 147
ネット誘引 … 67	PE … 113
ネライストキシン系 … 101	BT系 … 101
農業用ポリエチレン … 113	PVC … 112
農業用ポリ塩化ビニル … 112	光 … 115
農業用ポリオレフィン系特殊フィルム … 113	ピクルス … 145
農ビ … 112	微生物 … 26
農PO … 113	必須元素 … 42
農ポリ … 113	ひも誘引 … 66, 67
農薬 … 100	病気 … 98, 100
農薬散布 … 98	表面施肥 … 32
農薬適用一覧表 … 101	平うね … 46, 47
農薬の種類 … 102	微量散布機 … 105
ノッチング法 … 15	肥料の種類 … 31, 169
〈は行〉	微量要素 … 42, 43
杯状形 … 69	ピレスロイド系 … 101
培土 … 62	品位 … 127
パイプかん水 … 57	品種の退化 … 162
パイプハウス … 110, 111, 113	品質保持剤 … 132
培養液 … 42	フェロモン … 94
培養土 … 24	袋かけ … 90
バインダ … 134	覆土 … 3
ハウス … 110, 114	伏せ木法 … 12
パクロブトラゾール … 84	不定芽 … 16
箱づめ … 130	不定胚 … 16
ハサ掛け … 135	ブームスプレーヤ … 104
播種機 … 2, 4	プラスチックフィルム貯蔵 … 122
播種法 … 4	フルーツゼリー … 142
パース … 154	プレザーブ … 142
畑雑草 … 106	フレーム支柱 … 66, 67
葉かき … 74	フロアブル … 102
鉢上げ … 53	分枝角度 … 71, 72
鉢栽培 … 24	噴霧機 … 104
鉢物 … 133	噴霧耕 … 36
発酵 … 147	平行形整枝 … 69
発酵食品 … 148	ベイサルシュート … 75
パッシブ水耕 … 36, 37	pH … 20, 23, 25, 43
発生予察 … 94	ペクチン … 140
ハードニング … 133	変則主幹形 … 68
はと胸 … 7	訪花昆虫 … 76
花芽分化 … 80	保温 … 115

防根シート	53
防除機械	104
歩行用トラクタ	48
ほ場診断	98
ほ場の衛生管理	28
捕食性天敵	103
ホロ割り	140

〈ま行〉

前処理	132
間口	111
間引きせん定	71
マーマレード	142,143
マルチ	157
マルチング	64
マルハナバチ	83
水あげ	131
水管理	60
水切り	131
ミスト機	105
ミスト繁殖法	9
ミソ	148
無核化	82
無機態窒素	20,21
棟高	111
明発芽種子	3,5
芽かき	74
芽揃	74
毛管水耕	36,37
基肥	30,32,33
籾すり	136
モモ縮葉病	100
盛土法	12

〈や行〉

野菜の仕立て方	73
野球・花きの除草剤	168
夜冷育苗	80
山あげ	80
UV－B域	85

誘引	66,74
有機質肥料	170
有機態窒素	21
有機リン系	101
輸送	123,131
有袋栽培	78
輸入禁止植物	161
湯抜き	150
陽イオン交換容量	22
養液栽培	36,40
用水量	60
葉面施肥	34
予察灯	94
寄せ接ぎ	10
予冷	123,129,131

〈ら行〉

ラジコンヘリ	105
リグニン	26
リードバルブ	75
緑枝挿し	8
緑肥植物	22
りん茎	14
リン酸肥料	169
輪作	23,28
りん片挿し	14
冷水冷却予冷	123
レンゲ	22
連作障害	28
ロックウール育苗	41
ロックウール耕	36,37
ローテーション	157
ロータリ耕	48,50
ロゼット	87

〈わ行〉

矮化	84
矮化剤	84
割り接ぎ	10

| 応用植物科学栽培実習マニュアル | Ⓒ 森 源治郎 2000 |

2000年4月20日	第1版第1刷発行
2006年6月30日	第1版第2刷発行
2014年5月15日	ＯＤ版第1刷発行
2022年3月10日	第1版第5刷発行

著作代表者　森 源治郎
　　　　　　（もり　げんじろう）

発 行 者　　及川雅司

発 行 所　　株式会社 養 賢 堂
〒113-0033
東京都文京区本郷5丁目30番15号
電話 03-3814-0911／FAX 03-3812-2615
https://www.yokendo.com/

印刷・製本：株式会社 真興社

用紙：竹尾
本文：淡クリームキンマリ 70 kg
表紙：ベルグラウス-T・19.5 kg

PRINTED IN JAPAN　　ISBN 978-4-8425-0058-4　C3061

JCOPY ＜出版者著作権管理機構 委託出版物＞
本書の無断複製は著作権法上での例外を除き禁じられています。複製される場合は、そのつど事前に、出版者著作権管理機構の許諾を得てください。
（電話 03-5244-5088、FAX 03-5244-5089／e-mail: info@jcopy.or.jp）